蒙古高原草学译丛

蒙古国饲草与饲料

[蒙] 仁钦·策仁都拉木 著

白海花 塔娜 李飞 春亮 译

中国农业科学技术出版社

图书在版编目（CIP）数据

蒙古国饲草与饲料 /（蒙）仁钦·策仁都拉木（R. Tserendulam）著；
白海花等译 . -- 北京：中国农业科学技术出版社，2021.12

书名原文：Animal fodder in Mongolia

ISBN 978-7-5116-5478-6

Ⅰ.①蒙⋯　Ⅱ.①仁⋯　②白⋯　Ⅲ.①牧草 - 栽培技术 - 蒙古
②牧草 - 饲料加工 - 蒙古　Ⅳ.① S54

中国版本图书馆 CIP 数据核字（2021）第 187001 号

责任编辑	王惟萍
责任校对	李向荣
责任印制	姜义伟　王思文

出 版 者	中国农业科学技术出版社
	北京市中关村南大街 12 号　　邮编：100081
电　　话	（010）82106643（编辑室）（010）82109702（发行部）
	（010）82109709（读者服务部）
传　　真	（010）82109698
网　　址	http://www.castp.cn
经 销 者	各地新华书店
印 刷 者	北京中科印刷有限公司
开　　本	170 mm × 240 mm　1/16
印　　张	21.5
字　　数	410 千字
版　　次	2021 年 12 月第 1 版　2021 年 12 月第 1 次印刷
定　　价	98.00 元

编 委 会

译　者：白海花　　塔　娜

　　　　李　飞　　春　亮

顾　问：宁　布　　陈　山

　　　　侯向阳　　吴　尧

　　　　Ч. Чулуунжав（蒙古国）

　　　　Ц. Алтанцэцэг（蒙古国）

　　　　Р. Чулуунбаатар（蒙古国）

　　　　Д. Болормаа（蒙古国）

原著作者

Шинжлэх Ухааны Академийн
жинхэнэ гишүүн (академич)
РЭНЦЭНИЙ ЦЭРЭНДУЛАМ
1931-2011

蒙古国科学院院士
仁钦·策仁都拉木
1931—2011

译者简介

　　白海花，女，蒙古族，博士，1971年11月出生，1994年毕业于内蒙古师范大学地理系，同年9月就职于内蒙古二连浩特市广播电视台从事记者、编辑和翻译等工作，高级编辑。2013—2016年，中国农业科学院草原研究所博士后流动站做博士后研究工作；出站后至今在中国农业科学院草原研究所工作，助理研究员；主要从事牧户尺度草原非生物灾害、草畜平衡、人工草地监测等方面的研究工作和蒙古国草学及相关专业著作的汉译工作。以第一作者或通讯作者发表论文12篇，其中蒙文论文4篇，英文论文1篇；开发登记软件著作权2项；实用新型专利1项；合作翻译著作1部。

　　塔娜，女，蒙古族，1980年生，内蒙古锡林郭勒盟人，副研究员。现任职于中国农业科学院草原研究所，主要从事放牧生态及草畜营养方面的科研工作。先后主持完成中日国际合作项目、内蒙古自治区自然科学基金项目、中央级公益性科研院所基本科研业务费专项等课题7项，骨干身份参加国家级或省部级项目（课题）10余项。第一／通讯作者发表论文20篇，获得国家发明专利1项和实用新型专利3项，主编著作1部，参与制定地方标准2项。

前　言

蒙古国地区山林、草原、戈壁交错的广袤土地中约有 1.25 亿 hm² 为草原，占 90% 的国土面积，且保留着自然原始状态，成为蒙古国人民自古以来经营的草原畜牧业和进行游牧生活的基本生产资料。蒙古国农业经济生产中畜牧业占首要地位，供给着生产原材料和优质绿色畜产品。一直以来，草原畜牧业是出口贸易和国民经济发展的重要支柱产业之一，且今后也不失此重要地位。

随着人口增长，畜产品需求也将日益增加，草原畜牧业经营方式向集约化生产推进问题已摆在眼前。畜牧业经营方式方法的革新及通过优质牧场的集约化经营来改善畜产品质量已成为目前畜牧业生产的主要目标。集约化畜牧业与传统草原畜牧业绝非是对立的，而是与草原放牧系统相匹配的畜牧业核心经营方式，哪怕遥远的未来在广袤的蒙古高原上牛马羊成群的景象也会一直存在。因此，精炼引领畜牧业发展的措施，将牧民传统的放牧方式与现代科学经营方法合理结合尤为重要。

增加畜产品产量和提高畜产品质量的诸多因素中有效合理地利用饲草资源是首要决定因素。这对厘清饲草资源并科学合理开发利用这些资源提出了更高的要求。

原著《МОНГОЛ ОРНЫ МАЛЫН ТЭЖЭЭЛ》（Animal fodder in Mongolia）一书通过对蒙古国自然区划饲草植物种类、生长发育规律、分布、饲草适口性、不同生长期养分含量动态变化规律及家畜饲养方法等方面进行了全面详细的描述，并以科学有效的方法论指导畜牧业综合活动的科学发展，进而力求实现保护并优化利用放牧场、提高畜牧业生产能力。原著介绍了 1950—2019 年有关蒙古国放牧场的土壤和植被组成、植物生产、不同来源饲草料养分与营养价值、饲料配方组合、家畜饲养方法及其影响因素等方面的研究成果，是一本重要的畜牧业指导手册，予以指导从业者根据不同家畜种类及生长阶段合理选择放牧场、优化放牧方式，核算放牧场承载能力和饲料储备，生产和配制高品质饲草料，满足家畜各类营养需求，并根据畜牧业生产力为家畜提供均衡的营养，以实现集约化畜牧业。

向原著主要执笔作者 Р. Цэрэндулам、Ж. Тогтох、Д. Баатар、С. Бадам、В. С. Коноваленкова 和 Ц. Бат-Өлзий 表示感谢！向多年来为蒙古国草原畜牧业事业付出劳动和汗水的前辈专家 Д. Цэдэв、Д. Дашдондог、Х. Гэндарам、Г. Эрдэнэжав、Б. Хөххүү、Р. Бүрэнбаяр、Ц. Оттоо、Б. Лувсан、Ч. Содномцэрэн、Ш. Хашбат、Б. Оюун、С. Тусивахын、Б. Лувсаншарав、С. Жигжидсүрэн、Ц. Чимиддорж、Д. Нэргүй、С. Цэрэндаш、Д. Даалхайжав、Д. Рэнцэндорж，科研

工作者 Г. Даваасамбуу、Н. Лхаважаав、Л. Цэцэг-Өлзий、Ч. Дуламсүрэн、Б. Мөнх、Д. Асүрэн、Ц. Цэвээн、Ж. Бямбасүрэн、Ш. Александр，实验师 Д. Жавзмаа、Ц. Дуламжав、Д. Оюун、Х. Цэвлээ、Д. Янжин、Б. Цэрэнбүтэд、Г. Уртнасан、Х. Рысалд、Л. Хоролсүрэн、Б. Бадамжид、П. Дамдинпүрэв、Т. Жанчив、Д. Баяраа 和其他朋友表示衷心的感谢！

译者的话

2011 年出版的《МОНГОЛ ОРНЫ МАЛЫН ТЭЖЭЭЛ》（*Animal fodder in Mongolia*）是蒙古国已故功勋科学家、蒙古国科学院院士 Р. Цэрэндулам 的子女通过整理母亲生前的手稿及研究资料，作为纪念母亲 80 岁生辰及母亲生前工作单位蒙古国畜牧科学研究所成立 50 周年献礼而出版的一部遗作。Р. Цэрэндулам 院士，一生致力于蒙古国草原畜牧业相关的科研与教学工作，对于蒙古国饲草与家畜营养等方面研究颇有造诣。她将 20 世纪 50—90 年代蒙古国草原土 - 草 - 畜营养特征方面的研究资料收集整理，并由其子女完成了最终书稿的出版面世，成为一部重要的蒙古国草原畜牧业经典著作。

本著作注重科学性与实用性结合，较为全面、系统地介绍了蒙古国不同自然区划放牧场和打草场的植被群落组成及养分季节动态变化规律、草食家畜饲草料来源及养分特征、家畜放牧与补饲技术，是蒙古国草地畜牧业领域的重要参考资料和指导手册。因此，译者认为有必要将此书选入《蒙古高原草学译丛》系列中，翻译并推荐给国内同行、学者及畜牧从业者，为深入了解和持续开展蒙古国游牧畜牧业及蒙古高原相关领域的研究提供翔实素材及参考借鉴。今天看来，书中有些知识不免有陈旧过时之处，但这也是蒙古国草原畜牧业发展道路上探索积累而成的实践技术经验，日后必将成为宝贵的数据资料和文化史料。

译者长期从事草地资源保护利用与放牧家畜营养等方面科学研究工作，自 2019 年开始对原著进行学习、翻译，在这个过程中，也得到了中国农业科学院草原研究所宁布研究员和内蒙古师范大学陈山教授等业内专家的大力帮助，最终形成了《蒙古国饲草与饲料》这一译作，并得以出版成册予以共享。鉴于译者水平有限，译文难免存在不足，恳请读者批评指正！

白海花
2021 年 5 月

人名对照表

西里尔文	中文	西里尔文	中文
А. А. Юнатов	А. А. 尤那托夫	Лосолмаа	劳斯勒玛
А. В. Калинина	А. В. 卡列尼娜	Л. Лувсан	L. 罗布桑
А. Тэрсайхан	А. 特日赛罕	Л. Цэцэг- өлзий	L. 其其格乌力吉
А. П. Клашников	А. Р. 克拉什尼科夫	Л. Хоролсурэн	L. 浩日勒苏荣
Б. Бат-Ерөөл	В. 巴特伊若勒	М. Содном	М. 苏德那木
Б. Дашням	В. 达希尼玛	Н. Д. Павлов	N. D. 巴甫洛夫
Б. Жамбаажамц	В. 赞巴扎木齐	Н. Зуэдуй	N. 宗代
Б. Лувсаншарав	В. 罗布桑沙拉布	Н. Лхаважав	N. 拉瓦扎布
Б. Мөнх	В. 孟和	Н. Өлзийхутаг	N. 乌力吉胡塔嘎
Б. Оюун	В. 乌云	Н. Тогтохбаяр	N. 陶格陶巴雅尔
Б. Цэрэнбутэд	В. 策仁布特德	О. Нордон	О. 敖日敦
Б. Хөххуу	В. 呼和夫	О. Цогний	О. 朝格尼
В. С. Коноваленкова	V. S. 卡诺瓦连科娃	П. Дамдинпурэв	Р. 达木丁普日布
Г. Даваасамбуу	G. 达瓦桑布	Р. Бурэнбаяр	R. 布仁巴雅尔
Г. Дашдондог	G. 达希敦道格	Р. Цэрэндулам	R. 策仁都拉木
Г. Уртнасан	G. 乌日图那森	С. Бадам	S. 巴达玛
Г. Эрдэнэжав	G. 额尔敦扎布	С. Жигжидсурэн	S. 吉格吉德苏荣
Д. Асурэн	D. 阿苏荣	С. Тусивахын	S. 图希瓦赫音
Д. Баатар	D. 巴特尔	С. Цэрэндаш	S. 策仁达希
Д. Банзрагч	D. 斑泽日格齐	С. Чойжил	S. 乔吉勒
Д. Базаргур	D. 巴泽日古日	Т. Жанчив	Т. 占其布

西里尔文	中文	西里尔文	中文
Д. Баяраа	D. 巴雅拉	Ш. Александр	SH. 亚历山大
Д. Даалхайжав	D. 达勒海扎布	Ш. Гомбо	SH. 宫布
Д. Даваасүрэн	D. 达瓦苏荣	Ш. Цэгмид	SH. 策格米德
Д. Дашдондог	D. 达希敦德格	Ш. Хашбат	SH. 哈希巴图
Д. Доржготов	D. 道尔吉高托夫	Ц. Бат-өлзий	TS. 巴图乌力吉
Д. Жавзмаа	D. 扎布泽玛	Ц. Даваажамц	TS. 达瓦扎木齐
Д. Лагваа	D. 拉瓦	Ц. Дуламжав	TS. 都拉木扎布
Д. Намсрай	D. 那木斯赖	Ц. Отгоо	TS. 敖特高
Д. Начин	D. 那钦	Ц. Чимиддорж	TS. 其米德道尔吉
Д. Норов	D. 淖日布	Ц. Цэвээн	TS. 策温
Д. Нэргүй	D. 尼日圭	Ч. Бааст	CH. 巴阿斯特
Добрынин	都贝林	Ч. Базарсад	CH. 巴扎日萨德
Д. Ринчиндорж	D. 仁钦道尔吉	Ч. Дуламсүрэн	CH. 都勒马苏荣
Д. Цэдэв	D. 策德布	Ч. Оюунцэцэг	CH. 乌云其其格
Д. Янжин	D. 闫津	Ч. Содномцэрэн	CH. 苏德那木策仁
Ж. Бямбасүрэн	J. 彬巴苏荣	Чой. Лувсанжав	Choi. 罗布桑扎布
Ж. Жамсран	J. 扎木斯仁	Х. буян-орших	H. 宝音敖日希呼
Ж. Очир	J. 敖其尔	Х. Гэндарам	H. 根达日木
Ж. Тогтох	J. 陶格陶	Х. Догсом	H. 道格苏木
И. А. Цацэнкин	E. A. 萨臣津	Х. Рысалд	H. 仁萨勒德
И. В. Ларин	E. V. 拉林	Х. Цэвлээ	H. 策布勒
Ингуен-майг	音古英麦戈	Ю. М. Мирешниченко	U. M. 米热尼钦科
Л. Дугар	L. 都嘎尔	T. Miaki	T. 米亚吉
Л. М. Матвеев	L. M. 马替耶夫	V. I. Grubov	V. I. 格鲁波夫

目 录

第一章 蒙古国的自然生态环境

第一节 地 形

蒙古国土地面积 156.996 3 万 km²，西端为阿尔泰五宝格达峰，东边为索约勒山，东西距离 2 405 km。北端希日达坝，南边为戈雄宝日套勒盖，南北距离 1 262 km。平均海拔为 1 580 m，最低点在呼和淖尔，海拔为 552 m，最高点在阿尔泰五宝格达峰，海拔为 4 653 m。海拔 1 000 m 以上地区占国土面积的 81.2%，海拔低于 1 000 m 地区只占国土面积的 18.8%（Ш. Цэгмид，1960；1969）。

一、蒙古阿尔泰山区

该区包括塞勒和木、哈日里拉、图日根、戈壁阿尔泰等山脉。这些山脉在流水的强烈冲刷下呈现出，高山，巍峨耸立、山体陡峭、峡谷深渊；矮山，山顶如利剑、山崖似把刀。高山上部没有水蚀现象，山顶较平坦。

阿尔泰山山间 700～800 m 宽山谷流水罕见，尤其在戈壁阿尔泰山地没有终年流水的山谷。每年雨水形成季节性河流造就了长短各异的干河床及富含盐碱的小型湖。土壤类型主要为山地栗钙土和戈壁棕钙土，占该地区的 70% 以上。

阿尔泰山区气候干燥，植物稀疏，垂直现象不明显。向东地势下降，山体变矮，出现大量的干旱草原。戈壁阿尔泰山区以荒漠草原为主，从葛吉根山绵延至南戈壁省的呼日黑山。从准赛罕向东南延伸的山脉逐渐变矮，变为低山丘陵。

二、杭爱山脉

从西北向东南贯穿蒙古国中部，西部从车臣国起绵延至东部的德力根罕乌拉，长逾 700 km。该山脉的平均高度为 3 000 m，最高点在终年积雪的敖特根腾格尔峰，为 4 031 m。杭爱山脉主峰为圆顶或扁形顶，有些平坦的山顶据说是古高平原的宿存。主峰中部的山体陡峭、山坡岩石多，起源于这里的河流狭窄，水深。

杭爱山脉最西端支脉是汗呼和山脉。该山脉延伸至大湖盆地的乌兰高木，其山坡，尤其南坡受荒漠影响较大。

1

三、库苏古尔山区

库苏古尔山沿蒙古国最北的库苏古尔湖的西边由南向北延伸，高 3 000 m 的毫日道勒峰和巴音山耸立在此。该地区为海拔在 1 500~3 000 m 的山区，山峰尖顶、陡峭，山谷狭窄、沟深。这里坐落着从东北向西南延伸的达日哈德盆地，长 150 km、宽 30~40 km。盆地中分布多个湖泊和西施黑德、西鲁斯特、阿勒哈那、白音、扎尔嘎朗特等多条小河流。

达日哈德盆地东北处，起源于毫日道勒峰山脉的阿尔赛、毫敦、沙日嘎等河沉积物形成了多个阶地平原。

四、肯特山脉

位于蒙古国东北部，从东北绵延向南，形成 2 000~2 500 m 高山峰。肯特山脉北部与贝加尔湖东南的泰加林相似，雨水充沛、河流众多；东部和南部逐渐变低为低山丘陵和宽谷地，分布有干旱草原。

肯特山脉向东西两侧延伸的支脉中最大支脉为小肯特山脉。最高峰为 2 751 m 的阿斯日拉吐罕乌拉。肯特山脉向东延伸的支脉为大肯特山脉，高度为 2 200~2 300 m。

该区地势特点之一是分布有许多河、溪峡谷。峡谷靠山体，岸离山体只有 1~2 km 远，对岸向平原扩展 20~30 km。

五、东方平原

蒙古国东南部平原地区，山脉少见，主要为丘陵和山岗，山岗之间分布有大小各异的洼地。蒙古国最低点分布在此，海拔为 800~1 000 m。

平原中部流淌着克鲁伦河，河以南分布有 1 500~1 700 m 的都日宝格达、达尔罕、额尔根、嘎勒沙日敖包、巴彦胡塔格、孟和罕等小山。低洼地中部分布有大小各异的沙丘，较高沙丘高度可达 30~40 m。沙丘间因风蚀形成了较大的沙质洼地，土壤通常为干燥沙质地。地下水位较浅的奥恩根、毛勒朝格沙地附近形成了许多湖，池塘及绿洲。

六、戈壁众湖谷地

该谷地位于蒙古阿尔泰、戈壁阿尔泰与杭爱山脉南缘间的平坦开阔谷地，长 500 km、宽 150 km、海拔为 1 000~1 400 m。该谷地海拔从西北向东南略有降低并逐渐拓宽。中部，沿低洼分布有数条山脉。另有敖日格、布恩查干、塔斯查干、乌兰淖尔等 4 个大型湖泊分布在此，湖水起源于杭爱山脉的白达格、塔斯、翁给、颓音等河流。湖与山脉之间分布有西北向东南方向延伸的数条沙带。

众湖谷地北边与杭爱山脉南缘之间分布有小山和平原。南边则与蒙古阿尔泰、戈壁阿尔泰山脉的北陡坡相连，分布有数条朝北的丘陵。

七、大湖盆地

位于蒙古阿尔泰、杭爱山与塔格山脉间，被众山包围的较大盆地，地势平坦。该盆地长 600～650 km，宽在北部为 200～250 km，南部为 60～100 km。

该盆地分布有乌布斯、黑牙日嘎斯、哈日乌苏、哈日艾日格、沙尔根查干等湖泊，另和特斯、扎布罕、混贵、纳林等河流；同时科布多、布音吐等河流的河口也分布于此。大湖盆地的东边分布有西北向东南延伸的布日格、哈日宝日、蒙古沙地等 3 条大沙漠。

第二节 气 候

蒙古国远离海洋，高山环绕，海拔较高而形成了典型的大陆气候。年和日气温波动明显，最高温出现在 7 月、最低温出现在 1 月。

气温：春、秋两季气候波动较大，气温骤降是蒙古国气候特点之一。气温骤降影响了植物的生长发育，甚至有些地区经常出现因气候导致的植物冻死冻伤的现象，造成农牧业经济损失。春末、初秋气温骤降时平均气温下降 10 ℃ 以上。倒春寒通常出现在 5 月中旬至 6 月上旬，秋季低温出现在 8 月下旬或 9 月中旬。

降水量：蒙古国降水量偏低，年平均降水量为 100～300 mm。年降水日数为杭爱 60～70 d、东方平原 40～60 d、戈壁 30 d 左右。杭爱、肯特、库苏古尔、阿尔泰及兴安等山地年降水量为 300 mm 以上，东方平原及有些山间谷地达 100～150 mm，戈壁地区则低于 100 mm。虽然降雪量相对较低，但一定时间内可形成雪层覆盖。年平均雪层厚度为 5～10 cm，最高平均值可达 27 cm。最厚雪层出现于山北坡、山口、山谷及平原等地处，厚度可达 36～40 cm。初雪出现于秋季的 9 月中旬或 10 月上旬，最末降雪出现于春季的 5 月中下旬。

风：蒙古国，暖季与冷季以西北风为主导，占总刮风次数的 40%～70%。无风天气通常在冬季。

山区平均风速为 2～3 m/s 或低于 2 m/s；戈壁地区为 3～4 m/s 或更高。蒙古国任何地区，出现阵风风速达 15 m/s 的现象不在少数。

第三节 土 壤

蒙古国地处亚洲中部，极端天气和山地地貌决定了土壤的特殊性。

蒙古国南部地区降水量少、气候干燥、植被稀疏，分布有草原和荒漠草原，属荒漠土壤；北部因山地地貌的影响，降水量增多、气温变得温和、森林增多，出现了大面积草甸草原、草甸、沼泽及泰加林土壤。

1965 年，Д. Доржготов 按纬度把蒙古国土壤划分为 6 个带和区：

——山地青草泰加林冻土土壤带；

——山地森林草原森林淡栗钙土及森林草原栗钙土土壤带；

——干旱草原栗钙土土壤区；

——河滩，下湿地草甸栗钙土，沼泽化草甸土；

——荒漠草原戈壁棕钙土；

——荒漠淡棕钙土区等。

山地青草泰加林冻土土壤带包括库苏古尔、肯特山泰加林。该土壤均匀分布于整个山坡，南坡主要为草原黑钙土。

山地森林草原森林淡栗钙土及森林草原栗钙土壤分布于整个杭爱山脉、鄂尔浑、色楞格河流域及肯特低山区。蒙古阿尔泰分布着大量的山地草原栗钙土和少量的森林土。山地森林草原的主要特征为，森林淡栗钙土分布于落叶松稀树林为主的北山坡，而山南坡分布着草原栗钙土。

干旱草原栗钙土土壤区位于山地森林草原与戈壁的中间带，占据东方广阔平原，沿杭爱山脉南缘向西以条状绵延至大湖盆地。广阔平原草原的东部以暗栗钙土、栗钙土及淡栗钙土为主；河滩，低湿地少量分布有草甸栗钙土、草甸化沼泽土，且沙土较多。

荒漠草原戈壁棕钙土壤分布于草原区以南的大湖盆地、众湖谷地、戈壁阿尔泰山地及戈壁东部。

亚洲中部荒漠从蒙古国最南端延伸至内阿尔泰周边形成了带状荒漠淡棕钙土壤区。荒漠特点为表土少，多以砾石覆盖。该区年降水量仅为 71.8 mm，10 ℃以上积温 2 800～3 000 ℃，土壤条件极差。

第四节 植 被

蒙古国的极端气候条件、地理位置和地势条件形成了世界三大基本植被类型，即泰加林、草原及荒漠。这 3 种植被带因相互过渡而形成了中间区。如森林和草原中间带有山地森林草原区，草原与荒漠中间带有荒漠草原区。

有关蒙古国植被特点的研究，苏联学者 A. A. Юнатов 在他的《蒙古国放牧场与割草场饲用植物》一书中做了详细叙述。经过多年考察与研究，他将蒙古国的植被分为"三带三区"。1989 年，Н. Өлзийхутаг 对"三带三区"进行了详细的描述。

高山带：分布于库苏古尔、肯特、杭爱、蒙古阿尔泰、戈壁阿尔泰等山脉森林线以上。分布有稀少草本植物草甸、矮灌丛、苔藓冻原等独特植被类型。该区植物生长期短、生长期内降水少，而在非生长期多以雪，冰雹形式降水，因而植物生长期内缺水。

该区植物种类不多。优势植物有西伯利亚嵩草、细柄茅、阿尔泰早熟禾、西伯利亚早熟禾、高山早熟禾、高山香茅和紫羊茅等。另外蒙古国阿尔泰、杭爱的高山草原，草原化嵩草、草甸中羊茅、散穗早熟禾、柄状苔草、兴安蚤缀、蓬子菜、白花点地梅、高山紫菀和高山早熟禾等干旱草本植物多有分布。

山地泰加林带（高山森林带）：在库苏古尔、肯特地区、塔日巴嘎太山脉北侧、杭爱山脉的东南部的鄂尔浑河源头高原、罕呼和山等地区片状分布。这一带分布有巨大乔木 21 种、矮乔木种及大灌丛类 22 种、灌木及半灌木 23 种、多年生草本植物 755 种及一年生、二年生植物 99 种。优势种有西伯利亚落叶松、西伯利亚冷杉、云杉、越橘、黑果越橘、高山桧、阿尔泰忍冬、紫青茅、宽瓣金莲花等。肯特山脉森林主要植被类型为雪松越橘。库苏古尔山脉森林主要分布有落叶松、落叶松 - 雪松林、越橘、绿藓、苔等。高山森林带植物种类较丰富，沿山谷上游为灌丛，下游为杨，柳树林。

高山草原和森林草原带：包括肯特、杭爱、蒙古阿尔泰的支脉下游区。因草本植物的大量出现，逐渐由草原生境替代了森林特征，形成了落叶松林或混交林。由草本植物、落叶松林、松树林、桦树 - 落叶松 - 松树林等植被类型形成了杂草类 - 禾草、针茅、冷蒿 - 针茅、羊茅 - 冷蒿的山地草原。

高山草原和森林草原带有 1 498 种草本植物，其中多年生植物 1 292 种，一年生、二年生植物 206 种及灌木类 219 种。其中禾本科植物有达乌里羊茅、落草、散穗早熟禾、草地早熟禾、冰草、无芒雀麦、异燕草、大针茅；豆科植物有黄花苜蓿，广布野豌豆、山野豌豆、野火球、西伯利亚驴豆、草木樨、披针叶黄华；莎草科有柄状苔草、冷蒿、菊叶蒿；杂类草有高山紫菀、蓬子菜、白婆婆纳、细叶白头翁、黄花白头翁、锥叶柴胡、纤蓼、火绒草等。

草原区：该区以旱生禾本科植物为优势种，另有锦鸡儿属植物、冷蒿及其他蒿类等。该区 698 种植物包括 622 种草本植物、76 种木本植物（主要为灌木类）。除灌木、半灌木植物大量分布外，沿河谷分布杨、柳科植物及山谷中有榆科植物生长。

在草原区，以针茅-隐子草、羊草-针茅、针茅-隐子草-冷蒿、针茅-羊草-杂类草、针茅-多根葱、杂类草-禾草-锦鸡儿等类型占优势，以锦鸡儿类型分布最广，尤其以中喀尔喀分布较多。在草原区，山丘陡坡、阳坡和沟谷生长有柄扁桃、狭叶锦鸡儿、矮锦鸡儿、木地肤等灌木、半灌木植物。山陡坡可见绣线菊、栒子属、金老梅等灌丛植物。芨芨草分布较多的沟谷中可见冷蒿、二裂委陵菜、黑蒿、大籽蒿、大花蒿、绿藜和蒙古虫实等植物。

荒漠草原区：该区为草原与荒漠过渡区，植被具有明显的地域特征。该区旱生灌木类大量分布，以丛生小禾草为优势种。山丘坡麓、山间宽阔谷地、丘陵棕钙土区广泛分布着戈壁针茅，形成荒漠化草原类型。

荒漠草原以东方针茅、沙生针茅、戈壁针茅、隐子草等植物为优势种，同时多根葱、冷蒿、纤叶蒿、白毛蒿、木地肤、无叶假木贼、灌木亚菊和刺叶柄棘豆等也多见。

雨水多的年份猪毛蒿、篦齿蒿大量生长。盐碱池塘中可见珍珠柴、木本猪毛。

荒漠区：该区497种植物中草本植物占比78.3%，木本及灌木植物占21.7%，分别为389和108种，且以一年生、二年生植物种类居多。灌木、半灌木可单独构成群落。荒漠区，分布有胡杨、榆、梭梭、沙枣等高大乔木、灌木外，在绿洲柽柳属植物大量生长。荒漠区，膜果麻黄、霸王、苦豆子、白刺等可成为优势植物。

第五节　水　资　源

河流：蒙古国包括小河、溪流、河流总长约5万km。山脉对于河系的形成起到了关键作用，大型河流均起源于山脉。按世界水系分水线分布，蒙古国境内的河流属于北冰洋、太平洋及中亚内陆河流河系等3个流域。

北冰洋河系由杭爱、肯特、库苏古尔山脉起源的色楞格河、鄂尔浑、吐勒、哈日阿、伊乐等河流及其支流，包括库苏古尔的西什格德、阿尔泰的呼日米特等河流组成。太平洋河系包括克尔勒伦、奥恩、乌力吉、哈拉哈等河流。

中亚内陆河系包括从杭爱山脉起源的扎布罕特斯、混贵、白德日格、颓、塔斯、翁给等河，从阿尔泰山脉起源的科布多、宝彦吐、秦克尔、布拉根、乌音其、宝敦其、宝日老格、毕吉等河流及众多小河溪流。蒙古国河水来源于雨、雪及地下水。蒙古国降水量的 82%～93% 集中于 5—10 月，其中 7—8 月降水量占全年降水量的 52%～64%。

秋季开始降水量减少、空气变干燥、土壤缺水、水源枯竭，11 月底时河流封冻，不见流水，对游牧畜牧业带来很大困难。

阿尔泰、杭爱、库苏古尔山区河流 10 月末至 11 月初进入半结冰半流动状态，翌年 4 月开始缓慢解冻，至 5 月中旬完全解冻。因地理、气候条件不同各地河流结冰和解冻时间有差异（Ш. Цэгмид，1969）。

湖泊：蒙古国大、小湖泊很多。根据近年的遥感影像分析，大于 1 km² 的湖泊约有 3 500 个，总面积为 15 640 km²。其中 0.1～10 km² 面积的湖泊数量占总湖泊数的 98.1%。

7—8 月最炎热时期，小湖水表面温度达 25～30 ℃，而大湖水表面温度不超过 15～20 ℃。小湖泊从 10 月，大湖泊从 11 月开始结冰。冰冻层达 1.5～2.0 m，并从春季 4 月开始解冻，5 月初完全解冻。

地下水：地下水主要由夏、秋季的雨水补充，积雪和冰川融水补充的水量微乎其微。

蒙古国北部区的地下水靠河流补充，而南部的草原和荒漠区的地下水通过土壤缝隙和植物蒸腾而蒸发掉，同时也为湖、溪、泉补充了水量。

第二章　饲草料资源

蒙古国畜牧业饲草料绝大部分由天然放牧场与打草场提供，而人工种植饲料及工厂化加工的饲料只占少部分。

1990 年伊始，随着蒙古国政府对畜牧业饲草料生产的重视程度的提高和相应政策措施的出台，加工饲料的种类不断增多，产量及质量也有了明显的提高。按照蒙古国通用的燕麦饲料单位 [①] 计算，每年的饲料平均生产量达百万吨；以羊单位折算，一头牲畜可得 21 个饲料单位的饲料。

第一节　天然放牧场

蒙古国天然草原面积达 125.8 万 km²，为约 95% 的家畜提供了饲料资源。

天然草场的 4.5% 面积分布于高山带，22.5% 在森林草原，28.4% 为草原，28.4% 为荒漠草原，16.2% 为荒漠区。天然放牧场草产量为 73.8 万 t，即 30 万 × 10³ 个饲料单位。41% 的冬春放牧地和 69.3% 的夏秋放牧地具有灌溉条件。

天然放牧场分布有 103 科、620 属、约 2 500 种牧草及 200 多种群落类型。根据植物种类及生境条件，将放牧场划分为以下 12 类：

——高山放牧场；

——高山森林放牧场；

——山地草甸草原放牧场；

——典型草原放牧场；

——荒漠（半荒漠）草原放牧场；

——荒漠放牧场；

——梭梭林放牧场；

——荒漠灌木放牧场；

——沟谷草甸放牧场；

---

① 　饲料单位：评定饲料能量营养价值的一种单位。各国采用的单位不同，苏联和蒙古国以 1 kg 中等品质的燕麦作为一个饲料单位，特称"燕麦单位"，其生产价值是在成年阉牛体内（维持需要的基础上）沉积脂肪 150 g 或产生 5.92 MJ 净能。

——碱化低地放牧场；

——沙地植被放牧场；

——不宜放牧地段。

这些草场的植物种类、面积、草产量、产量结构、养分特征及营养价值均有较大差异，从而决定了不同的畜牧业生产结构和布局。

第1类为高山放牧场。分布于蒙古阿尔泰、杭爱、肯特、库苏古尔的山区。高山放牧场分布有嵩草、苔草类、细柄茅属、羊茅属、矮灌丛等独特植被。平均产草量为 2.0 公担 [①]/hm²（风干重）。依据生境条件和植被类型，将高山放牧场分为高原植被带和山地泰加林带 2 个类型。草场适宜放牧牦牛、驯鹿等，也可放牧小牲畜。

①高原植被带：草场分布于库苏古尔、肯特、杭爱、蒙古阿尔泰、戈壁阿尔泰等山地森林线以上地段，分布有草本植物稀疏的草甸、矮灌丛和苔藓冻原的特有植被群落。高山带下限常有西伯利亚嵩草、线叶嵩草等嵩草草甸分布。同时可见黑花苔草、少花苔草、头状苔草、蒙古细柄茅、阿尔泰早熟禾、西伯利亚早熟禾、高山香茅、紫羊茅等优势植物。

②山地泰加林带：草场分布于塔日巴嘎太湖北部、杭爱山脉东端、鄂尔浑河上游高地；另有罕赫音山地的泰加林也有片段分布；库苏古尔、肯特山区泰加林分布较少。草场以雪松、雪松 - 落叶松为建群种，草本植物以拂子茅属、西伯利亚矮斗菜、单花风铃草、北乌头、长毛银莲花、北方拉拉藤、宽瓣金莲花等植物常见。草场适宜放牧利用。

第2类为高山森林放牧场。草场分布于肯特、中央、色楞格、布尔干、后杭爱、前杭爱、乌布苏、扎布汗、巴音洪格尔等省。林间草场产草量为 4.0～8.0 公担 /hm²。适宜放牧牛、马、羊等。

第3类为山地草甸草原放牧场。草场主要分布于森林草原区。受地形地貌、水分、植被条件影响，平均产草量 3.0～8.5 公担 /hm²。优势种为羊茅属、落草属、早熟禾属、高山紫菀、蓝花白头翁、北欧百里香、蓬子菜、星毛委陵菜、锥叶柴胡、火绒草、柄状苔草、冰草和针茅等，另有其他多种混生植物。该类草场禾本科植物占优势，冷季枯草保存良好，因此多用于冬春放牧利用。

第4类为典型草原放牧场。草场分布于包括东蒙古及中喀尔喀的高平原的广袤地区、又经杭爱山脉南低矮山山麓和赫音山南麓向西狭长延伸至大湖盆地。平均产草量 2.0～7.0 公担 /hm²。植被与其他类草场有明显不同，分布数种锦鸡

---

① 1 公担 =100 kg。

儿属和冷蒿等灌木与半灌木植物。草场主要群落由贝加尔针茅、欧洲针茅、糙隐子草、冰草、羊草、偃麦草、菭草、早熟禾属等禾本科植物及寸草苔、柄状苔草、冷蒿、菊叶蒿、狭叶青蒿、阿氏旋花、披针叶黄华、蓬子菜、细叶葱、野韭、蓝刺头属、火绒草、燥原荠、白婆婆纳、展枝唐松草、狼毒等杂类草构成。

第 5 类为荒漠（半荒漠）草原放牧场。蒙古荒漠草原源于中亚荒漠东缘，是一种独立形成的特殊草原类型，植被具有典型的地域特征。该类草场分布于大湖盆地、众湖谷地、东戈壁的低矮山地平原及戈壁阿尔泰山脉的广阔地区。荒漠草原区大量分布有旱生半灌木类，以丛生小禾草为优势种群。在山丘坡麓、山间宽谷地起伏不平的棕色土壤区大量分布欧洲针茅，同时戈壁针茅、沙生针茅、东方针茅、无芒隐子草、多根葱、冷蒿、旱蒿、地肤属、假木贼属、刺叶柄棘豆、驼绒藜等多见。丰雨年份猪毛蒿、栉叶蒿大量生长。平均产草量达 1.0～4.0 公担 /hm²。该类草场适宜放牧骆驼、山羊、绵羊。

第 6 类为荒漠放牧场。草场处于蒙古国南部内阿尔泰戈壁、准噶尔戈壁、嘎勒宾戈壁、宝日准戈壁地段，以灌木、半灌木及葱类、矮型小杂草占优势。适宜饲养骆驼和山羊。平均产草量为 1.0～3.3 公担 /hm²。蒙古国，一般将荒漠分为石漠和沙漠 2 类。

石漠包括内阿尔泰戈壁及准格尔戈壁全境。该区以梭梭为优势种之外，还分布有膜果麻黄、霸王、红沙、亚菊、刺叶柄棘豆等灌木及半灌木类植物。灌木类荒漠还可见白刺、麻黄、霸王、小蓬等植物。

沙漠包括阿拉善戈壁（嘎勒宾、宝日准等）。该区以珍珠柴、假木贼属植物占优势。主要分布有沙冬青、柠条锦鸡儿、大丛棘豆、鹰爪柴等特色植物。戈壁绿洲中有胡杨、榆树疏林、柽柳、胡颓子稠密灌丛外还有蓝草属、芦苇、芨芨草、水柏枝、苦豆子、大白刺等生长茂盛。

第 7 类为梭梭林放牧场。草场广泛分布于外阿尔泰戈壁，荒漠草原南部有少量分布。梭梭对土壤要求不严，各类土壤上均能生长，并在冬季保存良好，而且能防风固沙，冬季也可为畜群防寒避灾。嫩枝和叶子年均产量 0.6～1.5 公担 /hm²。根据梭梭生境将该草场分为荒漠梭梭草场、沙漠梭梭草场、碱地梭梭草场等。骆驼喜食其嫩枝和叶子。

荒漠梭梭草场分布于外阿尔泰戈壁。该区以梭梭、膜质麻黄、沙拐枣、木本猪毛菜、红沙、霸王、菊蒿属等为优势植物。平均产草量为 0.6～1.2 公担 /hm²。适宜放牧骆驼和羊群。

沙漠梭梭草场分布于南戈壁及戈壁阿尔泰省的大部分地区，东戈壁、巴音红格尔、科布多、南杭爱、中戈壁等省的部分地区。该类草场特有的沙质土壤大盆地里生长着梭梭、蒙古沙拐枣、沙蓬、雾冰藜属、蒙古虫实等植物。产草量为1.0～1.5 公担 /hm²。一年四季可放牧骆驼。

碱地梭梭草场主要分布于南戈壁、戈壁阿尔泰省，少量分布于科布多、中戈壁、巴音洪格尔、南杭爱等省。盐碱化干涸湖周围，以梭梭、红沙、白刺占优势；产草量为 1.0～1.2 公担 /hm²。一年四季适宜放牧骆驼。

第 8 类为荒漠灌木放牧场。草场分布有红沙、霸王、白刺、短脚锦鸡儿、阿氏旋花等灌木植物。平均产草量为 1.0～2.0 公担 /hm²。全年适宜放牧骆驼、羊群。

第 9 类为沟谷草甸放牧场。草场分布于江河谷及山谷，植物种类较多，产草量在 5.0～20.0 公担 /hm²。该类草场分布于东方、肯特、色楞格、布尔干、中央、后杭爱、库苏古尔、科布多等省，主要分布有偃麦草、草地早熟禾、渐狭早熟禾、西伯利亚异燕麦、无芒雀麦、广布野豌豆、大看麦娘、山野豌豆、细齿草木樨、极叉剪股颖、羊草等植物，另有苔草类及其他多种植物混生。草甸草原繁茂的牧草为牛群主要放牧地，一年四季各类畜群均能放牧利用，同时也可作为打草场。

第 10 类为碱化低地放牧场。草场因植物种类较多而其产草量在 0.8～8.0 公担 /hm²。草场以珍珠柴、假木贼属、蒿类、小蓬属、驼绒藜等植物为优势而构成不同群落。主要群落以外的戈壁带分布有多种混生植物。牛群一年四季可利用禾草 - 西伯利亚白刺群落为主的草场，而不宜放牧马和羊群。

第 11 类为沙地植被放牧场。草场以贝加尔针茅、欧洲针茅、苔草属、冰草、偃麦草、落草、拂子茅、羊草、疏叶锦鸡儿为优势植物。产草量为 1.5～3.5 公担 /hm²。适宜放牧羊群、骆驼。该类草场在扎布汗、戈壁阿尔泰、南杭爱、东方、布尔干、中央、色楞格及肯特省份有不同的分布。宝瑞格德勒、哈日宝尔、蒙古等沙地区域分布较广。沙地区域以戈壁针茅、短脚锦鸡儿、驼绒藜、山竹岩黄耆、沙蓬、沙地蒿类等为优势种。一年四季适宜放牧各种牲畜。

第 12 类为不宜放牧地段。该地段占蒙古国全境的 14.5%。

畜群生产布局与生境条件紧密相关。荒漠、荒漠草原区骆驼头数占总骆驼头数的 74%，山羊占总头数的 73%，每 100 hm² 草场分布有 7 峰骆驼和 7 只山羊，可见该类草场更适于放牧骆驼和山羊。马、牛主要分布于森林草原和草原区，该区马的数量占总量的 89%，牛占 86%。高山带适宜饲养牦牛。根据蒙古国农业部统计，每 100 hm² 草场分布有 2.6 头牛和 2 匹马。绵羊在蒙古国分布较均匀，森林草原区、草原平原区的绵羊占其总量的 58%，高山带、荒漠区占 42%。据农业部门统计，每 100 hm² 分布有 9.5 只绵羊。

基础草原畜牧业生产区主要集中在高山带、森林草原、草原及荒漠区。下文从草场的类型、产草量、植物化学组成及营养特性等方面对各类放牧场予以介绍。

一、放牧场基本类型、产草量

1. 高山带放牧场

（1）苔藓、藓类放牧场。草场分布于海拔 2 000 m 以上的山峰周围，产草量为 1.0～2.0 公担 /hm²。夏季适宜放牧驯鹿。在库苏古尔分布较广，巴音乌列盖、戈壁阿尔泰有少量分布。

（2）藓类、藓 - 苔草放牧场。草场分布于高山带坡麓、山顶。受降水量、坡面径流的滋养，形成了沼泽泥炭土壤。产草量为 1.0～2.0 公担 /hm²。夏季适宜放牧牦牛。分布于扎布汗、科布多、南戈壁、库苏古尔等省的高山带。

（3）嵩草、嵩草 - 苔草类放牧场。草场分布于山间平台、山顶、山坡、山麓。多见于扎布汗、巴音洪格尔、乌布苏、后杭爱、科布多、戈壁阿尔泰、库苏古尔、南杭爱等省，色楞格省有少量分布。产草量为 2.0～8.5 公担 /hm²。夏秋季适宜放牧牦牛、羊群、马。常见植物有西伯利亚嵩草、嵩草、线叶嵩草、黑花苔草、头状苔草、圆穗苔草、短须苔草、蒙古细柄茅、三茅草、阿尔泰早熟禾、西伯利亚早熟禾、高山拂子茅、连羊茅、高山唐松草等。

（4）苔草沼泽化草甸草类放牧场。草场多见于乌布苏、科布多省，巴音洪格尔、库苏古尔、色楞格、巴音乌列盖等省少量分布。产草量为 5.0～7.0 公担 /hm²。夏季适宜放牧牛群。土坡、小丘少的地区也可作为打草场。阿尔泰苔草、圆穗苔草、黑花苔草、短须苔草、尖苔草等植物起优势作用。此外线叶嵩草、沼泽虎耳草、珠芽蓼、北葱、岩黄耆属植物也常见。

（5）杂类草 - 禾草、禾草放牧场。草场广泛分布于高山草原，大量分布于库苏古尔省，后杭爱省有少量分布。产草量为 5.0～6.0 公担 /hm²。四季适宜放牧除骆驼外的各种家畜。植物以羊茅、西伯利亚异燕麦、蒙古异燕麦、冰草、早熟禾属、落草属、冷蒿、杭爱蒿、紫菀属、火绒草属、蓬子菜、柄状苔草多见。

2. 森林草原带放牧场

该草场为山地森林草原的森林放牧场。

（1）草本、桦树 - 落叶松、桦树 - 松树林放牧场。草场广泛分布于布尔干、东方、色楞格、库苏古尔、中央、肯特等省的山北麓。草本植物以银莲花属、金莲花属、荟葱、香豌豆（山黧豆）属、草莓属、老鹳草属、钝拂子茅、球状蒿等植物多见。产草量为 5.0～6.0 公担 /hm²。夏、秋季适宜放牧马、牛。林间草场可作打草场。

（2）具禾草的落叶松疏林放牧场。少量分布于库苏古尔、后杭爱、扎布汗、中央、布尔干等省。草本植物以拂子茅属、紫羊茅、异燕麦属、西伯利亚早熟禾、柄状苔草、老鹳草属、唐松草、紫菀属等植物多见。产草量为 5.0～8.0 公担 /hm²。夏季适宜放牧牛、马。林缘及林间草场可用作打草场。

（3）桦树、杨树林放牧场。草场大量分布于东方省和肯特省，少量分布于扎布汗、库苏古尔、色楞格、布尔干等省。植物以拂子茅、紫羊茅、异燕麦、西伯利亚早熟禾、柄状苔草、老鹳草属、唐松草、地榆、马先蒿属等多见。产草量为 4.0～6.0 公担 /hm²。夏、秋季适宜放牧牛、马。

（4）具禾本科植物的灌丛放牧场。草场多分布于东方省和肯特省，少量分布于乌布苏、扎布汗、库苏古尔、色楞格、布尔干等省。多见于山间河谷上、下游。产草量为 1.8～4.0 公担 /hm²。夏、秋季放牧牛、马，有时也可放牧骆驼。优势植物有紫桦、柳、金老梅属、绣线菊属、西伯利亚嵩草、嵩草、细柄茅属、紫羊茅、北葱、黄花白头翁等。

3. 山区森林草原沼泽化草原放牧场

（1）杂类草 - 羊茅、杂类草 - 薹草 - 羊茅放牧场。草场多分布于扎布汗、后杭爱、巴音乌列盖、南杭爱、戈壁阿尔泰、乌布苏、科布多、巴音洪格尔、肯特、中央、色楞格、库苏古尔等省。牧草品质好产量高，产草量达 3.2～7.6 公担 /hm²。除骆驼外其他家畜一年四季均可利用。草场以连羊茅、薹草、早熟禾属、阿尔泰紫菀、点地梅属、细叶白头翁、二裂委陵菜、蓬子菜、婆婆纳属、狼毒、线叶菊、冷嵩、柄状苔草、多刺锦鸡儿等植物多见。

（2）杂类草 - 苔草放牧场。草场少量分布于南杭爱、中央、色楞格、布尔干等省。中等质量的草场，产草量为 4～8.5 公担 /hm²。夏、秋季适宜放牧牛、马。植物以柄状苔草、无芒雀麦、蓬子菜、唐松草属等多见。

（3）杂类草 - 薹草放牧场。草场多见于山坡、山麓、山间谷地、小山丘等地势。较多分布于中央、扎布汗、库苏古尔等省，而在南杭爱、巴音洪格尔、肯特、色楞格等省分布较少。草场植物以薹草、渐狭早熟禾、异燕麦草、羊茅、扁蓿豆、披针叶黄华、斜茎黄耆、寸草苔、杭爱嵩、阿尔泰紫菀、线叶菊、狭叶蓼、蓬子菜、狼毒、兰花白头翁、星毛委陵菜、婆婆纳属、白皮锦鸡儿、柴胡、鳍蓟等为常见种。优质草场，产草量为 3.0～8.0 公担 /hm²。一年四季各类家畜均可放牧利用。

（4）杂类草 - 早熟禾属放牧场。草场广泛分布于色楞格、肯特、东方、扎布汗等省，少量分布于巴音洪格尔、布尔干、库苏古尔等省。中等品质草场，产草量为 3.0～8.0 公担 /hm²。骆驼以外，各类家畜均可放牧利用。多见于山麓、山间谷地。草场常见植物有渐狭早熟禾、落草、冰草、羊草、贝加尔针茅、阿尔泰紫菀、星毛委陵菜、杭爱苔草、寸草苔、线叶菊、风毛菊属、柴胡、蓬子菜、披针叶黄华、蓝刺头等。

（5）杂类草 - 冰草放牧场。草场广泛分布于中央省，少量分布于色楞格、肯特、科布多、中戈壁、苏赫巴托等省。多见于山前坡、坡麓、山间谷地。草场优势植物有冰草、落草、渐狭早熟禾、阿尔泰紫菀、婆婆纳、冷蒿、火绒草、星毛委陵菜、寸草苔、贝加尔针茅、羊草等。为中上等品质草场，产草量为 4.0～7.5 公担 /hm²。一年四季适宜放牧各类家畜。

（6）杂类草 - 小禾草、小禾草 - 杂类草放牧场。草场多见于山丘前坡，常见植物有冰草、早熟禾、落草、阿尔泰紫菀、婆婆纳、冷蒿、火绒草、羊草、寸草苔等。为优质草场，产草量为 3.0～6.0 公担 /hm²。尤为适宜放牧马、羊群。

4. 谷地、草甸放牧场

该类草场主要分布于森林草原区，但各自然地理带均有分布。

（1）禾草 - 杂类草放牧场。草场大量分布于色楞格及苏赫巴托省，也有少量分布于中央、东方、肯特、科布多、乌布苏、戈壁阿尔泰、扎布汗等省。下层土壤分布有砾石的栗钙土及暗栗钙土的江河岸边区有偃麦草、蒙古剪股颖、无芒雀麦、看麦娘、牧地山黧豆，广布野豌豆、细齿草木樨、黄花苜蓿、缬草、拉拉藤属、亚洲耆、狭叶蓼、箭头唐松草、毛茛属、酸模属、车前属、纤细苔草、勿忘草等多种植物。可用于打草，草质优良，产草量为 5.0～12.0 公担 /hm²。适宜各种家畜放牧利用。草场 30%～40% 可用作打草场。

（2）河滩草甸苔草放牧场。草场大量分布于库苏古尔、色楞格、科布多等省，少量分布于东方、乌布苏、苏赫巴托、中央、肯特等省。具有草甸及沼泽土壤的河口和湿润河床区多见泡苔草、小须苔草、黑花苔草、剪股颖、草甸早熟禾等各种植物。中等品质的放牧场，产草量为 6.0～12.0 公担 /hm²。夏、秋季适宜放牧马、牛群。

（3）具杨、柳 - 禾草草甸放牧场。草场广泛分布于杭爱、肯特、阿尔泰地区。中等以上品质的放牧场，产草量为 3.0～6.0 公担 /hm²。一年四季适宜放牧马、牛群。具沙质、砾石质或黏质土壤的大江河沿岸河套地区优势植物有细叶柳、沙杞柳、沙棘、稠李、山楂、杨属、杜李、多刺锦鸡儿、华丛林等。草本植物以偃麦草、看麦娘、无芒雀麦、老芒麦、剪股颖、草甸早熟禾、柄状苔草、纤细苔草等多见。

（4）禾草 - 小型苔草滩地碱化草甸放牧场。草场大量分布于乌布苏、中戈壁、东方、肯特、巴音洪格尔、南杭爱、扎布汗等省。中等品质放牧场，产草量为 3.0～8.0 公担 /hm²。各类家畜一年四季均可放牧利用，尤以夏、秋季最适宜放牧。具碱性土壤的河滩谷、湖滨草场优势植物有无脉苔草、寸草苔、小须苔草、盐生灯心草、海乳草、碱茅、短芒野大麦、剪股颖等。

（5）芨芨草放牧场。草场分布于中戈壁、科布多、乌布苏、东戈壁、戈壁阿尔泰、巴音洪格尔、南杭爱、苏赫巴托等省。产草量在蒙古国北部为 8.0～13.0 公担 /hm²，南部为 5.0～7.0 公担 /hm²。各类家畜，尤以骆驼一年四季适宜放牧利用。在饲草缺乏的戈壁地区，一般在 3 月对草场枯草进行焚烧，7—8 月进行刈割。芨芨草喜生长于河岸台地、湖滨干池旁、低洼地，不同地区形成了各类芨芨草群落。森林草原、偏干旱草原区，芨芨草群落中混生有羊草、寸草苔、星毛委陵菜、阿氏旋花、针茅等植物；偏湿地区有马蔺、短芒野大麦、长叶碱毛茛等；荒漠化草原有羊草、多根葱、大苞鸢尾、戈壁针茅、沙生针茅等；高碱性土壤区有角果碱蓬、碱茅、盐蒿、西伯利亚滨藜、红沙、碱蒿、尖叶盐爪爪、雾冰藜、白茎盐生草等植物。

（6）马蔺放牧场。草场少量分布于色楞格、东戈壁、中央等省。中等品质草场，产草量为 4.0～6.0 公担 /hm²。冬春季适宜放牧各种家畜。马蔺刈割后阴处风干，春季可饲喂家畜。小河、溪流边、狭谷末端、湖滨草场大量生长有双颖鸢尾、羊草、碱茅、鹅绒委陵菜、散穗早熟禾、短芒野大麦、蒲公英、盐生灯心草、长叶碱毛茛等植物。

（7）芦苇放牧场。草场大量分布于科布多、乌布苏等省，少量分布于南戈壁、东方、扎布汗、巴音乌列盖等省。产草量为 8.0～20.0 公担 /hm²。牛、骆驼、羊群可放牧利用。芦苇可形成纯群落。

5. 草原区放牧场

（1）隐子草 - 针茅放牧场。草场广泛分布于中央、苏赫巴托、东方、中戈壁、巴音洪格尔、南杭爱、扎布罕、科特、东戈壁、戈壁阿尔泰、乌布苏等省。科布多、色楞格、布尔干、库苏古尔等省有少量分布，而在后杭爱、巴音乌列盖省分布更少。中等品质草场，产草量为 3.0～7.0 公担 /hm²。夏、秋适宜放牧绵羊。在山谷、山坡、山麓、干旱台地、低矮山丘、平原谷地生长有贝加尔针茅、隐子草、冰草、落草、羊草、早熟禾、羊茅、阿尔泰紫菀、矮韭、双齿葱、星毛委陵菜、二裂委陵菜、柴胡、蓬子菜、线叶菊、冷蒿、杭爱蒿、狭叶青蒿、披针叶黄华、寸草苔、疏叶锦鸡儿等植物。

（2）委陵菜 - 隐子草 - 针茅放牧场。草场大量分布于乌布苏、扎布罕省，少量分布于色楞格、东方、苏赫巴托、南杭爱、戈壁阿尔泰、中央等省。中等品质草场，产草量为 3.0～5.0 公担 /hm²。绵羊适宜在春季、夏初及冬季放牧利用，其他家畜可一年四季放牧利用。在山丘坡地及谷地、小山丘、平原草场优势植物有贝加尔针茅、隐子草、星毛委陵菜、二裂委陵菜、渐狭早熟禾、冰草、落草、阿尔泰紫菀、蓬子菜、双齿葱、矮韭、蒙古葱、冷蒿、疏叶锦鸡儿、短脚锦鸡儿等植物。

（3）杂类草-落草-针茅放牧场。草场广泛分布于后杭爱、东方、肯特、布尔干、库苏古尔、中央、南杭爱、巴音洪格尔、中戈壁、色楞格、科布多省；少量分布于苏赫巴托、戈壁阿尔泰、扎布罕、乌布苏、巴音乌列盖等省。中等品质草场，产草量为 2.5～7.0 公担 /hm²。夏初、冬春季适宜放牧绵羊，其他家畜一年四季可放牧利用。草场上大量分布有贝加尔针茅、冷蒿、隐子草、落草、早熟禾、冰草、羊草、星毛委陵菜、矮韭、双齿葱、蓝花白头翁、蓬子菜等植物，而南部地区蒙古葱、早蒿、疏叶锦鸡儿、短脚锦鸡儿等多见。

（4）针茅-羊草、寸草苔-羊草放牧场。草场广泛分布于东方、苏赫巴托、中央等省，少量分布于中戈壁、色楞格省。优质草场，产草量为 4.0～8.0 公担 /hm²。一年四季适宜放牧各种家畜。产草量高年份可作打草场用。在山丘坡地、谷地、低矮山丘、平原草场优势植物有羊草、贝加尔针茅、隐子草、冷蒿、寸草苔、婆婆纳、柴胡、菊叶蒿、蓝花白头翁、狭叶青蒿、早熟禾、扁蓿豆、疏叶锦鸡儿、短脚锦鸡儿、阿尔泰紫菀等。

（5）羊草-冷蒿-隐子草-针茅放牧场。草场广泛分布于库苏古尔、南戈壁以外其他各省区。中上等品质草场，产草量为 3.0～6.0 公担 /hm²。一年四季适宜放牧各种家畜，尤以冬春季利用最好。优势植物为贝加尔针茅、冷蒿、隐子草、阿尔泰紫菀、柴胡、蓬子菜、火绒草、披针叶黄华、寸草苔、矮韭、双齿葱、早熟禾、落草、冰草、疏叶锦鸡儿、短脚锦鸡儿等。

（6）羊茅-落草-针茅放牧场。草场大面积分布于东方、巴音洪格尔、扎布罕、乌布苏等省。中戈壁、中央、南杭爱、色楞格等省有少量分布。在山丘坡地、山间谷地、起伏平原草场上大量生长有贝加尔针茅、落草、羊茅、渐狭早熟禾、冰草、羊草、冷蒿、委陵菜、木地肤、麻黄、杭爱蒿、黄花蒿、矮韭、柴胡、阿尔泰紫菀、点地梅、芯芭、疏叶锦鸡儿、短脚锦鸡儿等。优良放牧场，产草量为 2.6～7.0 公担 /hm²。一年四季适宜放牧各种家畜。

（7）线叶菊-针茅放牧场。草场广泛分布于肯特、东方省，少量分布于色楞格、布尔干省。在低矮山丘、山坡、起伏平原上大量分布。草场常见植物有贝加尔针茅、线叶菊、落草、冰草、羊茅、早熟禾、隐子草、委陵菜、蒙古韭、多根葱、冷蒿、狼毒、蓬子菜、鳍蓟、白头翁、石竹、短脚锦鸡儿等。中等品质草场，产草量为 3.5～7.0 公担 /hm²。一年四季适宜放牧各种家畜。尤以秋、冬季适宜马、牛放牧利用。

（8）蒿类 - 杂类草 - 针茅放牧场。草场广泛分布于东方、苏赫巴托省，少量分布于中戈壁、东戈壁、肯特省。优质草场，产草量为 3.0～6.0 公担 /hm²。一年四季适宜放牧羊、马，尤以春、夏季适宜羊群放牧利用。在平原、山间谷地、山坡草场常见植物有贝加尔针茅、寸草苔、矮韭、双齿葱、山韭、隐子草、冷蒿、木地肤、戈壁针茅、细叶柴胡、二裂委陵菜、疏叶锦鸡儿、短脚锦鸡儿等。

（9）杂类草 - 异燕麦放牧场。草场优势植物有柔毛异燕麦、异燕麦及各种杂类草。除骆驼外一年四季适宜放牧各种家畜。产草量为 4.0～5.0 公担 /hm²。在扎布罕省分布较多。

（10）线叶菊放牧场。草场大量分布于东方、肯特、色楞格、布尔干、中央等省。中等品质放牧地，产草量为 5.0～7.0 公担 /hm²。一年四季适宜放牧各种家畜，尤为冬春季适宜马、牛放牧利用。在低山丘陵、山坡、山间起伏谷地草场大量分布有线叶菊、贝加尔针茅、连羊茅、早熟禾、冰草、落草、羊草、隐子草、蒙古葱、婆婆纳、马蔺、狼毒、委陵菜、白头翁、蓼、阿尔泰紫菀、矮韭、寸草苔、短脚锦鸡儿等植物。

（11）杂类草 - 灌丛放牧场。草场大量分布于色楞格、肯特省，少量分布于布尔干、戈壁阿尔泰、中央等省。在山前坡地草场分布有扁桃、绣线菊、锦鸡儿、蔷薇、金老梅、针茅、隐子草、早熟禾、蒿类、狗尾草等植物。产草量为 3.0～7.0 公担 /hm²。除骆驼外一年四季适宜放牧各种家畜，尤以羊群放牧利用最适宜。

（12）针茅 - 锦鸡儿、落草 - 锦鸡儿放牧场。草场大面积分布于中戈壁、苏赫巴托、中央、南杭爱、乌布苏、扎布罕等省，且除库苏古尔、南戈壁省外的其他地区也有分布。中等品质草场，产草量为 2.5～6.0 公担 /hm²。春、夏、秋季，羊群喜食除疏叶锦鸡儿外的其他锦鸡儿。一年四季适宜放牧各种家畜。在低山丘陵、平原山坡、山脚、山间谷地草场以贝加尔针茅、疏叶锦鸡儿为优势植物，另多见冰草、隐子草、羊草、羊茅、早熟禾、落草、委陵菜、线叶菊、矮韭、猪毛蒿、寸草苔、柄状苔草、鳍蓟、麻黄等植物。

（13）多刺锦鸡儿放牧场。草场广泛分布于蒙古阿尔泰、大湖盆地、杭爱山脉西段，大量分布于库苏古尔、扎布罕、肯特等省，少量分布于乌布苏、科布多、戈壁阿尔泰、东方等省。在河口、山谷口、河岸草场主要分布有多刺锦鸡儿，河滩处植物种类较多。中等品质草场，产草量为 2.0～2.5 公担 /hm²。一年四季适宜放牧骆驼，羊群可轻度放牧利用。

6. 戈壁区放牧场

该类草场属于荒漠草原放牧场。

（1）隐子草 - 针茅放牧场。草场大量分布于戈壁阿尔泰、南戈壁、中戈壁、南杭爱、科布多、巴音乌列盖、乌布苏、巴音洪格尔等省，少量分布于扎布罕、苏赫巴托、中央等省。丘陵、平原、山坡草场优势植物有戈壁针茅、沙生针茅、隐子草、冰草、阿尔泰紫菀、阿氏旋花、燥原荠、荒漠石头花、假木贼、旱蒿、蒙古葱、冷蒿、细叶黄耆、刺叶柄棘豆、白皮锦鸡儿等。优等草场，产草量为 1.7～4.0 公担 /hm^2。适宜放牧各种家畜，羊群及马放牧利用最适宜。

（2）菊蒿属 - 针茅放牧场。草场广泛分布于东戈壁、南戈壁、中戈壁、南杭爱、巴音洪格尔等省的荒漠草原，少量分布于苏赫巴托、戈壁阿尔泰省。中等品质草场，产草量为 2.0～3.2 公担 /hm^2。冬春季适宜放牧骆驼、羊群。平原、低矮山丘间谷地草场大量分布有戈壁针茅、沙生针茅、菊蒿、隐子草、旱蒿、驼绒藜、红沙、冷蒿、多根葱、寸草苔等植物。

（3）蒿类 - 冷蒿 - 针茅放牧场。草场大量分布于南戈壁、东戈壁、戈壁阿尔泰、乌布苏、扎布罕、巴音洪格尔、科布多、巴音乌列盖、苏赫巴托等省，少量分布于南杭爱、肯特省。优势植物有戈壁针茅、沙生针茅、冷蒿、旱蒿、亚菊、多根葱、蒙古葱、假木贼、阿尔泰紫菀、驼绒藜、单叶黄耆、疏叶锦鸡儿、白皮锦鸡儿等。中上等品质草场，产草量为 1.5～3.5 公担 /hm^2。除牛以外一年四季适宜放牧各种家畜。

（4）戈壁针茅 - 多刺锦鸡儿放牧场。草场大量分布于东戈壁、戈壁阿尔泰、科布多、中戈壁等省，少量分布于扎布罕、肯特省。中等品质草场，产草量为 1.0～3.5 公担 /hm^2。适宜放牧各种家畜。在山坡麓起伏平原草场上分布有贝加尔针茅、戈壁针茅、隐子草、亚菊、阿尔泰紫菀、荒漠石头花、假木贼、旱蒿、多根葱、蒙古葱等植物。

（5）锦鸡儿 - 小针茅放牧场。草场较多分布于中戈壁、东戈壁、南杭爱、南戈壁、科布多、戈壁阿尔泰、巴音洪格尔、扎布罕、乌布苏等省，少量分布于肯特、苏赫巴托、中央、巴音乌列盖等省。中等品质草场，产草量为 1.6～3.6 公担 /hm^2。一年四季适宜放牧各种家畜。该草场优势植物有戈壁针茅、沙生针茅、疏叶锦鸡儿、白皮锦鸡儿、多刺锦鸡儿、短脚锦鸡儿、隐子草、冷蒿、亚菊、阿氏旋花、蒙古葱、假木贼、旱蒿、刺叶柄棘豆、寸草苔、羊草、冰草、刺沙蓬、蒙古猪毛菜、猪毛菜等。

（6）小针茅 - 灌丛放牧场。草场广泛分布于南戈壁省，少量分布于中戈壁、巴音洪格尔、戈壁阿尔泰、扎布罕、乌布苏、巴音乌列盖省。中等品质草场，产草量为 1.0～2.5 公担 /hm^2。一年四季适宜放牧骆驼、羊群。该草场大量分布有驼绒藜、翼果霸王、石生霸王、绵刺、蒙古短舌菊、霸王、戈壁针茅、沙生针茅等植物。

7. 荒漠区放牧场

（1）多根葱 - 针茅、多根葱 - 隐子草放牧场。草场大量分布于东戈壁、南戈壁、戈壁阿尔泰、中戈壁、苏赫巴托、巴音洪格尔、南杭爱省，少量分布于科布多、乌布苏、扎布罕、肯特省。中上等品质草场，产草量为 1.0～3.0 公担 /hm²。除牛群以外一年四季适宜放牧各种家畜。在山间盆地、山坡、丘陵、平原草场上主要分布有沙生针茅、戈壁针茅、多根葱、蒙古葱、隐子草、亚菊、假木贼、冷蒿、旱蒿、栉叶蒿、珍珠柴、红沙、阿氏旋花、麻黄等植物。

（2）驼绒藜 - 针茅放牧场。草场大量分布于戈壁阿尔泰、东戈壁、巴音洪格尔、南戈壁、乌布苏、南杭爱省，少量分布于中戈壁省。中等品质草场，产草量为 1.5～2.0 公担 /hm²。适宜放牧各种家畜，尤以骆驼、马放牧利用最适宜。该草场优势植物有戈壁针茅、沙生针茅、驼绒藜、霸王、绵刺、隐子草、三芒草、蒙古葱、棘豆、细叶鸢尾等。

（3）珍珠柴 - 针茅放牧场。草场大量分布于东戈壁、南戈壁省，少量分布于南杭爱、苏赫巴托、巴音洪格尔省。中等品质草场，产草量为 1.0～3.0 公担 /hm²。一年四季适宜放牧羊群、骆驼、马，尤以冬季放牧最佳。该草场大量分布有戈壁针茅、珍珠柴、假木贼、红沙、多根葱、隐子草、刺沙蓬、小画眉草、猪毛菜、三芒草等植物。

（4）假木贼 - 针茅放牧场。草场大量分布于南戈壁、巴音洪格尔、科布多、乌布苏、东戈壁、南杭爱省，少量分布于巴音乌列盖、扎布罕省。中等品质草场，产草量为 1.0～3.0 公担 /hm²。一年四季适宜放牧骆驼，春秋季可放牧羊群。丘陵、起伏平原、山坡、山间谷地草场优势植物有戈壁针茅、假木贼、蒙古葱、冷蒿、旱蒿、红沙、栉齿蒿、麻黄、三芒草、驼绒藜、阿氏旋花、隐子草、寸草苔等。

（5）小蓬 - 驼绒藜 - 针茅放牧场。草场大量分布于科布多、乌布苏、戈壁阿尔泰省，少量分布于南戈壁、中戈壁省。中等品质草场，产草量为 1.5～3.0 公担 /hm²。一年四季适宜放牧羊群，冬春季以骆驼放牧利用最佳。草场主要分布有戈壁针茅、沙生针茅、小蓬、假木贼、多根葱、骆驼蓬、冷蒿、旱蒿、栉齿蒿、隐子草、刺叶柄棘豆等植物。

（6）红沙 - 针茅放牧场。草场大量分布于东戈壁，少量分布于科布多、肯特、苏赫巴托、南戈壁、巴音洪格尔等省。在山丘间谷地盆地、干池附近草场较多分布有戈壁针茅、沙生针茅、红沙、假木贼、多根葱、冷蒿、小画眉草、松叶猪毛菜等植物。中等品质草场，产草量为 1.2～3.3 公担 /hm²。一年四季适宜放牧羊群、骆驼。

（7）猪毛菜类放牧场。草场大量分布于中戈壁、巴音洪格尔、南戈壁、戈壁阿尔泰、科布多、南杭爱、乌布苏省，少量分布于扎布罕、巴音乌列盖省。草场分布有戈壁针茅、沙生针茅、珍珠柴、红沙、松叶猪毛菜、假木贼、多根葱、蒙古葱、旱蒿等植物。产草量为 1.0～1.5 公担 /hm²。一年四季适宜放牧羊群、骆驼。

8. 荒漠梭梭放牧场

（1）沙地梭梭放牧场。草场大量分布于南戈壁、戈壁阿尔泰省，较多分布于东戈壁省，少量分布于巴音洪格尔、科布多、南杭爱、中戈壁省。沙质土壤的大盆地草场以梭梭、沙拐枣、裸果木、沙蓬、雾冰藜、蒙古虫实为优势植物。产草量为 1.0～1.5 公担 /hm²。一年四季适宜放牧骆驼，以年或季节轮牧为佳。

（2）碱地梭梭放牧场。草场较多分布于南戈壁、戈壁阿尔泰省，科布多、中戈壁、巴音洪格尔、南杭爱省分布较少。优势植物有梭梭、红沙、白刺等。产草量为 1.0～1.2 公担 /hm²。一年四季适宜骆驼放牧利用。

9. 荒漠灌丛放牧场

（1）红沙放牧场。草场多分布于科布多、南戈壁、戈壁阿尔泰、苏赫巴托省，巴音洪格尔、中戈壁省分布较少。中等品质草场，产草量为 1.0～2.0 公担 /hm²。一年四季适宜放牧羊群、骆驼。优势植物有红沙、旱蒿、驼绒藜、假木贼、霸王、黎果猪毛菜、蒿叶猪毛菜等。

（2）霸王放牧场。草场多分布于南戈壁、东戈壁、戈壁阿尔泰、苏赫巴托省，巴音洪格尔、中戈壁省分布较少。中等品质草场，产草量为 1.0～1.5 公担 /hm²。只适宜在夏、秋季骆驼放牧利用。小山坡地、山麓、起伏平原草场以大花霸王、翼果霸王、膜果麻黄、梭梭为优势植物。

（3）旋花放牧场。草场多分布于中戈壁省，乌布苏、南戈壁省少量分布。以鹰爪柴为优势植物，一年四季适宜放牧骆驼。产草量低，仅为 1.0 公担 /hm²。

（4）白刺放牧场。草场多分布于南戈壁省，戈壁阿尔泰、东戈壁、南杭爱、巴音洪格尔、中戈壁省少量分布。沙丘、湖及干池周围、低洼地草场分布有西伯利亚白刺、芨芨草、盐生草、虎尾草、猪毛菜、蒙古虫实等植物。碱地可见盐爪爪、藜属等。产草量为 1.0～2.0 公担 /hm²。一年四季适宜放牧骆驼。

（5）胡杨放牧场。草场少量分布于扎布罕、科布多、南戈壁、东戈壁省。地下水位较高的砂砾质地、碱性低地、小河流岸草场分布有胡杨、油菜柳、沙枣、芦苇、芨芨草、苦豆子、天门冬属、白刺、红沙、柽柳等植物。产草量为 1.0～2.0 公担 /hm²。一年四季均适宜放牧各类家畜。

10. 荒漠草原碱性低洼地放牧场

（1）假木贼放牧场。草场较多分布于南戈壁、戈壁阿尔泰、巴音洪格尔、东戈壁、科布多、扎布罕省，乌布苏、巴音乌列盖省分布较少。产草量为1.0～1.5公担/hm²。一年四季适宜放牧羊群、骆驼，尤以夏、秋季骆驼放牧利用最适宜。山间谷地、山麓草场分布有假木贼、红沙、木本猪毛菜、珍珠柴、旋花、菊蒿、刺叶柄棘豆、驼绒藜、栉齿蒿、旱蒿、猪毛菜、盐生草等。

（2）猪毛菜-蒿属放牧场。草场多分布于南戈壁、巴音洪格尔、中戈壁省，少量分布于东戈壁、肯特省。主要分布有旱蒿、红沙、紊蒿、猪毛菜、栉齿蒿等，产草量为1.0～2.0公担/hm²。一年四季适宜放牧羊群、骆驼。

（3）合头草放牧场。草场大量分布于戈壁阿尔泰、南戈壁省，少量分布于巴音洪格尔省。砾石山坡、山脚及平原草场分布有合头草、驼绒藜、沙生针茅、假木贼、小画眉草、蒙古葱、雾冰藜等植物。产草量为1.0～2.0公担/hm²。一年四季适宜放牧骆驼，有时也可放牧山羊。

（4）驼绒藜放牧场。草场大量分布于科布多省，少量分布于戈壁阿尔泰、中戈壁省。产草量为0.8～2.0公担/hm²。一年四季适宜放牧各种家畜。山前沙质棕色土壤草场分布有驼绒藜、狭叶锦鸡儿、白皮锦鸡儿、疏叶锦鸡儿、蒙古葱、虫实、隐子草、红沙、棘豆、细叶鸢尾、三芒草等植物。

（5）蒿类-长穗虫实放牧场。草场少量分布于南戈壁，科布多、中戈壁。丘陵沙丘土壤草场大量分布有长穗虫实、蒙古虫实、沙拐枣、黄沙蒿等植物。产草量为1.0～2.4公担/hm²。一年四季适宜放牧骆驼。

二、放牧场产草量及牧草品质季节动态变化规律

天然放牧场产草量及其动态变化、枯草保存状况、放牧利用程度、有效放牧时期、放牧家畜种类及数量等要素的确定对合理利用放牧场、植被休养生息及保持放牧场的活力具有重要的意义

蒙古国放牧场生产力的研究从 Н. Д. Павлов（1925）开始，他根据牧草产量将戈壁以北地区分为3个类型草场。随后，不少学者对蒙古国主要类型草场的牧草产量季节动态规律及其特性方面开展研究，如 А. А. Юнатов（1946、1950、1951、1974），N. A. Цацэнкин 等。1950年后，蒙古国科研工作者和其他国家学者较系统地开展了蒙古国放牧场草产量及品质动态研究。А. В. Калинина（1954、1974），Ц. Даваажамц（1954、1978、1983），Р. Цэрэидулам（1957、1980、1985），Ж. Тогтох（1964、1972、1996），М. Бадам（1965），Ж. Очир（1965、1966、1967），Б. Дашхям（1966、1974），Д. Багзрагч（1967、1970），Ю. М. Мирешниченко（1967），О. Цогний（1975），Х. Гэндарам（1978），

Н. Лхаважав， С. Црэндаш， С. Тусивахын， Ч. Оюунцэцэг（1981）， Х. Догсом
（1982、1983）， Х. Буян-Орших（1981）， Л. Цэцэг-Өлзий（1989）等学者在各类
放牧场、打草场的生产力、动态变化规律、品质特点及草场改良等方面开展了
研究，积累和发表了许多宝贵的第一手资料。

研究表明，蒙古国从北到南草场生产力有逐渐下降的趋势。各自然地带，
5月末至6月初气温相对平稳，植物快速生长；6月末，天然放牧场草产量达最
高产量的42.2%～57.5%；7月、8月大部分植物进入开花期，8月中旬达夏季最
高产量。但是，8月末的突然降温导致植物开始枯黄，枝叶开始凋落，10月末草
变黄。秋季（9月、10月、11月）保存产草量为夏季最高产量的77.0%～92.0%，
冬季（12月、1月、2月）为42.0%～47.0%，春季（3月、4月、5月）为32.0～
40.0%。

放牧场产草量积累与草场植物种类、气温、降水量、季节性积累状况、物候
期、再生性密切相关。

草场植物开始返青时，禾草生长优于其他经济类型，4月末，草产量中禾草
占66.0%，而豆科植物占6.5%、杂草类4.6%。到5月末，禾草的占有比例逐渐
变小，次于杂类草。随着雨水增多，杂类草迅速生长，到7月末8月初可占草产
量的绝大部分。此时禾草已进入开花末期，开始结实，生长速度变慢。8月初杂
类草占总产草量的51.8%，禾草占31.5%。当放牧场植物枯黄时杂类草叶片开始
凋落，尤其经牲畜践踏断枝落叶而杂类草保存率不及禾草。10月草场上大部分
植物枯黄而产草量为夏季最高产量的75.9%，此时枝叶保存较完整的禾草产量占
总产草量的50%。2月，大部分杂类草和豆科植物占产草量的46.0%，而禾草产
草量则占54.0%或更多。

有关森林草原带的研究结果表明（Д. Банзрагч，1970），5月的返青期产草
量略有增加。经45 d的返青期至5月末产草量为夏季产量的13.0%。5月末至
6月初气温稳定，随着土壤含水量增加草产量显著增加。上述表现在线叶菊 - 异
燕麦放牧场更为明显。该类草场，5月底到6月初的10 d内增加的草产量等于前
45 d的牧草生长量。

6月，少雨和高温天气导致植物的生长受阻；7月，随着雨水增多、高温缓
和，植物进入第二次快速生长阶段；8月，大部分植物进入开花期，随着种子成
熟脱落植物停止生长。8月20日左右草产量达夏季最高值，之后逐渐枯黄，枝
叶开始凋落。

表 1　自然区划主要放牧场产草量动态变化规律

自然带	生物量（按季节，月）（公担/hm²）																研究人员姓名及成果发表时间
	春季				夏季				秋季				冬季				
	3月	4月	5月	平均	6月	7月	8月	平均	9月	10月	11月	平均	12月	1月	2月	平均	
森林草原	2.6	2.9	3.0	2.8/32.0	5.3	9.0	12.0	8.8/100	7.4	3.8	3.2	6.8/77.3	4.7	3.6	2.8	3.7/42.0	А. В. Калинина, 1954; Д. Банзрагч, 1970; Ц. Даваажамц, 1978; С. Цэндцаш, 1980; Ж. Тогтох, 1996; Х. Гэндарам, 1978
草原	1.9	1.6	2.8	2.1/34.4	4.5	6.0	7.8	6.1/100	6.7	5.3	4.8	5.6/91.8	3.0	2.7	2.2	2.6/46.6	Ц. Даваажамц, 1978; С. Цэндцаш, Х. Догсом, 1983; С. Тусивахын, 1989; Ж. Тогтох, 1996; А. В. Калинина, 1954
戈壁	0.5	0.4	0.8	0.6/40.0	1.0	1.4	2.2	1.5/100	1.8	1.3	0.9	1.3/86.6	0.8	0.7	0.6	0.7/46.6	Ц. Даваажамц, 1978; Х. Буян-Орших, 1981; Л. Цэгг-Олзий, 1989; Ж. Тогтох, 1996

注：平均值中分母值为采样当季产草量占夏季最高值的百分比。

表 2　线叶菊 - 异燕麦草场产草量动态（1961—1963 年）　　　单位：公担

月	5 月			6 月			7 月			8 月			9 月		
10 d	1	2	3	1	2	3	1	2	3	1	2	3	1	2	3
平均生物量		0.9	1.2	2.5	3.4	4.9	7.2	8.6	9.2	9.6	10	10	9.1	8.3	7.6
10 d 增加量			0.3	1.3	0.9	1.5	2.3	1.4	0.6	0.4	0.4	0	−0.9	−0.8	−0.7

　　放牧场植物的生长发育持续 3～5 个月，枯黄期仅持续 1 个多月，而枯草期持续 200～240 d，保存的枯草在来年的鲜草产量中占有一定比例。研究表明，枯草产量占来年总产草量比例在禾草 - 杂类草、杂类草 - 羊草草场为 51.0%～73.0%，在小禾草 - 针茅草场为 47.2%～72.6%，在杂类草 - 禾草草甸为 30.0%～57.5%。在蒙古国，枯草是严寒季节放牧家畜的主要饲料来源，同时在微生物与气候因子作用下枯草被分解为土壤氮与矿物质，从而提高土壤肥力。枯草不仅对保持土壤温湿度起有效作用还能减少土壤水分的蒸发，但同时存在阻碍春季植物生长的负面影响。所以在冬春季节合理配置草场载畜量，既可以通过消耗枯草促进植物嫩芽嫩枝的生长发育，又可保持土壤有效含水量，进而有利于牧草生长与提高品质。

　　草场枯草粗蛋白含量为 2.0%～6.0%，而在春季含量急剧下降。草场的枯草保存程度与各类牧草保持率有密切关系。羊草、针茅、雀麦、柄状苔草等的枯草保持良好，而杂类草及半灌木类的枯草保存较差。以放牧畜牧业为主的蒙古地区，枯草是畜牧业重要基础饲料之一。研究草场植物的再生性，对草场的合理利用、提高草场产草量及为家畜提供新鲜营养饲草等方面有着很重要的作用。在森林草原带杂类草 - 禾草 - 苔草类草场 5 月 27 日第一次刈割时产草量为 1.9 公担 /hm²，6 月 25 日第二次刈割时第一次再生产草量为 4.0 公担 /hm²，7 月 25 日第二次再生产草量为 3.8 公担 /hm²，8 月 25 日第三次再生产草量为 2.5 公担 /hm²。再生产草量占总生物量比例按时间顺序分别为 32.8%、31.1% 和 20.5%。

表 3　杂类草 - 禾本 - 苔草草原再生生物量（1966 年）

采样时间	茬次	生物量公担 /hm²	基于基础生物量的增长率（%）	占总生物量比例（%）	与初夏生物量对比（%）	占再生生物量比例（%）	
						禾本	杂草
5 月 27 日	基础生物量	1.9	100	15.6		95.8	4.2
6 月 25 日	第一次再生	4.0	210	32.8		30.4	69.6

采样时间	茬次	生物量公担/hm²	基于基础生物量的增长率（%）	占总生物量比例（%）	与初夏生物量对比（%）	占再生生物量比例（%）	
						禾本	杂草
7月25日	第二次再生	3.8	200	31.1		29.8	70.2
8月25日	第三次再生	2.5	132	20.5		20.7	79.3
总生物量		12.2		100.0	111.0	32.0	68.0

从表3中可看出，森林草原带杂类草-禾草-苔草类放牧场的再生性良好，表明5月末或6月初至8月末可以进行3次放牧利用。但是，蒙古国学者及相关研究均表示，同一块草场在当年多次利用会导致来年的产草量下降，同时优良牧草数量急剧减少。

通过对放牧场植物组成、产草量动态变化及贮量研究，蒙古国放牧场基本特点归纳如下。

（1）森林草原和草原区，干旱及较干旱草原植物在春季4月中旬返青，湿润草甸的植物5月上旬开始返青。为合理利用草场，需返青后经30～35 d才可开始利用。根据主要植物生长发育特点及其周围环境、地形地貌、方向位置等状况可提前10～20 d或推后10～20 d开始利用。戈壁地区草场返青后开始利用时间可再提前。

（2）草场植物生长期在山地草原、草原区为3.5～4.5个月，草甸草场为3.0～3.5个月，高山带为2.5个月时间。

（3）草场的产草量因草场类型、植物组成、环境条件、利用方式等不同而产量不同，但不论在何自然带（区），植物的开花结实均在一个较短时间（7月下旬至8月中旬）内完成。放牧场夏秋平均产草量在森林草原为6.0～7.9公担/hm²，草原区为3.4～5.3公担/hm²，戈壁为0.9～2.0公担/hm²（表7）。冬春产草量依上述顺序分别为3.4～4.3公担/hm²、1.7～2.2公担/hm²和0.1～0.7公担/hm²。

（4）蒙古国各自然带与自然区，放牧场植物从8月末至10月中旬的30～45 d变枯黄，枯草产量占夏季产草量的55.3%～76.0%，而冬季枯草占41.5%～54.4%、春季枯草则占24.7%～43.0%。家畜采食枯草时间约为采食青草时间的2倍或达240余天。蒙古国的牧草再生特点在森林草原及草原区表现为2～4次再生性，荒漠草原有1次再生性。因此在放牧场的年利用次数分别为森林草原2～3次，草原为2次，高山带为1次。草场再生草可提高单位面积产草量 10%～30%，牧草粗蛋白获取量提高 10%～40%，而粗纤维可减少 8%～15%。放牧场再生草不仅为家畜提供了优质饲草，而且为牧民的建营盘，生活环境的改善创造了条件。以上研究结果为合理利用天然放牧场奠定了科学基础。

三、放牧场植物化学组成

放牧场植物的化学组成受自然地理、土壤、气候、草场植物组成及其不同生长期影响而有所差异。

蒙古国放牧场植物化学组成的研究始于 20 世纪 40—50 年代的苏联学者 И. А. Цацэнкин、А. А. Юнатов（1954）、А. В. Калинина（1954）等。20 世纪 50 年代起，蒙古国 Ш. Гомбо（1955），Р. Цэрэндулам（1957、1960、1968、1973、1980），Ж. Тогтох（1964、1965、1971、1972、1985、1990、1996），Д. Баатар（1970），Х. Гэндарам（1977），Д. Дашдондог（1980），Б. Хөхүү（1983），Б. Мөнх（1976），Г. Даваасамбуу，С. Тусивахын，С. Цэрэндаш（1996），Д. Нэргүй（1988）等众多学者陆续开展相关研究，积累了许多宝贵的第一手资料。Д. Баатар（1970）和 Р. Цэрэндулам（1980）分别整理了 20 世纪 70 年代和 80 年代以前的资料，并将资料出版分享。

1970 年开始系统研究了牧草氨基酸、维生素、碳水化合物、矿物质等组成（Р. Цэрэндулам、Д. Баатар、С. Бадам、В. С. Коноваленкова、Ц. Бат-өлзий、А. Тэрсайхан、Д. Даалхайжав、Л. Лувсан）。

作者通过整理上述研究人员的研究成果总结出蒙古国放牧场各自然带植物群落鲜草和枯草的化学组成及平均含量列于表 4。

表 4　放牧场群落鲜草和枯草化学成分含量均值（绝干基础）

草场分类	鲜草 / 枯草	化学组成及含量（%）				
		粗蛋白	粗脂肪	粗纤维	无氮浸出物	灰分
高山	鲜草	11.2	3.1	28.7	47.6	9.4
	枯草	3.9	1.6	30.3	56.6	7.6
高山森林	鲜草	11.7	2.7	27.1	51.3	7.2
山地草甸 - 草原	鲜草	11.4	2.7	30.5	47.0	8.4
	枯草	6.3	2.5	32.9	50.9	7.5
草原	鲜草	13.3	3.6	32.2	42.8	8.1
	枯草	5.2	2.2	34.5	51.0	7.1

草场分类	鲜草 / 枯草	化学组成及含量（%）				
		粗蛋白	粗脂肪	粗纤维	无氮浸出物	灰分
荒漠草原	鲜草	13.4	4.0	23.9	48.3	10.4
	枯草	5.3	2.7	31.0	50.3	10.7
荒漠多根葱 - 戈壁针茅	鲜草	11.2	3.1	17.3	63.1	5.3
	枯草	7.6	1.8	27.8	54.0	8.8
梭梭草场	鲜草	6.0	2.3	25.7	48.6	17.4
荒漠灌木	鲜草	16.4	1.6	24.4	45.5	12.1
	枯草	3.1	1.6	30.2	60.0	4.5
草甸谷地	鲜草	12.3	4.9	27.9	45.7	9.2
	枯草	5.6	1.6	37.0	48.8	7.0
碱性低洼地	鲜草	10.8	2.4	16.8	53.6	16.4
	枯草	5.8	3.2	23.6	49.8	17.8
沙漠植物	鲜草	13.3	1.2	26.4	44.3	3.9
	枯草	5.9	3.5	28.4	42.3	5.1

蒙古国放牧场牧草水分含量受自然地理、植物种类、物候期等因素影响而有一定差异。隶属森林草原区的高山、高山森林及草甸草原放牧场鲜草平均含水量为 55.4%～65.8%，而半荒漠草原、荒漠草场鲜草平均含水量为 49.0%～54.9%。作为打草场的谷地草甸的鲜草含水量达 61.0%。

蒙古国放牧场牧草富含粗蛋白，森林草原、高山、高山森林、草原、草甸放牧场鲜草中粗蛋白含量为 11.2%～11.7%，草原区牧草为 13.3%，荒漠草原及荒漠区牧草为 11.2%～16.4%。冬春季牧草粗蛋白含量急剧下降，森林草原区枯草中粗蛋白保存率为 34.8%～55.2%，草原区为 39.1%，而荒漠草原和荒漠放牧场仅为 18.9%～44.4%。

放牧场牧草粗脂肪含量较接近。森林草原区鲜草中粗脂肪含量为 2.7%～3.1%，草原，荒漠草原区为 3.6%～4.0%，荒漠区为 1.6%～3.1%。枯草期粗脂肪含量略有下降趋势。

各类放牧场牧草粗纤维含量随着生育期逐渐增加。森林草原牧草粗纤维含量为 27.1%～30.5%，而其枯草中为 30.3%～32.9%；按此顺序，草原区牧草粗纤维平均含量分别为 32.2% 和 34.5%，而在戈壁放牧场（荒漠 + 荒漠草原）鲜草中粗纤维含量为 17.3%～24.4%。

无氮浸出物含量随牧草枯黄而逐渐增加。森林草原放牧场鲜草中无氮浸出物含量为47.0%～51.3%，而其枯草中为50.9%～56.6%；草原区鲜草中平均为42.8%，其枯草中含量为51.0%；戈壁放牧场牧草中为45.5%～63.1%。这是由于粗蛋白含量下降而干物质中碳水化合物比例提高所致。

高山、高山森林、草甸草原放牧场鲜草中灰分含量为7.2%～9.4%，草原与荒漠草原放牧场则为8.1%～10.4%，这是由于该地区灌木和半灌木中矿物质含量较多导致。碱化低湿地区梭梭草场鲜草中含有较高的灰分，含量为16.4%～17.4%。

研究表明，受植物组成、生长期及生态条件的制约，即便同一种草场的群落化学组成随不同年份而有所差异。

森林草原的杂类草 - 禾草、杂类草 - 禾草 - 苔草类、杂类草 - 禾草 - 豆科类、杂类草 - 苔草类等放牧场牧草干物质中粗蛋白平均含量为10.7%、粗脂肪2.8%、粗纤维30.0%、无氮浸出物49.7%、灰分6.7%；冬、春枯草相应化学组成分别为5.0%、2.1%、34.1%、51.1%和7.8%。

蒙古国基本放牧场鲜草、枯草化学组成变化见表5。

表5　不同自然区划放牧场鲜草、枯草化学组成

自然区划	季节	水分	绝干基础（%）				
			粗蛋白	粗脂肪	粗纤维	无氮浸出物	灰分
森林草原	夏季鲜草	49.14±3.17	10.68±0.74	2.79±0.22	30.05±1.49	49.72±1.21	6.76±0.49
	秋季枯草	35.22±3.50	6.14±0.36	2.22±0.15	32.85±1.11	52.20±1.07	6.59±0.24
	冬 - 春季枯草	18.85±2.79	5.02±0.73	2.08±0.12	34.07±0.94	51.06±1.37	7.77±0.81
草原	夏季鲜草	50.18±2.93	11.20±0.61	2.59±0.20	33.98±1.09	45.85±0.79	6.38±0.38
	秋季枯草	31.20±1.35	6.59±1.97	1.99+0.16	34.06±1.27	50.65±0.99	6.71±0.25
	冬 - 春季枯草	17.95±1.56	3.35+1.31	1.58±0.20	35.41±1.24	49.97±1.23	9.69±0.30
戈壁	夏季鲜草	57.95±1.18	17.47±1.31	2.88±0.40	23.35±0.78	40.28±1.81	13.01±1.87
	秋季枯草	31.25±4.46	6.31±2.98	2.51±1.29	33.99±0.58	44.15±3.19	13.04±3.14
高山	夏季鲜草	60.47±0.36	9.93±1.09	3.69±0.29	25.17±0.85	53.80±2.14	7.31±1.03
	秋季枯草	11.36±0.83	3.82±0.11	2.09±0.23	33.82±3.30	51.74±1.89	8.53±1.22
	冬 - 春季枯草	15.36±4.07	3.60±0.97	2.69±0.06	31.49±3.02	53.60±1.91	8.60±0.80

蒙古国放牧场植物粗蛋白含量从北往南逐渐增加的同时，粗纤维、无氮浸出物含量减少。森林草原区植物开花期粗蛋白含量 10.7%，草原区 11.2%，戈壁 17.5%，证明了上述论点。尤其戈壁针茅 - 多根葱、多根葱 - 假木贼 - 杂类草草场开花期鲜草中粗蛋白含量为 19.95%～26.36%。森林草原和草原区夏季鲜草中粗纤维含量为 30.0%～34.0%，无氮浸出物含量为 46.0%～50.0%，戈壁放牧场鲜草中粗纤维和无氮浸出物含量分别为 23.4% 和 40.3%。

森林草原区放牧场夏季牧草粗蛋白和粗纤维含量如设定为 100%，则秋季牧草粗蛋白能保持 57.5%，冬春季能保持 47%；粗纤维枯黄期增加 9.3%，冬春季增加 11.3%。草原及荒漠草原区牧草养分变化规律也同森林草原区。

植物粗蛋白含量愈高其营养价值愈高，粗纤维含量增加则会降低植物营养价值。牧草粗蛋白与粗纤维比例是评价牧草营养价值的重要指标。多数研究者认为粗纤维含量为粗蛋白含量的 1.3～1.6 倍时为优质牧草。蒙古国自然带主要草场牧草粗蛋白与粗纤维比值见表 6。

表 6 放牧场鲜草、枯草中粗蛋白与粗纤维比例

自然区划	生长期	粗蛋白（%）	粗纤维（%）	粗蛋白 / 粗纤维
森林草原	夏季鲜草	10.68	30.05	1：2.8
	秋季枯草	6.14	32.85	1：5.3
	冬 - 春季枯草	5.05	34.07	1：6.7
草原	夏季鲜草	11.20	33.98	1：3.0
	秋季枯草	6.20	34.09	1：5.5
	冬 - 春季枯草	3.55	35.41	1：10.0
戈壁	夏季鲜草	17.47	23.35	1：1.3
	秋季枯草	6.31	33.99	1：5.4

牧草粗蛋白 / 粗纤维在夏季森林草原和草原区为（1：2.8）～（1：3.0），戈壁放牧场为 1：1.3，表明戈壁放牧场牧草营养价值优于森林草原和草原区。枯草期牧草营养价值下降明显，粗蛋白 / 粗纤维为（1：5.3）～（1：10.0）。

蒙古国放牧 1 公担牧草与 1 hm² 草场可提供的粗蛋白总量见表 7。夏季戈壁与草原区放牧场每公担牧草可提供的粗蛋白量相近，冬春季减少。虽然草原与戈壁区放牧场植物富含粗蛋白，但产草量却显著低于森林草原区 2.6～4 倍，进而森林草原区每公顷草场可提供粗蛋白在夏季为草原与戈壁区放牧场的 1.42～2.41 倍，秋季为 1.20～6.48 倍。

表 7 单位面积草场可提供粗蛋白总量

自然带		产草量（公担/hm²）	1 公担牧草中含量（kg）	1 hm² 草场中含量（kg）
森林草原	夏季	7.90	10.68	84.37
	秋季	6.00	6.14	36.84
	冬-春季	3.80	5.02	19.08
草原	夏季	5.30	11.20	59.36
	秋季	3.40	6.59	30.62
	冬-春季	2.00	3.35	6.70
戈壁	夏季	2.00	17.47	34.94
	秋季	0.90	6.31	5.68

四、放牧场植物的维生素组成

放牧场植物维生素含量受草场植物种类、自然与气候因素的影响。Ж. Жамсран（1957），Ш. Гомбо（1955），Р. Цэрэндулам（1968、1980），Ж. Очир（1965），Л. М. Матвеев（1963），Ж. Тогтох（1964、1972、1996），Д. Баатар（1964、1970、1981、1986）等学者分析研究了蒙古国放牧场植物维生素含量并取得了一定成果。通过整理其中 50 个草场类型，按植物物候期列出了牧草胡萝卜素和维生素 C 的平均含量（表 8）。

表 8 放牧场植物维生素含量动态变化　　　　　　单位：mg/kg

生长期	样点数量	干物质含量（%）	风干基础		绝干基础	
			胡萝卜素	维生素 C	胡萝卜素	维生素 C
返青期	25	46.2	59.2	117.7	128.1	254.8
开花期	49	40.8	145.8	428.0	357.7	1 050.1
结实期	48	45.1	164.8	286.5	365.5	635.6
秋季枯草	16	71.1	36.7	72.3	51.7	101.7
春季枯草	36	81.5	5.8	9.1	7.2	11.3

数据表明，夏季放牧场植物富含胡萝卜素和维生素 C，随着牧草枯黄含量急剧下降。春季枯草胡萝卜素与维生素 C 含量分别为 7.2 mg/kg 和 11.3 mg/kg。与夏季的最高含量比较，秋季枯草中胡萝卜素含量只有夏季的 14.14%，维生素 C 含量仅为 9.68%；春季枯草则分别为 1.97% 和 1.07%。如表 9 所示，这种规律在各自然带草场中均有体现。

表9 不同自然区划放牧场牧草维生素含量（干物质基础） 单位：mg/kg

自然区划	季节	样点数量	胡萝卜素	维生素C
高山带	夏季	15	282.4	655.9
	秋季	2	119.1	221.2
	春季	4	10.4	11.0
森林草原带	夏季	27	241.4	588.7
	秋季	4	29.8	38.5
	春季	11	7.9	11.6
草原区	夏季	39	244.5	581.7
	秋季	10	26.6	57.0
	春季	11	4.3	12.6
戈壁区	夏季	16	317.5	799.1
	秋季			
	春季			

　　夏季森林草原和草原区放牧场植物含有胡萝卜素241.4～244.5 mg/kg 和维生素C 581.7～588.7 mg/kg，这2类草场维生素含量基本相同。高山带和戈壁区植物维生素含量较森林草原区丰富，这是由于随着气候干旱植物干物质含量增加导致其蛋白质和胡萝卜素含量升高，符合这一规律。蒙古国主要放牧场与打草场植物群落维生素含量见表10。

表10 放牧场主要植物群落的维生素含量 单位：mg/kg

植物群落	生长期/季节	样点数量	鲜样基础			绝干基础	
			干物质（%）	胡萝卜素	维生素C	胡萝卜素	维生素C
禾本科	返青期	20	42.9	87.9	225.8	205.0	526.6
	开花期	41	46.4	145.2	297.1	312.9	640.3
	结实期	41	47.7	153.1	313.5	320.6	656.3
	秋季枯草	13	72.5	14.1	12.7	19.4	17.5
	春季枯草	10	79.5	6.6	8.6	8.3	19.8
豆科	返青期	2	31.8	148.6	267.0	467.3	839.6
	开花期	10	31.6	178.0	437.9	563.4	1 385.7
	结实期	7	42.7	191.0	433.8	447.4	1 016.0

植物群落	生长期/季节	样点数量	鲜样基础			绝干基础	
			干物质（%）	胡萝卜素	维生素C	胡萝卜素	维生素C
杂类草	返青期	3	41.2	155.3	341.2	377.0	828.2
	开花期	6	29.2	104.2	376.5	356.9	1 289.6
	结实期	10	41.8	108.2	256.4	259.0	613.5
灌木、小灌丛	返青期	9	35.2	147.2	435.4	418.2	1 236.9
	开花期	14	39.2	106.1	295.6	270.7	754.0
	结实期	11	48.9	98.4	218.9	201.2	477.6
	秋季枯草	3	76.1	32.5	53.3	42.7	70.0
	春季枯草	5	73.5	15.3	21.2	20.8	28.8
葱类	返青期	2	21.5	128.8	507.6	599.0	2 361.2
	开花期	4	30.0	179.9	491.2	599.7	1 637.3
	结实期	2	25.4	114.2	366.2	449.6	1 441.7
碱蓬类（猪毛菜属）	返青期	7	28.3	62.1	194.6	219.4	687.8
	开花期	7	31.4	66.3	212.7	211.1	677.4
	结实期	3	35.4	48.6	370.5	137.3	1 046.6

由表 10 得知，植物从返青期至结实期，豆科、葱类植物富含维生素，胡萝卜素含量为 447.4～599.7 mg/kg DM，维生素 C 含量为 839.6～2 361.3 mg/kg DM。同样，其他群落在夏季含有较高的维生素。作为草场主要牧草的禾本科植物胡萝卜素与维生素 C 含量分别为 205.0～320.6 mg/kg DM 和 526.6～656.3 mg/kg DM。植物从返青期开始维生素含量逐渐增加至结实期或 7 月末至 8 月初达到最高值。然而植物进入枯草期维生素含量便急剧下降，禾本科秋季枯草中胡萝卜素与维生素 C 平均含量分别为 14.1 mg/kg 和 12.7 mg/kg，占夏季最高值的 9.2% 和 4.0%，到春季枯草时，其含量分别下降至 6.6 mg/kg 和 8.6 mg/kg，仅占夏季最高值的 4.3% 和 2.7%。

对灌木、半灌木而言，春季返青期维生素含量最高，随着植物生长其含量逐渐下降。春季枯草中胡萝卜素与维生素 C 平均含量分别为 20.8 mg/kg DM 和 28.8 mg/kg DM，分别占返青期最高值的 4.97% 和 2.33%。

放牧场植物维生素含量在夏季可满足家畜对维生素的需求，而冬春季维生素严重缺乏。

五、放牧场植物氨基酸组成

蒙古国天然放牧场牧草虽富含蛋白质，但到冬春季牧草粗蛋白含量下降70%～90%，致使家畜以秋膘勉强越冬，以瘦态进入来年。Ж. Тоггох 研究表明，冬春季成年绵羊每日从放牧场仅获取 0.37 个燕麦饲料单位和 20 g 可消化蛋白质，只满足 38.9% 需求量。为解决家畜所需蛋白质、减少家畜损失，有必要对草场植物及补饲饲料的蛋白质和氨基酸成分及含量开展分析研究。

为此，1969 年开始，蒙古国学者结合前期研究，针对高山带、森林草原、草原区典型放牧场植物氨基酸成分开展了分析研究（С. Бадам、Р. Цэрэндулам、Д. Лагваа，1971、1985），结果表明，蒙古国天然放牧场植物蛋白质、氨基酸含量从北至南逐渐增多，这一现象也符合随着气候干燥植物耐旱性提高进而蛋白质增多的规律。以贝加尔针茅为例，森林草原区山地草原放牧地的分蘖期贝加尔针茅含有 106 g/kg DM 粗蛋白和 54 g/kg DM 必需氨基酸，戈壁区分别为 192 g/kg DM 和 81 g/kg DM。

放牧场植物蛋白质和氨基酸的积累与该草场优势植物种类及其多度有关。

森林草原区肯特山脉西部山地草原区苔草 - 杂类草草场开花期粗蛋白含量为99 g/kg DM，必需氨基酸含量为 32 g/kg DM；而禾草 - 杂类草草场植物结实期粗蛋白为 109 g/kg DM，必需氨基酸为 46 g/kg DM，含量较高。

干旱草原中喀尔喀区的针茅 - 隐子草草场在分蘖期、禾草 - 锦鸡儿草场在开花期积累的粗蛋白、必需氨基酸量比其他生育阶段要多。

荒漠草原区，猪毛菜属放牧场植物在分蘖期时粗蛋白与必需氨基酸含量达到最高值，分别为 173 g/kg DM 和 78 g/kg DM；戈壁针茅草场，粗蛋白与必需氨基酸含量在植物结实期时达到最高值，分别为 139 g/kg DM 和 56 g/kg DM。

植物所含粗蛋白与氨基酸在开花期和结实期达最大值，之后开始下降，枯草中含量最低。这一规律由草场所处的自然带、区及草场植物种类所决定。高山放牧场植物春季枯草中氨基酸含量与开花期最高值相比，总氨基酸保存率为27.2%，必需氨基酸保存率为 31.8%、赖氨酸保存率为 29.4%；森林草原区放牧场枯草中总氨基酸保存率、必需氨基酸保存率和赖氨酸保存率分别为 51.3%、49.8% 和 41.1%；草原区放牧场总氨基酸保存率、必需氨基酸保存率和赖氨酸保存率分别为 32.4%、30.5% 和 23.5%，另外半胱氨酸为 13.6%、蛋氨酸为 18.5%和苏氨酸为 32.6%。

不同植物间氨基酸含量差异很大。放牧场植物在夏、秋季蛋白质及各种氨基酸含量较高，可使放牧家畜在短时间内通过放牧采食恢复冬春季损失的身体机能。但由于冬春季放牧场缺乏蛋白质，需对体弱及生长期家畜进行补饲优质饲料，使其安全越冬减少损失。

六、放牧场植物矿物质成分

研究分析放牧场植物的各种矿物质含量及其动态变化特征对保持家畜正常生命活动，防治各种疾病提供科学依据及技术方法有很重要的意义。

蒙古国放牧场植物矿物质研究工作始于 20 世纪 40 年代，由苏联学者 A. A. Юнатов（1950、1951），Н. А. Цацэнкин，А. В. Калинина（1954）等开始对放牧场牧草钙、磷含量进行分析研究。20 世纪 50 年代开始，蒙古国 Ш. Гомбо（1955），Р. Цэрэндулам（1961、1967、1974、1980），Ж. Тогтох（1972、1996），Бүрэнбаяр（1971、1975、1980），Ловсан（1969、1995），В. С. Коноваленкова（1975、1980、1985、1990），Лосолмаа（1965），Л. М. Матвеев（1965）及其他许多学者扩展相关研究领域，对放牧场植物及其他饲草料常量及微量矿物元素开展分析研究，并获得了许多宝贵的第一手资料。

多年研究结果表明，蒙古国放牧场矿物质含量受自然带土壤、气候特征、草场植物种类、生育期及季节等的影响，存在很大差异，即便同一种植物也会受到年际气候影响而数值差异较大。

钙、磷：高山放牧场植物钙含量为 1.7～14.0 g/kg DM、磷含量为 0.4～2.7 g/kg DM；森林草原带分别为 2.0～11.7 g/kg DM 和 0.1～5.4 g/kg DM；草原区分别为 2.5～9.9 g/kg DM 和 0.2～2.2 g/kg DM，戈壁区分别为 1.6～20.5 g/kg DM 和 0.4～10.5 g/kg DM。

高山带杂类草 - 豆科植物、杂类草 - 禾草 - 苔草类、苔草类 - 杂类草等放牧场的钙含量相对高，而羊茅 - 苔草 - 杂类草、针茅 - 杂类草草场植物中磷含量相对高。

森林草原带杂类草 - 禾草、杂类草 - 赖草属 - 针茅、苔草 - 杂类草草场牧草中钙、磷含量相对高，而草原区放牧地的钙、磷含量相近，戈壁区放牧地草场植物中矿物质含量比其他草场植物矿物质含量更为丰富。因此，任何地区草场植物钙、磷含量波动较大。

学者们认为钙、磷含量比为 1.5～2.0 比较合适。蒙古国放牧场植物鲜草中钙、磷含量接近该比例。然而在某些类型的草场，植物的钙、磷比比较大，说明磷元素缺乏。

随着植物的生长发育，钙、磷含量下降。除戈壁地区外，其他地区的冬春枯草中钙含量比夏季最高值降低 1.1～3.5 倍。尤其磷含量在冬季急剧减少，钙、磷含量比达到 10 以上，表明磷含量显著下降。研究证明，蒙古国大部分地区草场植物磷含量低，从而家畜饲料中磷缺乏。

钾、钠：在任一区的植物中钾含量为 1.1～17.5 g/kg，钠含量为 0.03～2.3 g/kg，但在高山及森林草原区，杂类草、禾草 - 杂类草、苔草 - 杂类草分布的潮湿谷地草甸植物中钾含量相对高，随着植物生长发育其含量下降。

除梭梭、猪毛菜类外，其他各类草场的植物钠含量相近。钾、钠含量比波动于 1.0～19.5，在植物中的含量变化很大。湿润草甸、谷地及湖与干池周围的禾草 - 杂类草 - 苔草、杂类草 - 禾草、杂类草 - 苔草、芦苇等群落的鲜草中钠含量相对高，但随着植物生长发育钠含量下降程度要比钾更明显。

镁、氯、硫：植物中镁、氯、硫元素含量的变化与植物种类、生长发育与生态因子等密切相关。通常，牧草中镁含量为 0.9～7.6 g/kg DM，氯含量为 0.1～8.3 g/kg DM，硫含量为 0.1～2.5 g/kg DM。

高山森林和山地草甸草原、草原区放牧场植物镁含量相近，谷地草甸放牧地则镁含量相对高。随植物生长发育镁含量下降。钙、镁含量比在夏季鲜草中为 2.0～7.0，枯草中为 10 以上，说明植物中的镁含量比钙含量下降得更快。

高山及森林草原的杂类草 - 禾草、赖草 - 小型禾草，草原区的赖草 - 锦鸡儿属、芨芨草草场植物含氯量相对高，达 3.8 g/kg。高山带杂类草 - 羊茅、羊茅 - 苔草 - 杂类草草场，森林草原杂类草 - 禾草及草原区的赖草 - 隐子草 - 冰草、赖草 - 锦鸡儿、芨芨草草场中植物含硫量相对高，达 4.5 g/kg。

有关植物微量元素含量研究表明，高山、森林草原放牧场植物返青期含量分别为干物质中铜 0.5～19.6 mg/kg、锌 2.4～62.2 mg/kg、钴 0～1.0 mg/kg、碘 0～0.2 mg/kg、锰 9.1～187.2 mg/kg、钼 0.4～2.1 mg/kg、铁 27～758 mg/kg，而在枯草中铜 0.5～3.6 mg/kg、锌 0.5～19.9 mg/kg、钴 0～0.07 mg/kg、碘 0～0.2 mg/kg、锰 5～90 mg/kg、钼 0～2.1 mg/kg、铁 40～592 mg/kg。

草原区苏赫巴托省图门朝克图和肯特省达尔罕样地植物微量元素含量较接近。针对戈壁植物微量元素含量主要以种进行研究，按群落研究较少。结果表明，葱类、猪毛菜属及灌木和半灌木植物中铁含量较高，其他微量元素含量较均匀。

研究表明，蒙古国大部分放牧场植物中铜、钴、碘较缺乏，而铁含量较高。然而微量元素分布地区差异较大，导致出现了因微量元素缺乏或过剩而引起的各种地方病。

高山带和森林草原带缺乏天然碱、硝及盐，所以不能通过放牧来满足家畜对矿物元素的需要，必须通过人工补充。

植物在开花结实期微量元素含量达最高值，之后开始下降，冬春枯草中含量最低。因此，主要以天然草原放牧的蒙古国家畜饲草中缺乏磷、钠、氯、铜、钴、碘等微量元素。一直以来，蒙古国牧民以人工方式补充这些缺乏的元素，如放牧时将畜群赶到盐碱地舔碱、盐或在有盐碱的草场上放牧一段时间。碱、硝等天然矿物质中含有许多矿物元素，但在不同地区矿物成分及含量有所不同。

蒙古国 P. Бүрэнбаяр（1972、1981），Д. Цэдэв，Л. Лувсан（1972），Хашбат（1982）等学者在研究天然碱、硝、盐及植物的矿物元素成分及含量的基础上，研制了全价矿物质补充饲料和微量元素补充饲料。

对蒙古国地区广袤的放牧场植物开展矿物质的继续深入研究具有很重要的科学与现实意义。

表 11　放牧场植物矿物质成分含量（绝干基础）

自然区划-生长期	样点数量	常量元素（g/kg）							微量元素（mg/kg）						
		Ca	P	K	Na	Cl	Mg	S	Cu	Zn	Co	I	Mn	Mo	Fe
1. 高山草场															
返青期	8	3.77	1.03	2.36	0.22	0.42	1.00	0.45	8.18	17.60	0.025	0.051	35	0.39	544
开花期	12	4.67	1.64	10.00	0.45	1.28	2.41	0.87	4.95	20.16	0.049	0.075	50	0.74	403
结实期	6	3.86	1.16	6.02	0.86	0.41	2.55	0.54	5.84	13.20	0.052	0.870	45	1.14	438
秋季枯草	2	4.86	0.46	2.32	0.33	0.86	0.87	1.03	1.65	13.70	0.024	0.045	13	0.76	414
春季枯草	4	4.99	0.81	0.26	0.76	0.13	0.33	0.68	2.16	15.90	0.015	0.028	22	0.76	363
2. 森林草原草场															
返青期	20	5.09	1.66	5.13	0.66	0.94	1.58	0.61	9.39	20.90	0.058	0.062	36	0.38	470
开花期	20	6.37	1.59	10.13	0.41	1.38	2.22	0.73	6.33	20.00	0.129	0.069	54	0.34	273
结实期	13	5.30	1.05	7.35	0.66	1.04	1.63	0.84	6.03	18.23	0.107	0.061	47	0.65	489
秋季枯草	4	6.90	0.75	5.71	0.26	2.49	1.30	0.37	2.37	20.87	0.182	0.053	42	0.52	187
春季枯草	12	5.02	0.64	2.72	0.34	0.94	0.80	0.63	2.75	16.00	0.088	0.043	48	0.25	336
3. 草原草场															
返青期	12	4.44	0.98	1.68	0.19	0.97	1.61	1.26	4.60	19.00	0.036	0.052	26	0.83	538
开花期	24	2.49	0.13	6.20	0.28	0.61	2.65	0.49	5.35	20.70	0.039	0.033	28	0.60	299
结实期	30	3.85	1.30	8.02	0.40	0.82	1.63	0.86	3.81	21.89	0.041	0.055	28	0.60	278
秋季枯草	12	5.25	0.49	1.62	0.18	0.72	0.70	0.62	2.28	13.46	0.015	0.040	25	0.64	356
冬季枯草	2	4.39	0.23			1.48	1.20	2.35	2.97	14.00	0.054	0.029	41	0.72	235
春季枯草	13	5.25	0.51	1.30	0.12	0.80	1.41	2.47	2.54	14.08	0.036	0.029	23	0.31	337

自然区划-生长期	样点数量	常量元素（g/kg）							微量元素（mg/kg）						
		Ca	P	K	Na	Cl	Mg	S	Cu	Zn	Co	I	Mn	Mo	Fe
4. 戈壁草场															
返青期	2	4.46	1.59	8.90	2.48	5.70	4.05	3.81	6.45	27.70	0.053	0.112	30	2.82	872
开花期	6	4.52	1.74	11.70	1.44	3.18	6.24	2.60	7.61	25.00	0.065	0.063	55	1.82	765
结实期	6	4.89	1.47	10.72	0.98	2.73	3.90	1.09	7.58	23.96	0.072	0.081	41	0.62	116

七、放牧场土壤矿物质成分及其分布特点

进入市场经济的当代，开发利用地方自然资源是提高畜牧业产品质量的条件之一。其关键在于全面认识土壤结构、成分、肥力。土壤是为植物、动物包括人类提供常量矿物元素和微量元素的源泉。受自然和气候因素、土壤形成、发育特征和营养性的影响，水与植物的微量元素比例失衡，导致植物的营养性能及生物量减少、畜产品产量及质量下降、发生人与家畜地方病。因此，需要基于自然区域特征及自然要素间的平衡关系开展畜牧业生产，提高经济效率。为此，研究具有自然气候本质特征的高山、森林草原、戈壁地带土壤成分，识别其分布机制，与影响植物和动物生理功能的养分相结合是提高畜牧业生产的因素之一。

基于以上方向，1973—1993 年开展的研究结果如下。

（1）高山带。在蒙古国北部受高山的影响形成了垂直分布的泰加林冻土带。分布于库苏古尔、肯特山脉的泰加林地区，占地面积 9.55 万 km²，占国土面积的 6.1%。

该地带分布有 15 个土壤类型，主要为高山草地生草土和灰化土壤，山阳坡及周边较大面积分布着草原黑土地。草甸草原黑土地中的腐殖质含量为 6%～10%，5 cm 厚表层土为生草层，而山地草甸泥炭土含有 12%～16% 的腐殖质，呈酸性（pH 值为 5.4～5.6）。

研究区仁钦勒浑布苏木，海拔为 1 200～1 400 m 的土壤类型为暗栗钙土或栗钙土；海拔 1 400～1 600 m 分布高山黑土，海拔 1 700 m 以上分布高山灰化土和森林灰色土，其他地区分布山地碳酸黑土、碱化暗栗钙土、生草碳酸盐土、山谷的暗栗钙土、山地栗钙土等土壤。上述土壤类型各具本质特征。以上地带性土壤受地理特征影响，所含化学元素变化很大。研究得出这些土壤中极度缺乏钴、钠元素；高山生草灰化土中缺乏铜、锌，草甸黑土缺乏锰、锌等元素，而钼、磷含量高。不同土壤类型存在化学元素缺乏或过剩现象，通过家畜采食营养缺乏的植

物，人类对动物摄取等途径，导致畜体和人体的某些微量元素失衡而引发人畜地方病。

（2）森林草原的森林灰色土和山地草原栗钙土壤带。包括杭爱山区、鄂尔浑 - 色楞格流域低山、肯特山脉边缘地区，面积 32.26 万 km²，占蒙古国国土面积的 20.6%。该区海拔绝对高度 750～1 000 m，包括以山地栗色及暗栗钙土、森林灰色土分布为主的杭爱、中央省山区，以栗钙土、淡栗钙土分布为主的草甸土及沼泽土发育良好的杭爱省北部区域，以栗钙土和淡栗钙土分布为主、只在阴坡分布的暗栗钙土、森林灰色土的罕呼和山区，以森林灰色土分布占绝大优势的山地暗栗钙土和栗钙土分布较多的色楞格省区域。该区分布有 28 个土壤类型，以草原栗钙土为主，森林灰色土、山地黑土分布较少。阳坡分布有黑土、暗栗钙土，部分地区分布有山地栗钙土。阴坡森林上限以上分布有黑土，山间广阔低地及河谷台地以草原暗栗钙土分布为主，栗钙土、草甸栗钙土、黑土 + 草甸栗钙土、黑土 + 草甸土壤也有分布。部分土壤类型特征如下。

黑土：腐殖质层达 35～70 cm，含 4%～10% 腐殖质。腐殖质层以下有盐酸反应。

山地森林灰色土：腐殖质含量 7.6%～20%，表层有酸性反应（pH 值 6.5），下层为中性，往下变弱碱性。

具石栗钙土：分布于山顶、陡坡、阳坡。腐殖质层厚度不超过 10 cm，暗褐色，具轻沙质或黏土质机械结构，含 1% 左右腐殖质，腐殖质层下为沙质板块或砾石质层，越往下有明显母质层。

山地草甸栗钙土：分布于山谷上端、阴坡山脚和山间低湿地。腐殖质层 30～45 cm，具暗栗色轻壤质结构的草甸，适宜生长禾本科和豆科植物及各种草本植物。

山地草原栗钙土：腐殖质层达 25 cm 左右，具沙性轻壤质结构，腐殖质含量 1.5%，3～10 cm 土层 pH 值 6.9，25～40 cm 土层 pH 值 7.3，55～60 cm 土层 pH 值 7.0。

山顶栗钙土：腐殖质层厚度可分为 15～30 cm 的薄层、30～50 cm 的中等厚度层及 50～70 cm 的厚层土壤，表层具生草、湿润的紧实团块结构。5～20 cm 土层中腐殖质含量为 6.01%、30～45 cm 中腐殖质含量为 2.17%、65～70 cm 中腐殖质含量为 1.39%。

阶地暗栗钙土：腐殖质层厚度可分为 0～20 cm 的薄层，20～40 cm 的中等厚层，40～60 cm 的厚层。中等厚层的土壤较多分布于鄂尔浑河谷，在 1～20 cm 土层中腐殖质含量为 2.21%，在 30～40 cm 土层中腐殖质含量为 0.81%。而在薄层暗栗钙土的腐殖质含量在 0～15 cm 层中含 3.68%，在 30～40 cm 土层中含

1.6%。

山谷草甸栗钙土：5～25 cm 土层中腐殖质含量 6.1%，40～60 cm 土层中腐殖质含量为 3.62%，80～100 cm 土层中为 2.41%，上述土层 pH 值分别为 7.3、7.1 和 6.7。40～60 cm 土层中碳酸盐含量为 19%、60 cm 以下土层中含量为 3.07%。

上述土壤类型的机械结构和化学成分特点如下：

——所有类型土壤中钴的含量、沙性土壤中钼的含量和栗钙土中锰、铜、锌的含量均能满足需求；

——森林草原区自北向南钾含量逐渐减少，而在山地黑土、山地栗钙土、沙性栗钙土及壤质土壤中钾积累较多；

——土壤中镁的动态与年降水量有关。

据观测，除沙质栗钙土外，钠含量少的其他土壤中碱性环境下水溶性磷的流动性增加。土壤矿物质与相应植物矿物质含量关系的研究表明，滩地草甸杂类草 - 寸草苔、禾草 - 杂类草放牧场土壤中钴含量及羊草 - 杂类草草场土壤中锰含量可满足植物生长需求。然而在禾草 - 杂类草、羊草 - 杂类草放牧场沙质土壤中钼含量、羊草 - 杂类草土壤中锌和铜含量均不足。由此可知，钼、锌、铜等微量元素的含量动态与当年降水量、草场植物的生理特性等因素有关。

（3）草原带。地处森林草原到戈壁的过渡带，包括东方省广袤土地从杭爱山脉南部至大湖盆地狭条状地带，占地面积为 58.74 万 km²，占国土面积的 37.5%。该区域分布有 19 个类型土壤。相较于杭爱山脉、肯特、库苏古尔地区受荒漠影响较大，栗钙土分布占大部分区域，与戈壁接壤的局部区域广泛分布荒漠草原土壤。而山、河谷地区分布暗栗钙土、草甸栗钙土、低山黑土，同时盐碱地、碱土、碱性草甸及沼泽分布多见。

栗钙土腐殖质层厚度为 12～40 cm，腐殖质含量为 1.5%～4.0%，pH 值 7～7.5 或中性。碳酸盐浸出物白色斑点零散分布。

对该区域 9 个苏木 10 种类型 21 种亚型的土壤进行研究结果如下。

草原区所有土壤中钴、锰，碱性土壤中铜，沙性土壤中钼，栗钙土、淡栗钙土和草甸栗钙土中钙、钾，以及该区西部土壤中钠，中央和东方省区域土壤中锌等元素缺乏。而在碱性栗钙土中钾、钙，东方平原土壤中磷、钼含量充足。在苏赫巴托省的图门朝克图地区因土壤中钙元素缺乏而出现软骨病，牛群中尤为严重。

（4）戈壁土壤带。戈壁地区占蒙古国国土面积的 25.5%，为 39.97 万 km²。该区分布 23 种类型土壤，其中以戈壁棕钙土为主。戈壁棕钙土分布于丘陵、平原及平缓山丘、盆地、谷地及部分山体下部，而在低洼地盆地的中央区域、湖泊附近多分布盐土、碱土或盐碱土壤。

戈壁棕钙土的腐殖质厚层 10～20 cm，含量不超过 1%，一般从表土开始有强盐酸反应，pH 值 7.8～8.5，或呈碱性。戈壁土壤机械结构沙质增多而黏土（粉尘）成分减少，腐殖质含量为 0.81%～1.74%，pH 值 8.0～8.7，碱性程度增加。一般戈壁土壤的特点为腐殖质含量低（0.43%～2.7%），从表层开始盐酸反应强烈，呈碱性、沙性结构。如处于戈壁区地势高地段的巴彦洪格尔省宝格达苏木的杭爱山地栗钙土土壤中腐殖质含量为 1.72%～2.24%、pH 值为 7.6～8.5；而含粉状碳酸盐的淡栗钙土土壤中腐殖质含量为 1.62%～2.67%、pH 值 7.9～8.9；处于地势低的南戈壁省巴彦达来苏木的宗哈拉赞戈壁梭梭 – 猪毛菜类草场干旱荒漠光泽棕钙土土壤的腐殖质含量 0.9%～1.6%、pH 值 7.8～8.5。以土壤机械构成而言，表层中 0.01 mm 黏土占 24.6%～30.1%，沙粒（0.05～0.01 mm）占 12.6%～19.3%，随着土壤层加深沙粒含量也加大。这也说明戈壁区受气候影响，表层土壤失去正常结构，而沙质砾石及粉尘粒增多，趋于沙化。然而戈壁土壤层加深时沙质结构趋于稳定，腐殖质含量增多，提高了土壤保水能力。戈壁土壤深处植物根系多、肥力好。戈壁土壤 0～10 cm 土层中 100 g 土壤含磷 0.56～0.85 mg，20～40 cm 土层含磷 1.2～1.5 mg；而在 0～30 cm 土层中钾、钙、镁含量随着土层加深而减少，但 30～40 cm 土层中的含量反而增加。这说明 30 cm 以下土壤层水热平衡相对稳定，形成了有利于植物生长环境，体现了营养物质积累增加的可能。

选择巴彦洪格尔省的巴查干和宝格达苏木、南戈壁省的布拉根、巴音达来苏木作为戈壁带典型区域调研采集戈壁土壤样本，在实验室进行了测试分析。

戈壁土壤 30～40 cm 土层中因水热平衡相对稳定，形成了植物生长有利环境。换言之，戈壁植物根系集中分布于 30～40 cm 土层，植被以灌木与半灌木为主，灌丛下具备了营养价值高的草本生长条件，是防止土壤流失的一个因素。

土壤腐殖质含量与土壤机械构成密切相关，即戈壁土壤沙质土壤结构中随着粉尘粒径的增加腐殖质含量减少。土壤碱性条件下钙积累增加，30～40 cm 土层中磷、钾、镁、全氮含量较多。戈壁区任一类型土壤中钴极度缺乏，锌、钼也缺乏。

综上所述，蒙古国土壤随着从森林草原向草原、戈壁过渡，微量元素含量下降。

暗栗钙土至栗钙土、淡栗钙土铜含量下降，这与土壤湿度有关，锰的分布也有类似特征。各带与区的任一土壤中均缺乏钴，而腐殖质层中积累多一些；砂砾质土壤中钼含量少。

八、放牧场植物消化率分析

植物各器官在家畜消化道内经过物理的、化学的及微生物的消化，分解为家畜易吸收的养分及残渣。评价放牧场植物的消化率对正确评价草场植物的营养特性；并通过家畜放牧及饲养特点，确定各种家畜的营养需求；及对畜牧经营者提供科学技术方法有非常重要的意义。

蒙古国放牧场植物消化率的研究始于 20 世纪 50 年代，Л. Дугар,1953、Ш. Гомбо（1955）、Р. Цэрэндулам（1957、1960、1968、1974、1980）、Ингуен-майг（1961）、Л. М. Матеев（1963）、Ч. Бааст、О. Нордон、Ц. Отгоо、Б. Рэнцэн、С. Чойжил（1964）、Ч. Базарсад、Б. Бат-Ерөөл、М. Содном、Лхагва（1965）、Д. Дашдондог、Б. Хөхүү、Б. Мөнх、Г. Даваасамөуу、Д. Норов、Д. Даваасүрэн、Н. Зундуй（1975、1985）、Д. Рэнцэндорж（1985）、Х. Гэндарам（1978）、Д. Нэргүй（1988）及其他学者们对各自然地理带、区的典型放牧场的鲜草和枯草进行了消化率的测定分析工作，积累了许多第一手资料。

通常，结合筛选法和二氧化硅指示剂法来测定不同家畜的牧草消化率。近年来开始使用体外法来测定。

草场鲜草、枯草的消化率受草场植物种类、生长发育期、季节、生态环境和牲畜品种的影响，因此结果差异很大。如森林草原带绵羊消化实验结果表明，开花期各类草甸放牧场鲜草养分消化率均不同。

表 12　草甸放牧场开花期鲜草消化率　　　　　　　　单位：%

草场种类	干物质	有机物	粗蛋白	粗脂肪	粗纤维	无氮浸出物
杂类草 - 禾草	67.80		59.59	33.70	63.30	77.60
杂类草 - 禾草 - 豆科植物	74.88	80.90	74.80	76.58	72.68	84.62
杂类草 - 禾草 - 蒿类	55.71	58.27	48.63	61.59	57.23	47.19

从表 12 可看出，杂类草 - 禾草 - 豆科群落鲜草消化率最高，而杂类草 - 禾草 - 蒿类群落鲜草消化率最低，表明相同生育期的不同草场类型，其消化率也不同。

表 13 结果表明，影响牧草消化率主要因子是植物生长发育期和季节。

表中两种草场的鲜草 / 枯草消化率分别为粗蛋白 1.7～2.3、粗脂肪 1.3～2.3、粗纤维 1.2～1.4、无氮浸出物 1.1～1.3。表明随着植物枯落，粗蛋白及易消化的碳水化合物减少，粗纤维含量增加。

同时，相关研究也反映出，不同家畜对不同牧草消化能力的不同也会影响到植物消化率的评价。

表 13　放牧场牧草消化率动态变化　　　　　　单位：%

植物 - 生长期		消化率					
		干物质	有机物	粗蛋白	粗脂肪	粗纤维	无氮浸出物
杂草 - 禾草 高山草原 草场	夏			60.7	66.6	51.7	55.5
	秋			49.5	52.0	42.2	52.0
	冬			36.9	37.9	36.8	48.6
	春			35.0	29.0	36.0	48.3
禾本 - 杂草 草原草场	开花期	58.3	58.8	67.5	48.1	58.2	64.6
	枯草初期	56.1	54.9	54.2	39.3	49.2	57.1
	枯草期	30.9	36.2	28.8	37.2	46.6	49.2

表 14　不同家畜的放牧场鲜草养分消化率　　　　　　单位：%

植物 - 生长期	牲畜	消化率					
		干物质	有机物	粗蛋白	粗脂肪	粗纤维	无氮浸出物
芨芨草 - 广布野豌豆 - 角果碱蓬 - 开花期	骆驼	78.16	82.42	87.60	84.16	76.73	84.42
	绵羊	74.76	78.37	83.78	66.45	73.78	79.77
杂类草 - 禾草 - 豆科 植物 - 开花期	牛	75.02	79.34	76.09	52.20	76.24	80.50
	绵羊	74.88	80.90	74.80	76.53	72.68	84.62

荒漠草原的芨芨草 - 广布野豌豆 - 角果碱蓬草场骆驼对牧草的消化能力优于绵羊，具体表现为，牧草干物质消化率高于绵羊 3.4%、有机物消化率高于绵羊 4.05%、粗蛋白消化率高于绵羊 3.82%、粗脂肪消化率高于绵羊 17.71%、粗纤维消化率高于绵羊 2.95%、无氮浸出物消化率高于绵羊 4.65%。该类草场营养价值以骆驼利用效率来评价，则 1 kg 牧草可提供 0.49 个饲料单位和 58.6 g 可消化蛋白质；以绵羊利用效率来评价则提供 0.41 个饲料单位和 55.5 g 可消化蛋白质。因此，评价某一地区放牧场牧养能力时应以主要饲养的畜种作为评价标准是准确的。

另外，各自然地带和自然区的不同草场植物消化率与当地的土壤、气候条件密切相关。

九、放牧场植物的营养特性

根据放牧场植物的化学组成含量及养分消化率数据计算得出营养价值，并按自然区划评价整理出不种类型草场平均营养价值，列于表 15。

表 15　放牧场植物营养特性（按自然区划，平均）

自然区划（带）、季度		水分（%）	1 kg 鲜草 / 枯草			
			代谢能（MJ）	燕麦单位	效能单位	可消化蛋白质（g）
鲜样基础						
森林草原	夏	49.14	4.51	0.42	0.45	34
	秋	35.22	5.80	0.50	0.58	18
	冬 - 春	17.85	5.43	0.36	0.54	15
草原	夏	50.18	4.52	0.41	0.45	36
	秋	31.20	5.36	0.42	0.53	23
	冬 - 春	17.95	5.61	0.38	0.56	9
戈壁	夏	57.95	4.27	0.44	0.42	59
	秋	31.25	6.57	0.56	0.65	34
	冬 - 春	29.25	6.32	0.48	0.63	30
高山	夏	60.47	4.10	0.42	0.41	28
	秋	11.36	8.20	0.63	0.82	24
	冬 - 春	12.10	7.58	0.57	0.75	11
绝干基础						
森林草原	夏		8.87	0.83	0.88	67
	秋		8.96	0.77	0.89	33
	冬 - 春		6.70	0.44	0.67	19
草原	夏		9.08	0.83	0.91	72
	秋		7.79	0.61	0.78	34
	冬 - 春		6.82	0.46	0.68	11
戈壁	夏		10.17	1.04	1.01	140
	秋		9.54	0.82	0.95	50
	冬 - 春		8.23	0.62	0.82	39
高山	夏		10.38	1.07	1.04	70
	秋		9.25	0.71	0.92	27
	冬 - 春		8.62	0.65	0.86	12

　　蒙古国放牧场，夏季 1 kg 鲜草中含有 0.41～0.44 个饲料单位、0.42～0.45 个

效能单位、4.10～4.51 MJ 代谢能，28～59 g 可消化蛋白质。任一区放牧场植物虽然在鲜样状态下其营养价值与代谢能相近，但以绝干基础来换算时戈壁和高山带放牧场植物的营养价值与代谢能略高，而戈壁可消化性蛋白质含量高于森林草原区。高山带放牧场与草原区植物可消化蛋白质含量相近，1 kg 鲜草为70 g。

进入秋季，草场植物开始枯黄时其营养价值比夏季鲜绿时降低 7.23%～33.65%，可消化蛋白质下降 50.75%～64.29%，代谢能下降 6.20%～14.21%；草场植物 1 kg 干物质中含有 0.61～0.82 个饲料单位、0.78～0.95 个效能单位、27～50 g 可消化蛋白质、7.79～9.54 MJ 代谢能。其中代谢能变化不大，但粗蛋白含量在枯草初期则急剧下降，同时无氮浸出物和粗纤维含量比例也增加，但家畜通过易吸收的碳水化合物来满足营养需求，从而在这一时期家畜积累油膘变得膘肥体壮。

冬季森林草原与草原区放牧场枯草营养价值相近，通常 1 kg 枯草含有0.36～0.38 个饲料单位，绝干基础下含有 0.44～0.46 个饲料单位、6.70～6.82 MJ代谢能，11～19 g 可消化蛋白质。戈壁及高山带放牧场枯草营养价值相对较高。1 kg 枯草在绝干基础时含有 0.62～0.65 个饲料单位、0.82～0.86 个效能单位和 8.23～8.62 MJ 代谢能。可消化蛋白质在戈壁草场枯草中含量最高，且任何季节均优于其他带区放牧场。放牧场枯草营养价值与其夏季鲜草相比，森林草原占夏季牧草的 53.01% DM、草原为 55.42% DM、戈壁为 59.61% DM、高山为60.74% DM。与夏季鲜草相比，冬春枯草仍保存有 75.11%～83.04% 代谢能，表明能量保存效率优于饲料单位保存效率。因此，在饲料营养价值评价系统中应注意评价指标的选择。

放牧场植物能量保存效率的高低对于蒙古国家畜在冬春严酷季节能否满足对能量需求的重要影响因素之一。然而粗蛋白含量在枯草期下降太多，枯草粗蛋白含量与夏季牧草相比，在森林草原仅为 28.35%、草原区仅为 15.28%、戈壁区仅为 27.86%、高山带仅为 17.14%。上述数据充分说明了蒙古国冬春季畜群蛋白质严重缺乏的原因。

十、放牧场植物适口性评价

适口性通俗理解为家畜对植物的喜欢与选择采食程度。

蒙古国广袤土地生长有 2 500 种高等与低等植物，其中约 600 种植物有很好的饲用价值而满足各种家畜采食需求。

家畜选择植物的采食性与植物被家畜选择的适口性，2 种特性具有不同含义。可以将饲用植物的适口性分为特喜食、喜食、中度喜食及不喜食等 4 个等级。

饲用植物的适口性评价对放牧畜牧业为主的蒙古国来说意义重大。

植物的适口性根据家畜种类、嗜好性、气候状况、草场植物组成及生长发育期、植物味道、气味、草场植物覆盖度、高度、颜色等不同而不同。

家畜能够识别植物的可食性，不采食或几乎不采食不可食植物。家畜对喜食的植物采食也有限度。家畜对那些虽然在草丛中数量不少但处于草层中部不易被发现的植物不予理睬（不采食）。因此，牧草的这种"可见性"特征决定了牧草是否被采食的重要原因。随着长高长大，需要加强植株支撑能力，这样植株体内木质素、纤维素增多而蛋白质含量下降。这些变化可以改变植物的味道、气味。草食家畜具备品尝、嗅觉、视觉、触感等4种本能。同时在家畜采食过程中其行走速度也会影响家畜的认知程度。这样，蒙古国牧民在放牧过程中吆喝畜群控制行走速度不无道理。从以上所述可以看出影响适口性不仅是植物、家畜两种因子，还有许多外加因子。

研究蒙古国放牧植物适口性文献不多。苏联学者 А. А. Юнатов（1954）通过跟群观察与走访牧民方式对蒙古国放牧场 100 余种主要植物的适口性进行了评价研究。蒙古国学者 Х. буян-орших（1981），И. В. Ларин（1938）创立的"植物适口性五等级评价系统"对沙地（戈壁区）植物的适口性进行了分级评价，并通过观察与咨询牧民进行了验证。

Л. Дашцвэг（1988），对草原、荒漠草原区主要植物，С. Тусивахын（1989）对草原广泛分布的约 280 种植物开展了适口性评价工作，对丰富相关工作提供了宝贵的资料。

蒙古国牧民在畜牧业生产实践中对识别牧草的可食程度积累了许多宝贵经验。

研究评价植物适口性时应采用科学评价方法与牧民经验相结合的方式可获得较客观的结果。

草场积雪覆盖对植物适口性影响很大。根据积雪覆盖程度，将草场分为裸露草场和覆盖草场。在裸露草场上家畜可自由选择采食，所以更要接近真实状态。积雪覆盖草场确定植物适口性难度较大。所以通常在无雪季节开展植物适口性评价工作。

草场植物名参考了 Д. Банзрагч、Чой. Лувсанжав 等编著的"苏联、蒙、拉丁植物名录"（1965）。表 16 中列出了所研究植物的适口性评定，分为 5 个等级：特喜食（5）、喜食（4）、中度喜食（3）、不喜食（2）、不采食（0），"-"表示未进行适口性评定。

表 16　草场植物适口性五级评定

序号	植物名称	牲畜品种					
		骆驼	马	牛	绵羊	山羊	牦牛
禾本科 Gramineae							
1	鹝草 *Phalaris arundinacea*	0	4	4	4	4	0
2	芨芨草 *Achnatherum splendens*	4	3	4	3	3	0
3	沙生针茅 *Stipa glareosa*	5	5	5	5	5	5
4	戈壁针茅 *Stipa gobica*	5	5	5	5	5	5
5	大针茅 *Stipa grandis*	0	4	4	3	3	0
6	石生针茅 *Stipa klemenzii*	4	4	4	4	4	4
7	东方针茅 *Stipa orientalis*	4	5	4	5	5	0
8	假梯牧草 *Phleum phleoides*	5	5	5	5	5	5
9	短穗看麦娘 *Alopecurus brachystachyus*	4	4	4	4	4	4
10	大看麦娘 *Alopecurus pratensis*	4	5	5	4	4	4
11	蒙古剪股颖 *Agrostis mongolica*	0	4	4	3	3	0
12	穗三毛草 *Trisetum spicatum*	0	5	5	5	5	0
13	蒙古异燕麦 *Helictotrichon mongolicum*	0	4	4	4	4	0
14	异燕麦 *Helictotrichon schellianum*	0	4	4	4		
15	北方冠芒草 *Enneapogon borealis*	4	4	3	4	4	0
16	芦苇 *Phragmites communis*	4	4	4	4	3	3
17	糙隐子草 *Cleistogenes squarrosa*	3	4	4	4	4	4
18	糙隐子草 *Cleistogenes striata*	3	3	4	4	4	
19	小画眉草 *Eragrostis minor*	3	3	3	4	4	
20	阿尔泰落草 *Koeleria altaica*	3	4	3	4	4	3
21	落草 *Koeleria gracilis*	3	4	3	5	5	
22	高山早熟禾 *Poa alpina*	4	4	4	4	4	4
23	阿尔泰早熟禾 *Poa altaica*	3	3	4	4	4	4
24	低山早熟禾 *Poa botryoides*	3	4	4	3	3	3
25	泽地早熟禾 *Poa palustris*	4	4	4	4	4	4
26	草地早熟禾 *Poa pratensis*	5	5	5	5	5	5
27	星星草 *Puccinellia tenuiflora*	4	4	4	4	4	
28	达乌里羊茅 *Festuca dahurica*		5	4	5	5	
29	连羊茅 *Festuca lenensis*	5	5	5	5	5	5

序号	植物名称	牲畜品种					
		骆驼	马	牛	绵羊	山羊	牦牛
30	背匍羊茅 *Festuca supina*	5	5	5	5	5	5
31	无芒雀麦 *Bromus inemris*	4	4	5	4	4	4
32	西伯利亚雀麦 *Bromus sibiricus*	4	4	4	5	4	4
33	冰草 *Agropyron cristatum*	4	5	4	5	5	4
34	沙生冰草 *Agropyron desertorum*	4	5	4	5	5	4
35	偃麦草 *Agropyron repens*		4	5	4	4	4
36	赖草 *Leymus secalinus*	4	4	4	3	3	
37	羊草 *Leymus chinensis*	4	5	5	4	4	4
豆科植物 Leguminosae							
38	披针叶黄华 *Thermopsis lanceolata*		3	3	4	4	
39	扁蓿豆 *Trigonella ruthenica*	3	5	4	5	5	
40	黄花苜蓿 *Medicago falcata*	5	5	5	5	5	5
41	细齿草木樨 *Melilotus dentatus*	4	4	4	4	4	4
42	黄花草木樨 *Melilotus suaveolens*	3	4	4	4	4	4
43	白三叶 *Trifolium repens*	5	5	5	5	5	5
44	野火球 *Trifolium lupinaster*	4	4	4	4	4	4
45	树锦鸡儿 *Caragana arborescens*	3	3	3	3	4	4
46	小叶锦鸡儿 *Caragana microphylla*	3			4	4	3
47	达乌里黄耆 *Astragalus dahuricus*	3	4	4	3	3	3
48	浅黄耆 *Astragalus dilutus*	3	3	3	3	3	3
49	西伯利亚驴豆 *Onobrychis sibirica*	3	3	4	3	3	3
50	山野豌豆 *Vicia amoena*	3	3	5	4	4	4
51	广布野豌豆 *Vicia cracca*	4	4	4	4	4	4
52	牧地山黧豆 *Lathyrus pratensis*	3	4	4	3	3	4
苔草 Carex L.							
53	寸草苔 *Carex duriuscula*	3	5	3	5	5	3
54	无脉苔草 *Carex enervis*	3	4	3	3	3	3
55	柄状苔草 *Carex pediformis*		3	4	3	3	4
杂草 Herb							
56	盐生灯心草 *Juncus salsuginosus*		2	4	4	4	

序号	植物名称	牲畜品种					
		骆驼	马	牛	绵羊	山羊	牦牛
57	短韭 *Allium anisopodium*	4	4	3	2	4	
58	砂韭 *Allium bidentatum*	4	4	3	4	4	
59	蒙古葱 *Allium mongolicum*	4	4	3	4	4	
60	山韭 *Allium senescens*	3	3	4	4	4	3
61	马蔺 *Iris biglumis*	4		3	4	4	4
62	狭叶荨麻 *Urtica angustifolia*	4	4	4	4	4	
63	狭叶蓼 *Polygonum angustifolium*	4	3	3	4	4	4
64	萹蓄 *Polygonum aviculare*	3	3	4	4	4	
65	驼绒藜 *Eurotia ceratoides*	3	4	3	3	3	
66	木地肤 *Kochia prostrata*	5	4	3	5	5	
67	蒙古虫实 *Corispermum mongolicum*	4	2	0	4	4	
68	短叶假木贼 *Anabasis brevifolia*	5	0	0	3	3	
69	小蓬 *Nanophyton erinaceum*	4	3		4	4	
70	掌叶白头翁 *Pulsatilla multifida*		3	3	4	4	
71	发黄白头翁 *Pulsatilla flavescens*		2	3	5	5	
72	细叶白头翁 *Pulsatilla turczaninovii*		5		5	5	
73	二裂委陵菜 *Potentilla bifurca*	4	3	3	4	4	
74	绵刺 *Potaninia mongolica*	3	4	0	3	3	
75	红柴胡 *Bupleurum scorzonerifolium*	4	4	4	4	4	4
76	田旋花 *Convolvulus arvensis*	3	3	3	3	3	3
77	盐生车前 *Plantago salsa*	4	4	4	4	4	4
78	鞑靼狗娃花 *Aster neobiennis*	3	2	3	4	4	3
79	菊蒿 *Tanacetum vulgare*	4	4	4	4	4	3
80	蓍状亚菊 *Ajania achilleoides*	3	3	2	3	3	2
81	三裂亚菊 *Ajania trifida*	4	3	3	4	4	
82	变蒿 *Artemisia commutata*	3	0	3	4	4	3
83	冷蒿 *Artemisia frigida*	4	5	4	5	5	4
84	戈壁绢蒿 *Artemisia schischkinii*	4	4	3	4	4	
85	旱蒿 *Artemisia xerophytica*	4	4	4	4	4	3
86	达乌里风毛菊 *Saussurea daurica*	3	3	3	3	3	3

上述资料为牧民选择草场与判断家畜对某种牧草喜食程度提供依据与指南。可喜的是我们的牧民历来就有选择适宜草场的传统知识及经验。

十一、放牧场的选择

1. 小家畜（绵、山羊）放牧场

一般选择有低矮、稀疏植物的宽广硬地作放牧场为宜。森林草原区为山地草原、干燥谷地、林间空旷地、林缘、谷地草甸的杂类草 - 禾草、杂类草 - 禾草 - 苔草、杂类草 - 禾草 - 豆科植物、羊草 - 早熟禾 - 冷蒿、冷蒿 - 早熟禾 - 针茅、杂类草 - 羊草、杂类草 - 羊茅等草场。草原区为平原草原、山地草原的针茅 - 羊草 - 隐子草、禾草 - 杂类草 - 锦鸡儿、羊茅 - 杂类草、针茅 - 早熟禾 - 冷蒿等草场。戈壁区为平原、坡地、谷地的戈壁针茅 - 多根葱 - 蒿属、隐子草 - 针茅 - 多根葱、针茅 - 冰草 - 杂类草、戈壁针茅 - 针茅 - 多根葱、戈壁针茅 - 多根葱 - 假木贼、禾草 - 杂类草等草场。高山带为山地草原、谷地的羊茅 - 杂类草、小型禾草 - 杂类草、小型灌木 - 杂类草 - 禾草等草场。适宜绵羊、山羊的草场相似，但山羊能够更好地利用山地放牧场，尤其灌木、半灌木草场。

2. 牛群放牧场

选择牛群放牧场时要综合考虑草场产草量、植物组成、地形、水源、盐碱状况、卧盘及营地等。因牛用舌头卷草采食，与其他家畜相比，更适宜放牧于稠密草场，以植株高度为 20～25 cm 时最宜采食。

春季：宜放牧于禾草枯草多、蒿类返青早的土壤松软地，暴风雪天气可有避风雪的阳坡，且有水源和盐碱的地方。戈壁区宜选择有芨芨草、沙鞭、针茅、冷蒿、猪毛菜、蒿类的松软地段的草场。

夏季：森林草原区适宜选择分布有各类禾草、禾草 - 杂类草、禾草 - 杂类草 - 豆科植物，且有水源、盐碱充足的山地或河岸及谷地松软地段。戈壁区适宜选择禾草、杂类草丰富，且离水源、盐碱近的草场。

秋季：适宜选择具疏松土壤的坡地、宽阔谷地及平原、山丘、山丘梁地的禾草 - 杂类草、禾草 - 苔草草场以及各类蒿、葱类丰富的草场。夏季放牧场水源及碱源必须充足。秋季还可选择枯黄且有蘑菇圈的平原、坡地、山后、谷地等草场和降雪较早且冬季不利用的草场。

冬季：冬季草场可选择风雪灾害少、安全、背风地势及太阳早升晚落且水源近处的禾草 - 苔草类、禾草 - 杂类草 - 苔草草场。

3. 马群放牧场

通常近处可选择与羊群草场相似的草场。马具有采嫩草饮净水的特征及疾行快奔的习性，从而也可以选择远处草场。

春季：春季马处于身弱体瘦状态，因而应选择能遮风，水草丰美的土层松软的低势地，且碱源充足。森林草原、草原区北部地区选择山谷地平原，且可遮风避雪，芨芨草、河边柳等灌丛的地段。草原区南部及戈壁区选择平地、谷地交替且可遮风避雪地段。马群在早春返青的禾草、杂类草草场上放牧容易恢复马匹体力。

夏季：可选择水草丰美的山林地带、草原区，苜蓿、野豌豆等豆科植物、各种禾草和双齿葱等各种葱类植物丰富的草场。且有足够的水源及天然盐碱供舔食，蚊蝇少，和风阵阵的地段。该类草场包括山后梁地、台地及开阔谷地平原。

秋季：枯黄较早的草场适宜作为早秋草场，枯黄较晚草场作为晚秋草场，如羊草、针茅、冷蒿丰富的草场。放牧时应采用轮牧方式，不可在一片草场久放。

冬季：冬季草场可选择茂密高草、背风避雪、雪层不厚的针茅、羊草、冰草、冷蒿为优势植物的草场。同时应考虑水和舔盐的充足供应。另外，与其他家畜相比，马四季均可以选择较远的草场放牧。

4. 骆驼群放牧场

在草原，戈壁区，骆驼具有很好利用稀疏草场植物的生物学特点。骆驼在夏、秋季抓膘，储备体内养分及能量，备于严酷的冬春季节。

春季：选择以蒿类、猪毛菜、戈壁针茅、鸢尾、梭梭、霸王等植物为主的返青早的草场。春营地应选温暖，具有水源、盐碱地段。晚秋适宜在草原区放牧。

夏季：选择具疏松土壤的丘陵、梁地、台地、谷地，以各种猪毛菜、驼绒藜、假木贼、梭梭、霸王、大籽蒿及其他蒿类等苦味植物丰富的草场，且与冰草、羊草、戈壁针茅、多根葱、蒙古葱等较丰富的草场交替放牧利用。

秋季：选择土壤松软的多谷地平原和戈壁干涸区，植被以咸味植物居多的宽广草场。晚秋时节则选择牧草枯黄较晚的碱地蒿、霸王、假木贼、猪毛菜类的放牧场。

冬季：选择草原与戈壁混合的流动沙丘梁地、干涸多且暖和背风地段，以猪毛菜类、梭梭、芨芨草、戈壁针茅、驼绒藜、蒿类、藜、虫实等植物丰富的草场。

十二、放牧家畜的日采食量

家畜放牧日采食量的研究，首先对草场载畜量的确定及不同季节草场合理放牧利用提供参考，其次对家畜一年所需饲草料量的估算，进而对全年均衡供应饲草料的决策提供计算依据。为此，蒙古国学者 Ж. Тогтох（1971、1996），Д. Дашдондог（1980），Д. Баатар（1965），Б. Хөххүү（1983），Г. Даваасамбуу（1975），Б. Мөнх（1975），Ч. Дуламсүрэн（1989），Х. Гэндарам（1977），

Л. Цэцэг-өлзий（1985、1990）等从 20 世纪 60 年代开始研究家畜日采食量，并整理出了较完整的放牧家畜日采食量数据（表 17～表 21）。

表 17　放牧绵羊日采食量　　　　　　　　单位：kg/d

自然区划	夏		秋		冬		春	
	鲜草	干物质	枯草	干物质	枯草	干物质	枯草	干物质
高山	4.3	1.7	1.8	1.6	1.2	1.1	1.2	1.0
森林草原	3.8	1.9	3.2	2.1	2.0	1.5	2.0	1.5
草原	3.9	1.9	3.0	2.0	1.8	1.4	1.8	1.5
戈壁	1.7	1.4	2.1	1.5	1.8	1.1	0.8	0.7

不同年龄家畜的日采食量不同。羊羔采食量为成年羊的 50%。2 岁和 3 岁绵羊分别少于成年羊 20% 和 15%。另外，细毛羊和半细毛羊采食量高于蒙古羊 20%。

表 18　放牧山羊日采食量　　　　　　　　单位：kg/d

不同年龄	夏		秋		冬		春	
	鲜草	干物质	枯草	干物质	枯草	干物质	枯草	干物质
成年山羊	2.5	1.2	1.8	1.4	1.5	1.2	1.5	1.1
生长期山羊	2.1	1.1	1.5	1.2	1.0	0.8	1.0	0.7

表 19　放牧牛日采食量　　　　　　　　单位：kg/d

品种	年龄	夏		秋		冬		春	
		鲜草	干物质	枯草	干物质	枯草	干物质	枯草	干物质
蒙古牛	2 岁	8.4	3.4	6.9	6.0				
	3 岁					9.8	7.0	6.2	5.4
	5 岁以上	18.0	8.4	11.5	10.4			9.8	7.9
乳肉兼用牛	2 岁	13.6	6.1	7.5	5.6	8.4	6.7	6.5	5.2
	3 岁	24.9	11.2	9.9	7.4	12.2	9.1	9.8	7.8
	5 岁以上	31.1	14.0	19.0	14.2	12.8	9.6	11.7	9.4

表 20　放牧马日采食量　　　　　　　　单位：kg/d

不同年龄	夏		秋		冬		春	
	鲜草	干物质	枯草	干物质	枯草	干物质	枯草	干物质
马	21.0	7.2	12.3	8.8	8.9	7.7	8.2	6.4

表 21 放牧骆驼日采食量   单位：kg/d

不同年龄	夏		秋		冬		春	
	鲜草	干物质	枯草	干物质	枯草	干物质	枯草	干物质
五龄以上骆驼	19.2	13.0	19.2	13.0	8.6	7.4	8.6	7.4
二龄骆驼	9.7	7.6	6.7	6.0	5.6	4.9	11.2	8.8
一龄骆驼	7.2	5.9	5.0	4.4	4.6	4.0	8.2	6.4

十三、放牧场的合理利用

蒙古国一年四季通过草场放牧来经营畜牧业，从而合理利用放牧场对提高家畜生产规模，增加畜产品产量有非常重要意义。草场的合理利用不仅能够为家畜提供优质牧草，使家畜保持良好的体况和稳定的生产，而且使草场年复一年保持着稳定的草产量和良好的草品质。

蒙古国牧民通常采用传统的季节性轮牧和划区轮牧两种方式来利用放牧场。传统的季节性轮牧既要保证产草量又要分片有序利用。多年来，牧民在季节性放牧方面积累了丰富的经验。通常在夏季牧草生长季多倒场，使家畜在短时期内抓好膘，而在寒冷季少倒场。这是蒙古国牧民独有的经营方法。

夏、秋季将家畜放牧于水草丰美的草场上使家畜膘肥体壮，这是牧民的一贯做法。夏季牧场可以重复利用 2～3 次。不同自然区划草场的利用方式也有所不同。蒙古国西部各省牧民在常年积雪的高山带、草原和戈壁区在利用夏、秋草场上有着不同的独到的方法。

蒙古国中央、布尔干、后杭爱、色楞格等中部地区牧民夏季放牧于有大小河流的草甸，倒场次数少。而乌布苏、科布多、巴音乌勒给、戈壁阿尔泰、扎布罕等的牧民以苏木、巴格（队）组群走场到积雪高山脚下的夏营地放牧，8 月开始下山转到平原低缓放牧区，进入秋营地。夏秋季，牧民特别注意尽量不在同一片草场停留太久，通过短暂利用各种草场尽量使家畜能够采食到优质新鲜牧草。牧民将营地周边的草场进行分区，并进行短暂且有序轮牧。这也是牧民分区放牧的一种方式，也成了放牧习惯方法。

当放牧场大部分植物返青，有退化趋势的放牧场植株高度达到 5～7 cm，具有高大植物的放牧场植株高达到 7～12 cm 时，可以放牧利用。

森林草原及草原北部山崖、山顶、北坡的牧草在 5 月 15—25 日开始返青，5 月 25 日—6 月 5 日可以开始放牧利用，进入家畜"跑青"期。有研究表明，在雨水充沛、温湿条件适中的夏季，森林草原区放牧场可放牧利用 3 次，草原区可利用 2 次，以便充分利用再生草。根据营地驻扎时间，将草场条状分区进行放牧。在夏季，一条草场通常放牧5～7 d，与第二次利用间隔28～36 d，以保证植物的休养生息。

秋季放牧时期正是家畜抓油膘及巩固时期，也是植物停止生长时期，所以对一块草场只能利用一次。牧草在8月末种子成熟脱落进入枯黄期。牧草受气候条件、风吹折断、家畜踩踏及采食，产量持续下降直到翌年夏季。同时在冬春季节受棚圈、水源的限制做不到多次倒草场，所以有效合理利用冬春季草场很重要。

冬春季放牧场可分为近处与远处。近处草场用于放养乘马、老弱病畜和幼畜。根据天气状况，近处草场又分为特用、备用、幼畜用等3种用途草场。近处草场避免踩踏与重复利用，设置3～4条不同方向牧道，且以牧道为不同用途草场分隔线。早晨沿牧道将家畜赶到草场，晚上沿该牧道返回宿营地。进入冬季，开始放牧利用远处草场，再逐步由远及近向近处开展。直到3月开始接羔时基本结束对远处草场的利用，开始利用近处草场。

蒙古国草场因地理植被条件不同，放牧场利用方式方法也不同。合理利用放牧场既可提高产草量也可提高畜产品产量。研究表明，草场利用率可提高20%～40%，畜产品效益可提高15%～20%。蒙古国目前以季节轮牧方法为主，部分地区已开始采用划区轮牧方法。如在库苏古尔省查干乌日和杭和地区的林间空地采用围栏划区轮牧，命名为"转圈利用"或"追赶放牧"。

由于划区轮牧成本高、用工多，蒙古国通常在细毛羊、半细毛羊饲养和奶牛集约化牧场的夏、秋季草场及改良草场的利用上采用划区轮牧。

游牧也可分为近处和远处2种模式。严重旱灾之年，牧民在经其他省及苏木政府的同意之下，可以选择走场放牧度夏过冬。这种选择适宜的地带与地区进行放牧，使受灾的放牧场恢复生产力，称之为走远方敖特尔或远方游牧。蒙古国，这种"走敖特尔"较常见。

乌布苏省玛拉沁苏木牧民每年用2～3个月时间到扎布罕、科布多、巴音乌力给省的某些苏木及本省的查干海日罕，准戈壁、里牙嘎日斯、巴伦叶伦、特斯、乌勒给、扎布罕、科布多、南戈壁等地区，走70～200 km的敖特尔。中戈壁、东戈壁、中央等省的牧民则到肯特省的客尔轮巴音—乌兰的80～200 km远处游牧。各行政区不同类型放牧场对不同家畜的适应性有差异。如，高山带放牧场一半适宜牛群放牧利用，另一半则适宜放牧羊群和马群。森林草原带放牧场中35%适宜放养牛群，37%适宜于放养马群，另有1.8%适宜放养骆驼。荒漠化草原区32%～38%适宜于放养骆驼，42%～52%适宜放养羊群。虽然乌布苏、南杭爱、扎布罕、白音哄格尔、巴音乌力给等省分布有3～5种带区草场类型，但走敖特尔的多；而以某一类型自然区草场为主的库苏古尔，后杭爱（主要为森林草原）、东方、苏赫巴托（主要为草原）、东戈壁（主要为荒漠化草原）省等走敖特尔的却很少。

戈壁和草原区牧民夏季到森林草原区放牧使家畜抓肉膘；秋季转到戈壁和有盐碱草场放牧使家畜抓油膘。同样，森林草原区牧民游牧到戈壁抓油膘。

夏季近处游牧时，在某一片草场放牧 10～15 d 后转到 6～10 km 外的新草场，称之为"倒营地"。这是在一种自然区内采取的常用方法。

第二节　天然打草场

蒙古国天然打草场面积达 1.525 3 万 km²，全国超过 60% 比例的饲草来源于天然打草场。不同植被类型打草场面积不等，取决于地形、降水、地势高低、坡度及气候条件等。蒙古国打草场主要位于东部，西部及中央。草原区打草场分布于东方省，山地草原区及草甸草原区打草场分布于杭爱、肯特山脉间谷地及北部各省。

蒙古国最丰美打草场分布于客尔伦、额嫩、鄂尔浑、色楞格、科布多、扎布罕、特斯等河流域。平均年降水量下产草量达 15 公担 /hm²，主要以杂类草 - 羊草、杂类草 - 禾草 - 苔草类草场为主。根据打草场植物组成、产草量及气候条件等因素确定打草时间及产草量。干旱草原及旱性草甸打草场 3 年内可打草 2 次，山地草甸、滩地及湖滨打草场每年可打草。根据牧草生长期调整打草时间。

一、打草场类型、产草量和刈割时间

1. 山丘间干草原打草场

禾草 - 针茅打草场：分布于中戈壁、东戈壁、苏赫巴托、东方等省。土壤为沙壤质栗钙土、淡栗钙土，降水量偏少，干旱。产草量为 3.0～6.3 公担 /hm²。优势植物有大针茅、冰草、糙隐子草、落草、连羊茅、冷蒿等。7 月中旬刈割。

锦鸡儿 - 冷蒿 - 禾草打草场：主要分布于苏赫巴托、东方省的哈拉哈流域等。土壤为沙质栗钙土，降水量较多的地方分布有草木樨状黄耆、小叶锦鸡儿、冷蒿、狭叶青蒿、偃麦草、落草、糙隐子草、大针茅等优势植物。产草量为 3.2～12.3 公担 /hm²。通常 7 月末，8 月初刈割。大针茅分布较多的草场 7 月中旬开始刈割为宜。

禾草 - 冷蒿打草场：广泛分布于苏赫巴托、东方省，产草量为 3.2～12 公担 /hm²。主要植物有糙隐子草、冷蒿、重年紫菀、羊草、大针茅、猪毛蒿等。7 月末刈割。

杂类草 - 禾草 - 针茅打草场：分布于东方省、哈拉哈河地区、苏赫巴托、肯特、东戈壁等省。分布有阿拉套麻花头、猪毛蒿、冷蒿、柔毛黄耆、落草、羊草、冰草、糙隐子草、西伯利亚针茅、大针茅等。产草量为 3.0～13.0 公担 /hm²。7 月末刈割。

杂类草 - 禾草 - 偃麦草打草场：多分布于东方、苏赫巴托省，主要植物有阿拉套麻花头、重年紫菀、柔毛黄耆、冰草、大针茅、偃麦草等。产草量为 4.5～15.8 公担 /hm²。如降水适宜，可以连续刈割 2 年，7 月末开始刈割。

2. 山间谷地、山坡山地草原打草场

线叶菊 - 针茅打草场：分布于杭爱、东方省。优势植物有叉分蓼、双颖鸢尾、矮葱、华灰早熟禾、线叶菊、大针茅等。产草量为 4.5～5.5 公担 /hm²。7 月末刈割。

羊草 - 早熟禾 - 冰草打草场：分布于中央、肯特、东方、巴音洪格尔等省。优势植物有华灰早熟禾、连羊茅、落草、糙隐子草、偃麦草、冰草等。产草量为 3.0～7.0 公担 /hm²。大约 7 月末刈割。

杂类草 - 锦鸡儿 - 禾草打草场：分布于后杭爱、中央、布尔干、南杭爱、中戈壁、肯特省。主要植物有重年紫菀、猪毛蒿、冷蒿、冰草、小叶锦鸡儿、落草、羊草、连羊茅、大针茅等。产草量为 3.6～5.3 公担 /hm²。7 月末刈割。

杂类草 - 禾草 - 针茅打草场：分布于布尔干、巴音洪格尔、东方、扎布罕、肯特、中央等省。主要植物有披针叶黄华、蓬子菜、重年紫菀、猪毛蒿、冷蒿、连羊茅、冰草、落草、羊草、大针茅等。产草量为 2.2～11.0 公担 /hm²。刈割于 7 月末。

杂类草 - 禾草 - 羊茅打草场：分布于乌兰巴托、中央、后杭爱、扎布罕、巴音洪格尔等省市。主要植物有羊草、连羊茅、大针茅、冰草、落草等。产草量为 3.0～10.0 公担 /hm²。刈割于 7 月末 8 月初。

禾草 - 杂类草、杂类草 - 禾草打草场：分布于后杭爱、南杭爱、布尔干、色楞格、中央、肯特、库苏古尔等省。主要植物有地榆、蓬子菜、猪毛蒿、冷蒿、蓝盆花、二裂委陵菜、重年紫菀、大针茅、无芒雀麦、华灰早熟禾、连羊茅、羊草、落草等。产草量为 3.0～16.4 公担 /hm²。刈割于 7 月末。

偃麦草 - 针茅、冷蒿 - 针茅打草场：分布于色楞格、布尔干、肯特省，主要植物有重年紫菀、冰草、落草、猪毛蒿、冷蒿、针茅等。产草量为 7.1～15.8 公担 /hm²。7 月末至 8 月初刈割。

3. 山地草甸草原打草场

杂类草 - 羊茅打草场：分布于乌布苏、库苏古尔省。草甸栗钙土、山地草甸沙质或壤质土壤的山谷、山坡上分布有箭头唐松草、穗花马先蒿、蓬子菜、异燕麦、连羊茅等植物。产草量为 2.9～14.1 公担 /hm²。8 月初刈割。

杂类草 - 偃麦草打草场：分布于后杭爱、巴音洪格尔等省。主要植物有二裂委陵菜、连羊茅、华灰早熟禾、大针茅、蓬子菜、偃麦草。产草量为 2.5～13.7 公担 /hm²。8 月初刈割。

杂类草 - 羊茅 - 针茅打草场：分布于后杭爱、乌布苏、库苏古尔、布尔干等省。优势植物有冰草、连羊茅、华灰早熟禾、重年紫菀、二裂委陵菜、蓬子菜、大针茅等。产草量为 4.0～24.0 公担 /hm²。8 月初刈割。

4. 森林山地打草场

披碱草 - 早熟禾 - 偃麦草打草场：分布于乌兰巴托附近，中央、肯特、巴音洪格尔等省。具有山地草甸、草甸沙壤质栗钙土的林缘、山间峡谷中老芒麦、华灰早熟禾、草地早熟禾、冰草、羊草、无芒雀麦大量分布。产草量为 3.5～30.0 公担 /hm²。7 月末至 8 月初刈割。

苔草 - 杂类草 - 蒙古剪股颖打草场：分布于中央、色楞格、布尔干、后杭爱、南杭爱、肯特、东方、扎布罕等省。大量分布有狭叶蓼、缬草、偃麦草、无芒雀麦、老芒麦、华灰早熟禾、西伯利亚早熟禾、小唐松草、蒙古剪股颖、短穗看麦娘、地榆、黄花苜蓿、山野豌豆等。产草量为 2.7～35.0 公担 /hm²。8 月初刈割。

禾草 - 苔草 - 杂类草打草场：分布于中央、色楞格、东方、南杭爱、扎布罕、库苏古尔省。主要植物有水麦冬属、草甸老鹳草、偃麦草、苔草属、散穗早熟禾、野大麦、圆穗苔草、短穗看麦娘、扁囊苔草等。产草量为 3.0～28.0 公担 /hm²。7 月末至 8 月初刈割。

5. 大陆性草甸打草场

冷蒿 - 偃麦草 - 芨芨草、麓草属 - 偃麦草 - 芨芨草打草场：分布于中央、南杭爱、东戈壁、苏赫巴托、巴音洪格尔、戈壁阿尔泰、扎布罕、科布多等省。淡棕色栗钙土、草甸盐碱土及沙质土的山间广阔谷地、低洼地、湖滨低湿地等草场以寸草苔、偃麦草、芨芨草、野大麦、东方麓草等为优势植物，产草量为 3.0～28.0 公担 /hm²。7 月中旬刈割。根据产草量可轻度放牧利用。

偃麦草 - 碱茅属、偃麦草 - 芦苇打草场：分布于中戈壁、东方、南戈壁、乌布苏、扎布罕、科布多、戈壁阿尔泰、巴音洪格尔、布尔干等省。草甸盐碱栗色土壤地区分布有戈壁针茅、老芒麦、芨芨草、芦苇、碱茅属、偃麦草等优势植物。产草量为 3.4～24.0 公担 /hm²。7 月末至 8 月初刈割。

偃麦草 - 野大麦 - 碱茅属打草场：分布于布尔干、肯特、南杭爱、乌布苏、东蒙古、戈壁阿尔泰等省。优势植物有碱茅属、芦苇、拂子茅属、蒙古剪股颖、无芒雀麦、偃麦草、野大麦等。产草量为 3.4～26.0 公担 /hm²。刈割于 7 月底至 8 月初。

禾草 - 拂子茅属打草场：分布于科布多、戈壁阿尔泰、巴音洪格尔等省。优势植物有芦苇、芨芨草、偃麦草、碱茅属、拂子茅等。产草量 7.4~16.2 公担 /hm²。刈割于 7 月底。5 年后可轻度放牧利用一次。

苔草 - 禾草 - 芦苇打草场：分布于布尔干、南杭爱、南戈壁、乌布苏、巴音洪格尔等省。优势植物有拂子茅、芨芨草、野大麦、偃麦草、蒙古剪股颖、芦苇等。产草量为 8.0~27.5 公担 /hm²。刈割第二年可轻度放牧利用一次。

6. 滩地、湖滨周围打草场

苔草 - 偃麦草、禾草 - 苔草 - 偃麦草打草场：分布于中央、肯特、后杭爱、白音乌勒给、东蒙古、扎布罕、科布多、乌布苏等省。大小河谷、湖滨、滩地草甸上大量分布有珠芽蓼、地榆、芒剪股颖、芦苇、草地早熟禾、无芒雀麦、偃麦草等。产草量为 3.8~30.0 公担 /hm²。7 月末至 8 月初刈割。4 年后可轻度放牧利用一次。

杂类草 - 披碱草属打草场：分布于乌布苏、库苏古尔、布尔干等省。优势植物有草地老鹳草、丝叶蒿、大花蒿、返顾马先蒿、大萼委陵菜、重年紫菀、地榆、老芒麦等。产草量为 4.6~31.0 公担 /hm²。8 月初刈割。

杂类草 - 禾草 - 豆科植物打草场：分布于布尔干、色楞格、东蒙古等省。河滩、河床地区优势植物有偃麦草、老芒麦、无芒雀麦、草原糙苏、草地老鹳草、地榆、广布野豌豆、黄花苜蓿等。产草量为 9.0~26.0 公担 /hm²。7 月末至 8 月初刈割。

二、影响打草场产量及质量的主要因素

刈割的牧草晾晒阶段，植物株体通过呼吸作用消耗掉植物的碳水化合物和胡萝卜素。干草的营养价值不同程度受到打草时间、打草场植物组成、物候期、打草机械措施和干草储藏方法等的影响。

适宜的打草时间是草场"多产草、产好草、合理利用"的关键要素。根据打草场草层产量的动态，营养物质积累状况来确定打草时间，同时也需考虑打草方式与打草时间对第二年草场植被的影响。草产量与打草场植物种类、生长发育特征、气候条件和环境及年际变化有关。任何一种打草场中群落植物相互制约共同生长，形成草产量。群落中大部分植物要经分蘖、拔节、抽穗、现蕾、开花、结实等生长发育阶段且不同植物生长发育时期不同。

森林草原区，小型禾草的分蘖、枝条形成时间在 5 月 15—30 日；滩地草甸疏丛型禾草为 6 月 15—30 日，抽穗时间为 6—7 月；所有苔草类植物在 5—6 月完成现蕾、开花；大部分杂类草植物在 7 月现蕾、开花。

"三带三区"草甸及滩地草甸 50% 以上的植物均在雨水充沛、湿度适宜的

7月开花。不同植物颜色各异，可以通过花色来确定打草时间和估测产草量。如，蒙古剪股颖、大针茅在抽穗开花期产草量达高峰，无芒雀麦在开花期开始打草。

即便 И. В. Ларин（1979）、Добрынин（1960）等国外学者推崇开花初期贮草，但在蒙古国以开花期作为打草场适宜刈割时间尚未被采纳（С. Цэрэндаш，1984）。以苔草为优势植物的草甸杂类草 - 苔草草场在开花期打草场产草量仅为夏季 7 月最高峰的 60%～65%；以大针茅、蒙古剪股颖为优势的打草场产草量 8 月上旬才达夏季最高峰。所以打草场产草量在夏季才能达到最高峰。6 月，禾草植株迅速生长，进入抽穗期，杂类草和豆科植物也进入现蕾期，而这时产草量只为盛草期的 36%～64%。盛草期通常在 7 月出现。7 月初开始每 10 d，产草量在草原区平均增加 2.0～2.3 公担 /hm²、草甸为 5.2～6.6 公担 /hm²，至 7 月末达到最高值的 72%～94%，进入割草初期。蒙古国 "三带三区" 草场，通常在 8 月 10—20 日大部分植物进入开花末期或种子成熟期，产草量达最大值。

最适打草时间应该为牧草营养品质最佳时期。因此，产草量与营养品质必须在一个恰当比例。有关森林草原区植被研究表明，6—7 月粗蛋白含量达最高。7 月份鲜草粗蛋白含量为 9.6%～10.2%，8 月则下降了 16.1%～26.2%。如只追求牧草高蛋白，嫩幼时打草会影响植物来年的再生长，不利于植物营养品质和物种多样性。原因在于，植物在生长早期刈割后再生长则需要大量消耗植物体内营养物质，降低了植物体活力，从而生殖枝逐年减少，逐渐失去养分积累与种子繁殖能力，只剩下多年生丛生植物，从而破坏了打草场植物群落结构，使草场进入退化阶段。因此，粗蛋白含量高的豆科牧草减少而杂类草增加，草场品质下降。

7 月初，即禾本科植物抽穗期、豆科植物现蕾开花期和杂类草分蘖期刈割的牧草可制作富含维生素的草粉，此时牧草粗蛋白含量为 10% 以上。通常，植物在 8 月下旬进入结实期，叶片与枝条开始干枯，粗蛋白含量比 7 月时下降 20%。蒙古国，牧草品质最佳时间为 7 月中旬至 8 月 20 日。

打草场的合理刈割既要保障获得高产优质的草产品，又不可影响打草场再生性，保持稳定的生产力。满足这一要求的关键点在于刈割留茬高度。显然，留茬越高产量越低，留茬太低会影响植物的营养繁殖能力。如常年低留茬则会导致打草场的退化，产草量也就无从谈起了。研究表明，综合地势高低、草场植被、植物密度等因素，蒙古国主要打草区留茬高度以 5～7 cm 最为适宜。在 8 月末至 9 月初刈割时可再降 1～2 cm。

根据蒙古国打草场和放牧场植物化学组成的研究得出，鲜草水分含量为 50%～70%。为长期储藏，必须将鲜草干燥后含水量降至 18%～22%。自然状

态下，牧草中的自由水和吸附水的散失由蒸发作用决定的。研究表明，刈割
2 h 后糖分含量下降 5.6%～7.6%、淀粉含量下降 3.2%～13.1%、胡萝卜素下降
9.0%～9.8%。晾晒时间越长营养物质损失越大。刈割后植物养分，如蛋白质、
氨基酸、淀粉、糖分等进行分解。随着分解时间的延长，粗蛋白将损失 25% 的
氮，同时被分解为氨和有机酸，有机酸被进一步分解为二氧化碳和水。该过程直
到水分减少到 18%～20% 时才会停止。

刈割后的牧草营养价值受当时气候条件的制约。牧草经风吹雨淋，阳光暴晒
等导致营养物质损失，胡萝卜素、碳水化合物含量急剧下降。山地草甸及山地草
原区相关研究表明，牧草第一次雨淋胡萝卜素损失 19.9～14.3 mg/kg，第二次雨
淋再损失 22.0～28.0 mg/kg。如阴雨连绵则发生霉变导致全部腐烂。牧草含水量
80%～90%，气温为 25 ℃时霉菌最活跃，加剧腐烂。因此，牧草刈割后应注意
避雨，尽快晾收。

饲草养分主要聚集在植物的叶片、嫩枝、花序、种子等部位。然而在干草的
收集，运输过程中容易脱落损失，导致干草质量的降低。因机械操作，豆科和杂
类草茎叶花果损失率为 15%～35%，禾草为 2%～5%。如在干草调制过程中遭遇
雨淋、日晒则养分多的茎叶花果等部位的损失更大。

蒙古国，为巩固和发展畜牧业饲草料基础，通过改良提高打草场和放牧场的
生产力并同时关注人工草地的发展。

草场改良措施包括灌溉、施肥、补播一年或多年生牧草从而提高打草场和放
牧场的利用年限。

第三节　人工草地生产

饲草作物的人工栽培在饲草料生产经营中具有特殊的地位。人工草地的栽培
与生产需注意以下 6 个方面：

——扩大牧草种植面积，采用综合技术措施提高牧草产量；

——种植适应当地生态条件的牧草，培育、选育优质新品种及驯化当地优异
草种；

——不断开发牧草种植生产新技术并利用；

——在蒙古国有灌溉条件的戈壁区及西部省份种植牧草，解决饲草料的
短缺；

——生产牧草种子；

——有效利用农副产品等。

一、人工栽培牧草、青绿饲料

蒙古国，通常种植一年生和多年生牧草来解决青绿饲料，通过单播或混播，进行青割或放牧利用。青绿饲料包括一年生或多年生的豆科、禾本科及十字花科的若干种植物。豆科植物有细齿草木樨、紫花苜蓿、救荒野豌豆、广布野豌豆等作为栽培牧草。

细齿草木樨：茎直立，具少量分枝，株高达 20～30 cm，羽状三出复叶，小叶倒卵状矩圆形，长 15～30 mm，边缘具密的细锯齿。细齿草木樨分布于森林草原河谷、草甸、林缘，一片片以群生长。开花期前为各种家畜所喜食。青饲时日饲喂量分别为泌乳牛 20～25 kg、育成牛 8～15 kg、成年猪 10～12 kg。幼嫩或雨后刈割饲喂时会出现瘤胃膨气现象。所以可以与干草混合饲喂或逐渐过渡使之习惯。

紫花苜蓿：株高 40～60 cm，分枝多，羽状三出复叶；花紫色、黄色；荚果镰状、多年生植物。生长于山口、林缘湿润疏松土壤上，抗旱性强，碱性土壤不宜生长。为营养价值较高的优等牧草。开花前可刈割青饲还可以调制干草。开花后茎、枝质地变粗糙，家畜采食率降低。分蘖期紫花苜蓿 1 kg 鲜草含 0.94 个饲料单位、167 g 可消化蛋白质。紫花苜蓿与无芒雀麦、老芒麦混播作青绿饲料。

救荒野豌豆与广布野豌豆：可以单播或与豌豆、燕麦混播。在初花期至结荚期可青割利用。各种家畜喜食其鲜嫩青草。

种植的燕麦、大麦、豌豆可作为精饲料外，还可刈割后调制干草。

苏丹草：叶量丰富，高大植物。须根可深扎至 2～3 m，抗旱性强。种植苏丹草可作青饲或青贮利用。各种家畜均喜食，品质优良。1 kg 干草中含有 0.52 个饲料单位和 65 g 可消化蛋白质。灌溉条件下，戈壁区鲜草产量为 200～350 公担/hm²，干草 50～70 公担/hm²。苏丹草具有放牧或刈割后迅速再生的生物学特性。

糜子为优质饲料作物。1 kg 鲜草中含 0.51 个饲料单位，65 g 可消化蛋白质。与苏丹草相比，叶片质地鲜嫩。有灌溉条件的戈壁区可产 150～170 公担/hm² 鲜草及 40～45 公担/hm² 干草。它可与一年生豆科植物豌豆及野豌豆混播。虽刈割后再生性较弱，但第二茬产量仍可达到第一茬的 40%。抽穗期刈割后可青饲，各种家畜喜食。

饲用高粱为多用途作物。其籽实可饲喂猪、禽类、牛和马等；也可青贮，但饲用价值不及玉米青贮。饲用高粱 1 kg 籽实含 1.19 个饲料单位，鲜草含 0.24 个饲料单位，青贮则含 0.22 个饲料单位。饲用高粱株高达 2.0～2.5 m，一株具 10～25 枚宽叶片，为一年生禾本科植物，极度耐旱。孕穗期刈割后可青饲，乳熟期制作青贮。通过与豌豆、大豆混播不仅可提高其饲用价值，产量也比单播提高 15%～20%。饲用高粱青贮最宜饲喂产奶牛。

蒙古国森林草原及农区因热量偏少，苏丹草、糜子、饲用高粱的种子很难成熟，种植后只适合青饲、青贮或制作草粉，在戈壁、西部省份可以种植生产种子。

蔬菜废弃茎叶水分含量高达 80%～90%，但干物质中粗蛋白含量达 20%～25%。蔬菜废弃物可饲喂奶牛，日饲喂量为 15～20 kg。

二、秸秆及农副产品

随着蒙古国农业的迅速发展，农作物秸秆及农副产品为家畜提供了丰富的饲料资源，对畜牧业饲料供应起了可忽视的作用。虽然秸秆中蛋白质、脂肪、维生素、矿物质等养分含量不足但富含粗纤维，称得上中等价值饲草。1 kg 秸秆含 0.20～0.32 个饲料单位、13～22 g 可消化蛋白质。通过秸秆的颜色、质地和掺杂程度来评价其经济价值。刈割不久的秸秆淡黄色，光亮、有韧性、灰尘少。陈旧的秸秆则质地变硬、易折断、灰尘多，有时会有霉烂味。因秸秆的营养价值低，在日常饲喂中可作为部分粗饲料，但不宜饲喂幼畜。通过合理加工调制可成为各种家畜的粗饲料，若饲喂量少可不进行调制。以各种青贮、多汁饲料和颗粒料为主要日粮的反刍家畜，应通过补充一定秸秆来达到调节日粮干物质、改善反刍及提高养分消化率的目的。也可在制作青贮或颗粒料时，与秸秆混合加工。秸秆加工调制方法如下。

（1）切短。饲喂马、绵羊、山羊时切短后适宜长度为 1～2 cm，牛为 4～5 cm。与麸皮混合饲喂。因提高适口性而幼畜乐食。

（2）热水浸泡。秸秆切短后装入木桶中用热水浸泡。浸泡后质地变软，味道改善家畜乐食。10 kg 碎秸秆中加入 8～10 L 开水，再加入 15～20 g 饲用盐，加盖浸泡 2～3 h 后可使用。

（3）蒸汽调制。秸秆切短后装入木桶中，桶盖戳若干小孔并用专用管向木桶内通入足量蒸汽，多余蒸汽从盖孔排出。将秸秆蒸 30～40 min 后调制完成。该调制方法不仅可提高饲料适口性也起到消毒作用。该饲料饲喂牛较适宜。

（4）发酵处理。秸秆切短后装入桶或水泥池中，加入秸秆重量 60%～70% 的温水和少量草粉或麸皮，密封后用重物压 3～4 h 即可完成发酵处理。通过发酵产酸，秸秆味道变酸香，同时改善了消化率。家畜喜食，尤其适宜饲喂牛。

（5）青贮处理。秸秆同块根块茎类多汁饲料或向日葵、玉米等混合青贮。将原料充分混合后上面用秸秆或草覆盖密封，并铺盖 25～30 cm 厚的土层。调制完成的青贮饲料可饲喂各种家畜，尤以饲喂泌乳期奶牛最佳。

谷物副产品：包括谷物及其他籽实脱粒时产生的谷壳、碎叶、茎藤、秕壳等。该类农副产品的营养价值优于秸秆，其 40% 的有机物可被反刍家畜吸收利用。饲用价值与作物品种、洁净度及保存状况有关。1 kg 燕麦副产品含 0.52 个饲料单位，小麦则含 0.14 个饲料单位。饲喂秕壳等硬刺饲草时，应与多汁饲料混合饲喂，避免出现刺伤家畜口腔和消化道黏膜的情况。品质较好的谷物副产品饲喂马的量为 4 kg/d。该类饲料容易受潮，应注意合理保存。

三、精饲料

精饲料包括大部分农作物籽实。根据养分特点可分为：

——富含碳水化合物，如禾本科作物籽实；

——富含蛋白质，如豆科作物籽实；

——脂肪含量丰富，如油料作物籽实等。

农作物籽实平均含水量为 16%，根据含水量可将种子分为：干燥种子（含水量<14%）、中度含水种子（含水量为 14%~15%）、高度含水种子（含水量为 16%~18%）、潮湿种子（含水量>20%）。

蒙古国广泛种植的农作物有以下几种。

燕麦：1 kg 籽实含 0.98~1.00 个饲料单位、85 g 可消化蛋白质。品质较好的籽实为浅黄色，壳重占籽实重量低于 30%。广泛用于饲喂奶牛、幼畜和家畜育肥。也可饲喂妊娠母畜。虽可整粒饲喂于成年家畜，但除马以外最好粉碎后饲用，有利于家畜消化吸收。

大麦：富含蛋白质，粗纤维和粗脂肪含量低，淀粉含量高。养分消化率比燕麦高 20% 以上，1 kg 籽实含 1.23 个饲料单位，89 g 可消化蛋白质，是马和奶牛的优质饲料，也常用于家畜育肥。须粉碎后饲用。大麦不仅可提高奶牛的泌乳量，也使育肥家畜增肉，肥瘦相间的"花肉"好看且味美。

小麦：可加工面粉，非商品类小麦可当饲料。1 kg 小麦含 1.17 个饲料单位，115 g 可消化蛋白质。粉碎或破碎后饲用。

黑麦：营养品质与大麦相似。

玉米：家畜的主要饲料之一，含有碳水化合物 70%、粗脂肪 8%、粗蛋白 9%~10%、且消化率高，有机物消化率可达 90%。1 kg 籽实含 1.30 个饲料单位，总营养价值优于其他任何谷物籽实。玉米与豆类或其他蛋白饲料混用饲喂效果更佳。单用玉米饲喂牛和猪时会使肥肉变松软，因此通常与豌豆、黑麦和大麦等混合饲喂，改善家畜肉品质。

豆类精料富含蛋白质，除大豆外，其他豆类精料脂肪含量低。豌豆及野豌豆的粗蛋白含量达 22%~26%，粗脂肪只为 1%~2%；大豆的粗蛋白含量达 34%，粗脂肪为 17%。

蛋白质饲料主要为豌豆和野豌豆。1 kg 籽实含 1.15 个饲料单位和 170～200 g 可消化蛋白质。马和牛日饲用量 1～2 kg，广泛用于幼畜的补饲。

油料作物精料：因脂肪含量高，当饲料时成本高而用量很少。

精饲料虽营养价值高，但成本也高，所以在蒙古国必须节约用料的同时扩大种植面积，提高单位面积产量是关键措施之一。

麸皮：麸皮包括种子壳、碎籽实及粉面等，与籽实相比，麸皮富含矿物质及含磷化合物。通常籽实磷含量的 80% 沉积在麸皮中，因此为家畜补充磷元素方面优于其他饲料。蒙古国加工面粉后产生的麸皮中 1 kg 含 0.90 个饲料单位，93 g 可消化蛋白质。麸皮所含 B 族维生素高于精饲料。麸皮的含水量为 12%～15%，黑穗病粉及其他真菌含量不得高于 0.06%。麸皮适宜饲喂于各种家畜。通常奶牛日饲喂量为 4～6 kg，役用马的日饲喂量为燕麦饲喂量的 30%～50%。

四、多汁饲料

多汁饲料包括块根块茎及瓜果类作物。蒙古国种植多汁饲料类作物面积不及其他精料作物，但其单位面积产量高，而且富含碳水化合物和维生素，与其他饲料配合用可提高消化率。多汁饲料是奶牛、猪的主要饲料之一。

块根块茎作物含水量 70%～90%、粗蛋白含量为 1%～2%、粗纤维为 1.0%～1.5%。看起来营养价值似乎不高，但由赖氨酸、色氨酸等必需氨基酸构成的蛋白质使其有了"生理性全营养饲料"的美称。

块根块茎作物干物质主要由碳水化合物构成以外，还含有较丰富的维生素 C。如胡萝卜富含胡萝卜素。多汁饲料不仅被各种家畜喜食，还易被消化。通常鲜样含有 0.10～0.28 个饲料单位，1 kg 干物质含有 1 个饲料单位。多汁饲料养分保存率与保存温度有关。虽然 0 ℃为最佳保存温度但也可在 0.5～3 ℃环境下保存。–3～–2 ℃则出现冻伤，3～4 ℃时会失掉水分而营养流失。多汁饲料通常保存于通风干燥处。

马铃薯：饲喂家畜主要饲料之一。鲜马铃薯干物质含量为 25%。干物质的 80% 为淀粉，灰分、粗脂肪和粗蛋白含量很少，但维生素 B_1、B_2 较丰富。主要饲喂于牛、猪。

马铃薯切块后可直接喂牛，猪则需要煮或蒸熟后饲喂。马铃薯含有龙葵碱毒素，主要在未成熟马铃薯、阳光直射或生芽马铃薯中含量较高，可达 0.5%，成熟马铃薯中仅含 0.01%。产奶牛马铃薯日饲量为 10～12 kg。

饲用甜菜：干物质含量低于马铃薯，为 12%，以碳水化合物为主，含有粗纤维 1%，粗蛋白 1.2%，消化率高。反刍家畜和猪可消化吸收 87% 的干物质和

90%～95% 的无氮浸出物。各种家畜喜食，可单独饲喂或与其他饲料配合饲喂。产奶牛日饲喂不超 30 kg，过多饲喂会使奶味变苦，甚至导致产奶量下降。绵羊和山羊建议量为 3～4 kg/d、猪按每 100 kg 体重饲喂 5～7 kg/d。

糖用甜菜：蒙古国在近年来开始扩大糖用甜菜的种植面积。糖用甜菜产量与饲用甜菜相当，且干物质含量为 23%～25%，与马铃薯相当。糖分占干物质的 17%。切块后可直接饲喂产奶牛，18～20 kg/d，或每 100 kg 体重饲喂 6～8 kg。

燕青：所有作物中含水量最多的饲料，干物质仅为 9%。主要饲喂于产奶牛，20～25 kg/d。燕青味道较苦，因此不宜过量饲喂于产奶家畜，以免改变奶的风味。育肥牛和绵羊饲喂量可分别达 50 kg/d 和 4 kg/d，可与其他优质饲料搭配饲喂。较其他块根作物，不易保存，要尽快食用。

胡萝卜：适宜饲用于各种家畜，多用于产奶牛和幼畜。胡萝卜干物质含量为 13%，并富含胡萝卜素，平均含量为 50～250 mg/kg。多采食胡萝卜的奶牛，奶味鲜美、且胡萝卜素含量高；制作的奶油中维生素 A 含量高，质优。产奶牛日饲喂量为 20 kg，育肥猪日粮中胡萝卜可占 40%～50%。种畜和幼畜日粮中可广泛使用胡萝卜。

新鲜瓜果类：水分为 90% 以上。干物质主要为含氮化合物。粗纤维、粗脂肪和粗蛋白的平均含量为 1%～2%。产奶牛和育肥家畜都可饲用。煮熟或直接饲喂均可，日饲用量为 10～15 kg，也可与其他饲料配合使用。

蔬菜的废弃叶、茎、根均可用作饲料，通常多饲喂于产奶牛和猪。

五、青贮饲料

蒙古国青贮制作虽始于 20 世纪 50 年代，但一直未能在畜牧业生产中大量应用。然而随着城市人口的增长和奶食品需求的日益增加，奶牛的养殖规模迅速扩大，催生了玉米、葵花及一年生作物的大量种植，同时，青贮行业迎来了蓬勃发展。

青贮制作是指将天然和人工种植鲜草、块根块茎作物、蔬菜废弃物等适当加工处理后，装填到专用池或窖等容器中，压实排气后密封，在厌氧环境下经过乳酸菌的发酵作用，将糖分变为乳酸，使原料的养分得以保存。通过上述方法制作的饲料称之为青贮饲料。

乳酸菌发酵后的酸性环境抑止了有害好氧微生物的活动。青贮原料可分为易青贮型，不易青贮及不可青贮等 3 类。

青贮饲料的特点：

——优质青贮能够保存原料的营养特征；

——天然或人工种植鲜草在最佳营养期时收获，不受天气条件的限制而进行调制，保证青贮饲料的营养品质；

——在严酷的冬春季节可以为家畜提供低成本高营养的饲料。通常 1 m³ 干草为 70 kg，其中干物质为 60 kg；然而 1 m³ 青贮为 700 kg，干物质 150 kg。

青贮品质与植物收获时期有关。通常，玉米在蜡熟期、葵花在开花期、苏丹草在抽穗期、夏播并越冬作物在乳熟后期至蜡熟初期、多年生豆科植物在现蕾期、多年生禾草在抽穗期收割青贮为最佳时期。另外，青贮调制技术也决定了青贮的品质。

易青贮的玉米、向日葵、一年生禾草等青贮后 45 d 可使用，豆科植物则青贮后 2～3 个月才可使用。

根据青贮饲料的颜色、气味和养分含量给予青贮品质评定。青贮饲料的颜色越接近原料本色则品质越好。优质青贮可保持原料质地和状态且有酸香味。如青贮中总酸含量为 2%，乳酸含量为总酸的 50%～75%，青贮 pH 值为 4.2 或更低。

青贮饲料的标准密度，通常玉米、向日葵为 600 kg/m³、天然草原牧草、野豌豆 + 燕麦、草木樨等其他豆科植物青贮为 700 kg/m³、块根块茎作物为 750 kg/m³。在青贮容器中装填时要多出 15%～20% 后再压实，即如青贮窖深为 1 m，装填需高出窖口 15～20 cm。

优质青贮气味酸香、柔软多汁、适口性好，能够提高日粮消化率。各种家畜均喜食青贮饲料，当青贮日饲喂量不超家畜采食量的 50% 时，对家畜的健康、消化功能与新陈代谢不会产生负面影响。

青贮料主要饲喂于产奶牛和育肥家畜。产奶牛饲喂量为每 100 kg 体重，喂量为 6 kg。青贮给料时采用"逐步加量"方式，使家畜逐渐适应。另外，家畜圈舍和饲槽需保持清洁，以免青贮料被污染，也不能饲喂冰冻青贮。

青草青贮：将鲜草晾晒，含水量 50%～60% 时进行青贮。青草青贮与天然草原牧草没有差别，是营养品质较好的一种饲料。制作优质青草青贮的关键环节同样为压实、排气和密封，否则容易变质腐烂。

打草场 1 000 t 鲜草可调制 176.5 t 干草或 86.5 × 10³ 饲料单位干草。而以同样的鲜草可调制 332 t 青贮或 126.2 × 10³ 饲料单位青贮。与干草相比，饲喂青草青贮可使奶牛产奶量提高 46.0%。刈割后的鲜草含水量达 60% 时切段至 4～5 cm 后装填入窖。为缩短晾晒时间，需对鲜草进行反复翻转。蒙古国自然气候条件下，鲜草刈割时含水量通常不超过 60%，所以可以边刈割边切短，且需在 3～4 d 将青贮窖装填完毕。

一年生禾本科作物青贮 1 kg 含有 0.35～0.38 个饲料单位、37 g 可消化蛋白质、4.9 g 钙、1.2 g 磷和 46 mg 胡萝卜素。而天然草场鲜草养分含量分别为 0.29～0.32 个饲料单位、32 g 可消化蛋白、5.0 g 钙、1.1 g 磷和 42 mg 胡萝卜素，家畜均喜食青贮。

第四节　工业化生产饲料及工业副产品

一、配合饲料

蒙古国从 1963 年开始研制配合饲料，配制了各种饲料配方，如 1~6 个月犊牛、奶牛、羔羊及其他家畜的精补料配方，家畜的日常补饲配方等。配合饲料的发展促进了饲料生产机构的萌发，当时成立了 20 余家饲料企业，每年可生产 27 万 t 配合饲料。但 90 年代初期这些企业已停产。从蒙古国畜牧业发展长远目标而言，为达到新的发展高度，必须将这项工作提到议事日程上。各种饲料营养成分不同，各种家畜营养需求不同，一种饲料不可能满足多种家畜的营养需要。因此，综合考虑饲料特性和家畜的需求特点，研制不同饲料配方，生产出不同需求的配合饲料是很有必要的。配合饲料的特点：

——配合饲料可发挥各种原料的营养特性，起到营养互补、功效互补的作用；

——饲料加工成粉状或颗粒状，家畜易于消化吸收；

——牧草、秸秆等粗饲料经过加工成粉状而体积变小，从而降低了运输及储藏成本。

蒙古国各省区将牧草、秸秆、麸皮、籽实、农副产品、食品加工副产品、动物源饲料及矿物质饲料等不同原料混合加工制作出满足当地家畜需求的各种配合饲料。配合饲料的营养特征因配方不同而不同。籽实成分不低于 60% 的 1 kg 颗粒饲料含 0.75~1.1 个饲料单位和 68~117 g 可消化蛋白质；粗饲料成分不低于 60% 的 1 kg 颗粒饲料含 0.40~0.70 个饲料单位和 40~75 g 可消化蛋白质。通过充分利用各地区原料优势及特征加工生产出不同的配合饲料，是巩固畜牧业饲料基础的有效措施之一。

二、工业副产品

1. 米面加工业副产品

包括米面加工过程中产生的麸皮、米糠、碎粒等。麸皮 1 kg 含 0.70~0.90 个饲料单位和 6~12 g 可消化蛋白质。宜与其他饲料混合，并加水搅拌饲喂较好，如与适口性差的干草与秸秆混合饲喂可提高饲料适口性。

2. 制酒、淀粉加工业副产品

白酒和啤酒酒糟水分含量为 92%~94%。谷物、马铃薯渣子干物质中粗蛋白含量为 20%~25%。谷物渣子营养品质优于马铃薯渣子。1 kg 马铃薯干渣含 0.52 个饲料单位、94 g 可消化蛋白质；1 kg 谷物干渣含 0.75 个饲料单位和 100 g 可消化蛋白质。酒糟含水量高、蛋白质低，可单独饲喂也可与其他饲料混合用。酒糟通常用于饲喂牛，产奶牛日饲喂量为 10～15 L，育肥牛可用 30 L，发酵饲料不宜敞开保存，所以从工厂现取现用或者烘干后饲用。

3. 啤酒渣

含 75% 水分，1 kg 干物质含有 0.78 个饲料单位，159 g 可消化蛋白质。大牲畜日饲喂量为 12～16 L，与粗饲料混合饲用。不易保存，应现取现用，同时需保持圈舍及饲槽的清洁卫生。

啤酒厂排出的谷物芽经干燥后含 15% 水分和 24% 的粗蛋白，可主要用于饲喂产奶牛、幼畜和猪，其他家畜也可用。1 kg 含 0.64 个饲料单位和 185 g 可消化蛋白质。

4. 乳制品加工副产品

制作黄油过程中分离出的乳清液可作饲料，含干物质 9.1%、粗蛋白 3.5%、糖分 4.7%、粗脂肪 0.15% 和灰分 0.75%。1 kg 黄油乳清液含 0.13 个饲料单位和 31 g 可消化蛋白质。主要用于饲喂犊牛、猪和种畜。制作黄油后的残渣为一种酸奶浆，也是不错的饲料资源。酸奶浆含有 9.0% 干物质、0.4%～0.6% 粗脂肪、4%～5% 糖分和 0.7% 的矿物质。酸奶浆喂猪最适宜，也可少量饲喂其他家畜。1 kg 酸奶浆含 1.8 g 钙、1 g 磷、1 mg 胡萝卜素、0.17 个饲料单位和 38 g 可消化蛋白质。

制作毕希拉格（一种蒙古族传统奶食）时产生的副产物——毕希拉格残渣可用于饲喂家畜。与酸奶浆相比，毕希拉格残渣干物质含量低，也缺少蛋白质及脂肪，但富含碳水化合物。1 kg 含 0.08 个饲料单位和 9 g 可消化蛋白质。艾日格（一种蒙古族传统方式制作的发酵乳）酸奶汤具有提高家畜肝脏造血机能，改善肠道蠕动提高消化力的作用，也是很好的饲料资源。1 次可饮喂绵羊和山羊 100～200 mL、大家畜 400～500 mL。用浓缩液可饲喂病弱体瘦家畜，可改善幼畜腹泻。10 L 酸奶汤熬制浓缩可获得 1 L 浓缩液。用法上，10 L 水中加入 200～300 mL 浓缩液煮开，成年骆驼可用 2 L、驼羔 250～300 mL、羊 200～600 mL，羔羊 30～50 mL，每天早上出牧前饮喂。

5. 肉类加工副产品[①]

包括碎肉、肉骨粉、血粉、网胃，胃食糜等。这些下脚料不仅含有丰富的蛋白质，而且富含钙、磷等。肉粉含有 70% 的粗蛋白及其 60%～65% 为可消化蛋白质。肉粉中粗脂肪约为 10%、磷酸钙为 12%。1 kg 肉粉含 1.5 个饲料单位、590 g 可消化蛋白质。主要用于配制猪，禽类饲料。

---

① 中国从 2001 年开始已禁止在反刍动物饲料中添加和使用肉骨粉、血粉、动物下脚料制品等动物性饲料。

1 kg 肉骨粉含 0.86 个饲料单位、400 g 可消化蛋白质。肉品加工厂外，自家死于非传染病的死畜肉经过煮熟风干后也可饲喂。捣碎后可饲喂瘦弱畜，日饲喂量一般为大家畜 50～100 g、羊 30～50 g 和幼畜 5～10 g，与其他饲料配合使用。肉、肉骨粉加水煮熟后的肉汤也可在出牧前饮喂大牲畜，2 岁牛 0.5～2.0 L，骆驼为 3～4 L 较适宜。

6. 家畜血液

家畜血液富含蛋白质及其他营养物质，是一种优质饲料。1 头牛可产 10～12 L 血液，1 只羊可产 2～2.5 L。鲜血或干血粉均可作饲料。鲜血直接饮喂或冻血融化后加水饮用。5 L 水中加入 40 g 盐和 300 g 血，加温搅拌，绵羊可饮喂 0.5 L。

血粉制作方法有 2 种：①用高温蒸汽将血液凝固成块、晾干粉碎，此方法制作的血粉水溶性较差；②在铁制容器里倒入少量血液，用温火烤干、粉碎，此法制作的血粉水溶性强。血粉含水量为 8%～11%，1 kg 血粉含 1.1 个饲料单位、760 g 可消化蛋白质。血粉主要饲喂猪和禽类。

第五节 牧民自配料

蒙古国牧民在悠久的畜牧业生产经营中，利用当地各种饲料原料自配加工不同饲料，获得了多种制作方法和宝贵经验。自配料包括动物源与植物源 2 种类型。

一、植物源自配料

通常将可食的营养品质较好的树叶、针叶和农作物种子等进行加工调制。通常的加工调制方法有如下几种。

树叶、针叶加工：各种树叶、针叶具有很好的营养品质，易被家畜消化吸收。暖季收集各种针叶进行阴干，冬季可冷冻保存。针叶或冷冻针叶可制成叶汁膏，补给瘦弱畜和幼畜。叶汁膏的制作方法为，10 L 水中加入 1 kg 针叶煮至葱绿色，滤掉叶渣后可饲用。瘦弱畜每日可补充 2～3 次，成年羊 50～60 g/d、幼畜 10～20 g/d。

秋季树叶凋落时收集干树叶储备。饲用前用盐水浸泡，可饲喂老弱病畜及满 1 岁的幼畜，饲喂量为幼畜 400～500 g/d、成年羊 0.5～1 kg/d。

多根葱、蒙古葱饼干：夏秋季，收集开花期葱属植物的叶与花，捣碎后揉成圆团，晾干。也可以与盐、麸皮和酸奶渣混合做成葱饼干。葱饼干粗蛋白含量为 33.18%，酸奶渣葱饼干含 37.7% 的粗蛋白。将多根葱、蒙古葱与其他营养品质较差的牧草配合用可使营养价值提高 10%～15%。通常 1 块葱饼干为 40 g 左右，瘦弱羊每日可补饲 1～2 块、驼羔 2～4 块。葱饼干可成为冬春季抗灾备用饲料。饲用方法为 10 L 开水中加 200～300 g 或 5～8 块葱饼干熬成膏状，补给瘦弱畜200～250 mL/d、幼畜 40～50 mL/d。

冷蒿膏：冷蒿是种优质牧草，并且在冬季植株保存较完整，春季返青早。夏季采集冷蒿晒干后可饲喂瘦弱畜，也可制成冷蒿膏在冬春季备用。10 L 水中加入200～300 g 冷蒿和 20 g 盐，煮至暗棕色，即可获得冷蒿膏。羊灌服 0.5～1.0 L，可恢复体力。

珍珠柴：戈壁地区，冬春季的珍珠柴茎叶保存较完整，可饲喂家畜。7 月的珍珠柴粗蛋白含量为 16.6%，而在 2 月还可保持 12.6% 的粗蛋白，说明是营养价值较高的植物。牧民们在夏季收集珍珠柴用于冬春季补饲老弱瘦畜。除骆驼可直接采食以外，其他家畜因不喜食需与其他饲料混用或做成膏状补饲。珍珠柴膏用量为羊 400～500 mL，幼畜 50～60 mL，出牧前饲喂。

锁阳膏：戈壁地区，将采集的锁阳去掉外膜后晒干，冬春季可广泛用于家畜的补饲。10 L 开水中加入 300～400 g 锁阳，热闷 4 h 后便制成锁阳膏。出牧前补饲瘦弱羊 1～1.5 L，驼羔 2～3 L，使病弱畜快速恢复体力。

牛 / 羊奶小米饼干：蒙古国一些牧民用鲜奶熬制小米粥，不仅可用作冬春季家畜饲料补品外，牧民自己也可食用。10 L 奶中加入 2 kg 小米，温火慢煮约 2 h，不时搅拌，防止粘锅。将煮好的稠粥在容器中摊平晒干后分成小块儿在阴凉干燥处保存。小米饼干主要用于补饲吃不饱奶的幼畜。饲喂时用温开水冲开小米饼干并搅拌均匀，在 38～40 ℃时饲喂幼畜。饲喂量为羊羔 300～450 mL/d，犊牛 1.5～2 L/d。

二、动物源自配料

动物源饲料富含蛋白质，可以补充家畜饲料的蛋白质。该类饲料养分较全面，具有"生理性全营养饲料"的美称，包括肉粉、肉骨粉、血粉、肝脏、旱獭肉油和胃、马油、家畜瘤胃食糜、酸奶渣和酸奶浆等。

肉粉：由非传染病死亡的家畜肉制作而成。1 kg 含 1.08 个饲料单位和 610 g 可消化蛋白质，是营养价值非常高的饲料。制作时将皮、内脏、头蹄剔出后常规炖煮。煮熟后将肉与骨、油脂分开，切碎晾干。

将晾干的肉块捣碎制成粉末状。肉粉可单独饲用外，还可按羊 40～50 g/d、驼羔 80～100 g/d 的饲喂比例与麸皮、颗粒饲料配合饲用。

肉骨粉：同上，由非传染病死亡家畜的肉骨制作而成。制作方法与饲用方法均同肉粉。1 kg 肉骨粉含 0.80 个饲料单位、460 g 可消化蛋白质。

血粉：收集屠宰家畜的血液，按 1 kg 血配 10 g 盐的比例在锅中熬制，半熟程度取出晒干并粉碎，制成血粉。血粉含 1.06 个饲料单位和 758 g 可消化蛋白质。牛、驼等大家畜饲喂量为 80～100 g/d，羊等小家畜为 40～50 g/d。单独或配合用均可。

肝脏：家畜肝脏富含蛋白质、维生素和糖分，主要用于饲喂瘦弱畜，使其恢复体力。切成薄片的肝脏上面撒少许盐，煎熟后晾干粉碎制成粉状饲用。饲喂量为羊等小畜 30～40 g/d，牛、驼等大畜 70～90 g/d。

旱獭肉、胃：蒙古国每年捕猎数十万只旱獭用于制作皮草，但肉及油脂很少被利用。旱獭肉可制成肉粉饲喂瘦弱畜，牛、驼等大畜 80～90 g/d、羊等小畜 30～40 g/d。旱獭胃也可制成肉粉补饲瘦弱家畜。

马及旱獭油脂：油脂主要用于饲喂瘦弱畜。单独饲喂量为 20～30 g/d。与精料配合使用时，大畜为 150～200 g/d，小畜为 60～80 g/d。

家畜瘤胃食糜：屠宰后的牛羊瘤胃中尚有未消化完的饲料及液体食糜也可作为饲料。晾干后含 2.64 个饲料单位和 306 g 可消化蛋白质。网胃经煮熟、加盐、晾干后可用于饲喂家畜。小畜补 500～600 g/d，驼羔 1～2 kg/d。

第六节　矿物质饲料及饮水

一、矿物质饲料

蒙古国盛产天然盐、碱和硝等。牧民们祖祖辈辈有给畜群赶至盐碱草场舔食盐碱的传统做法。

食用盐：食用盐是促进家畜消化，提高食欲的优质矿物质饲料。饲喂量为牛 25～30 g/d、马 20～40 g/d、小畜 5～12 g/d。将盐放入饲槽中供舔食，或可与其他饲料配合用。幼畜和瘦弱畜可在饮水中兑盐。

碱：蒙古国盐碱地分布较多的草场可以直接放牧舔食；若放牧草场不是盐碱地，则将碱收集后等家畜回营地后供其舔食。用量同盐。

硝：蒙古国硝产量较多，牧民将其分为油硝和冰硝 2 种。家畜补饲量为牛 30 g/d、绵羊 10 g/d。过量补饲会烧伤家畜胃黏膜，因此要特别注意。油硝中碱含量为 30%，危害较轻，而冰硝中 90% 为硫酸盐，所以不可多添加。

骨灰和牛粪灰也可用作家畜饲料，与盐、碱配合可制成盐、碱块。

矿物质舔砖：将 6 kg 碱、3 kg 盐、1 kg 骨灰混合后加入 2～3 L 水煮沸，装入砖形模子等变硬后方可保存，供家畜舔食。也可将葱、多根葱、蒙古葱、蜂巢胃、灰、麸皮和碱等混合后在酸奶汤里熬煮，制成矿物质舔砖。舔砖富含各种矿物质和微量元素，家畜过量食用也很少出问题。

全价矿物质饲料：盐、碱、硝里加入硫、磷、钙、铜、钠、铁、锌、锰、钴、碘等常量与微量元素制成全价矿物质舔砖，供家畜舔食。

微量元素饲料：该饲料由畜体必需微量元素配合制成。饲用后可提高家畜消化吸收功能，有助于各种维生素和激素的合成，促进机体新陈代谢。专用配方制成的微量元素饲料主要用于产奶牛、瘦弱畜、种畜及妊娠家畜，可改善体况、提高繁殖率。

二、水的供应

水是畜体不可或缺的必需养分。根据畜群对水的需求量，确定饮水点的位置和营地供水设施的建设，从而满足不同放牧家畜的需水要求。

饮水时尽量让畜群保持安静并喝足。因此，饮水槽长度和宽度要合理，供畜群分批有序饮水。

表22　家畜日饮水量　　　　　　　　　　单位：L

家畜	夏	秋	冬	春
骆驼	45～50	50～55	20～25	30～35
马	25～30	30～35	15～20	25～30
牛	25～35	30～40	15～20	25～30
绵/山羊	3～4	4～5	2～3	2～3

第七节　畜群补饲及营养需求

蒙古国以天然草场放牧为主，随着冬春季放牧场牧草供应不足，加之严酷的天气条件和放牧时间缩短，导致家畜掉膘率可达20%～30%。根据各地区放牧场产草量动态变化及家畜营养需求量的计算，蒙古国家畜一年需要进行120～210 d的补饲。各地区因草场状况、畜群结构和气候条件不同，家畜需要的补饲时间也不同，且存在年际变化。

研究表明，冬春季草场只能满足家畜采食量的30%～60%、可消化蛋白质的20%～60%，因此营养严重缺乏。在这种饥饿状态下，家畜为了维持体内正常的新陈代谢，家畜不得不动用体脂来供应能量，逐渐消瘦。因此，为了保证畜体的正常活动、生长发育及繁育功能，必须采取补饲措施。

表23 日粮补饲配方

牲畜种类	补饲天数（d）	日补饲量					
		饲料单位	可消化蛋白质（g）	粗饲料（kg）	精补料（kg）	多汁饲料（kg）	矿物质饲料（g）
细毛羊							
种公羊	210	1.7	170	2.0	0.5	2.0	20
母羊	180	0.8	80.0	1.0	0.3	1.0	15
2岁羊	150	0.4	50.0	0.5	0.2	1.0	15
1岁羔羊	150	0.3	42.0	0.5	0.1		10
绵羊							
种公羊	150	0.9	90.0	1.0	0.5		20
母羊	150	0.5	50.0	0.5	0.2		15
2岁羊	120	0.3	42.0	0.5	0.1		15
1岁羔羊	120	0.2	24.0	0.3	0.1		10
山羊及绒山羊							
种公羊	120	1.3	130	2.0	0.7		20
母羊	120	0.4	45.0	0.5	0.3		15
2岁羊	90.0	0.3	40.0	0.5	0.1		15
1岁羔羊	90.0	0.2	30.0	0.3	0.1		10
肉牛及乳肉兼用牛							
种公牛	180	6.8	680	8.0	3.0	5.0	45
母牛、3岁母牛	180	6.0	600	6.0	2.0	10.0	40
育成牛	150	3.0	360	4.0	1.5		35
2岁牛	150	2.0	240	2.5	1.0		25
1岁犊牛	150	1.6	200	2.0	0.5		20
蒙古牛、牦牛							
种公牛	150	3.6	360	6.0	2.0		40
母牛、3岁母牛	150	3.0	300	5.0	1.5		40
育成牛	120	2.1	230	3.0	1.0		30
2岁牛	120	1.2	150	1.5	0.5		20
1岁犊牛	120	1.0	120	1.2	0.5		20
马							
种公马	120	3.7	370	5.0	3.0		40
母马	120	3.5	350	5.0	2.0		40
育成马	90.0	2.2	260	3.0	1.2		35
马驹	90.0	1.3	140	1.0	1.0		20
骆驼							
种公驼	90.0	4.5	450	6.0	2.0		45
母骆驼	90.0	4.0	400	5.0	2.0		40
育成驼	60.0	2.5	300	2.0	1.0		35
驼羔	60.0	1.0	120	1.0	0.5		25

表24 放牧场、打草场植物及各类饲料的营养成分（鲜样基础）

序号	草场类型/饲草料种类	采样地点	化学成分（%）									1 kg鲜草/干草						
			水分	粗蛋白	粗脂肪	粗纤维	无氮浸出物	粗灰分	总糖	淀粉	木质素	总能（MJ）	代谢能（MJ）	效能单位	燕麦单位	可消化蛋白（g）	胡萝卜素（mg）	维生素C（mg）
一、天然草场																		
（一）高山带																		
1	冷蒿-针茅-8月	库苏古尔省仁钦勒淖布塔尔干淖尔沙林高勒	49.9	3.9	1.6	10.9	29.6	4.1				8.8	3.6	0.36	0.32	27		
2	冷蒿-羊茅-8月	查干淖尔哈日迈音高勒	48.9	3.4	1.1	14.9	28.3	3.4				8.8	5.5	0.55	0.45	25		
3	杂类草-早熟禾-8月	仁钦勒淖布	53.5	3.6	1.9	10.6	27.4	3.0				8.1	3.7	0.37	0.29	25		
4	杂类草-羊茅-8月	仁钦勒淖布塔尔干淖尔胡根谷地	52.2	3.2	1.8	12.6	26.8	3.4				8.2	4.1	0.41	0.34	20		
	杂类草-羊茅	阿拉格额尔德尼额日和勒淖尔	49.5	3.5	1.7	14.2	28.1	3.0				8.7	4.9	0.49	0.4	26		
	杂类草-羊茅	陶森青格勒芒格思淘勒盖	52.0	3.0	1.3	13.1	27.2	3.4				8.1	4.4	0.44	0.37	18		

序号	草场类型/饲草料种类	采样地点	化学成分（%）									1 kg鲜草/干草						
---	---	---	水分	粗蛋白	粗脂肪	粗纤维	无氮浸出物	粗灰分	总糖	淀粉	木质素	总能（MJ）	代谢能（MJ）	效能单位	燕麦单位	可消化蛋白（g）	胡萝卜素（mg）	维生素C（mg）
5	杂类草-薹草-羊茅 -8月	乌兰乌拉苏木巴和亭塔拉	48.3	3.3	1.8	11.8	30.7	4.1				8.7	4.4	0.44	0.4	19		
6	杂类草-剪股颖 -8月	仁钦勒浑布浩格日斤高勒	56.8	3.1	1.5	9.6	25.0	4.0				7.1	3.6	0.36	0.32	21		
	杂类草-禾草 -8月	前杭爱省乌英嘎、温道勒特	61.3	3.1	1.2	9.7	22.5	2.2				6.7	4.1	0.39	0.38	20		
7	杂类草-禾草 -仲夏	前杭爱省乌英嘎、温道勒特	67.0	5.9	0.9	7.8	15.3	3.1				5.8	3.7	0.37	0.36	30		
	-开花期		67.2	6.4	0.9	7.4	15.1	3.0				5.8	3.4	0.34	0.33	38		
	-结实期		64.4	5.2	1.0	8.5	15.7	3.2				5.9	3.7	0.37	0.36	24		
8	杂类草-禾草-薹草 -8月	阿拉格额尔德尼苏木	52.1	3.4	1.0	11.6	28.6	3.3				8.0	3.9	0.39	0.34	21		
9	杂类草-针茅-早熟禾 -8月	陶森青格勒苏木	53.1	2.4	0.9	12.7	26.7	4.2				7.6	4.9	0.49	0.44	18		

序号	草场类型/饲草料种类	采样地点	化学成分（%）									1kg鲜草/干草						
			水分	粗蛋白	粗脂肪	粗纤维	无氮浸出物	粗灰分	总糖	淀粉	木质素	总能（MJ）	代谢能（MJ）	效能单位	燕麦单位	可消化蛋白（g）	胡萝卜素（mg）	维生素C（mg）
10	早熟禾-羊草-8月	阿拉格额尔德尼乌兰陶勒盖	51.0	4.0	1.1	12.0	28.3	3.1				8.4	4.8	0.48	0.42	30		
11	早熟禾-百里香-羊茅-枯草期	乌兰乌拉	24.0	3.0	1.8	23.1	41.3	6.8				13.0	4.5	0.45	0.35	13		
12	羊茅-返青期	仁钦勒浑布浩格日高	67.5	5.0	0.8	6.7	17.0	3.0	2.6	1.7	3.3	5.8	2.8	0.28	0.26	32	45	42
	-开花期		64.5	4.9	1.1	11.0	15.0	3.4	1.8	1.2	5.0	6.3	3.2	0.32	0.29	34	90	779
	-结实期		47.4	5.1	1.2	14.9	26.1	5.3	3.0	2.5	7.7	9.0	4.1	0.41	0.35	28	87	338
	-秋枯期		28.9	5.1	2.6	17.8	40.0	5.6	3.1	4.8	8.7	13.8	5.6	0.56	0.42	31	15	32
	-春枯期		21.5	5.1	2.2	27.9	38.3	5.0	3.3	4.7	10.9	13.1	5.7	0.51	0.38	20	7	11
	羊茅-返青期	阿拉格额尔德尼嘎拉朱特	52.3	5.6	1.3	11.6	26.0	3.2	2.6	1.5	6.1	8.6	4.0	0.40	0.37	30	42	41
	-开花期		58.3	4.0	1.7	13.8	18.4	3.8	1.8	0.9	6.6	7.4	3.8	0.38	0.29	27	68	293
	-结实期		48.4	6.1	1.7	16.2	23.7	3.9	6.6	1.1	8.1	9.2	4.1	0.41	0.33	37	91	71
	-枯草期		21.2	4.3	1.5	26.2	39.8	7.0	1.9	4.5	9.7	13.6	5.3	0.53	0.36	17	1	16
	羊茅-结实期	乌兰乌拉	51.8	3.2	1.6	14.2	24.1	4.4				8.9	4.0	0.4	0.31	17	54	32

序号	草场类型/饲草料种类	采样地点	化学成分（%）									总能（MJ）	1 kg鲜草/干草					
			水分	粗蛋白	粗脂肪	粗纤维	无氮浸出物	粗灰分	总糖	淀粉	木质素		代谢能（MJ）	效能单位	燕麦单位	可消化蛋白（g）	胡萝卜素（mg）	维生素C（mg）
13	羊茅-杂类草-秋枯中期	前杭爱省乌英嘎、西图如	11.4	3.4	1.9	30.0	45.7	7.6				14.5	8.2	0.82	0.61	17		
	羊茅-杂类草-冬春枯中期		15.4	23.0	2.3	26.6	45.5	7.2				13.9	8.2	0.82	0.46	0.21		
14	羊茅-嵩草-杂类草	库苏古尔省乌兰乌拉	24.0	2.8	3.0	20.7	42.3	7.2				13.2	4.8	0.48	0.38	13		
15	羊茅-针茅-结实期	库苏古尔省乌兰乌拉	53.2	4.0	1.5	14.7	23.5	3.1				8.4	3.9	0.39	0.35	30	47	31
16	羊茅-苔草-结实期	库苏古尔省乌兰乌拉	58.0	2.0	1.1	13.5	21.7	3.7				7.2	3.5	0.35	0.32	12	50	18
17	嵩草-针茅	库苏古尔省																
	- 仲夏		54.8	4.2	0.8	14.3	23.0	2.9				8.0	4.0	0.40	0.35	31		
	- 开花期		56.0	5.1	0.6	12.7	22.5	3.1				7.8	3.9	0.39	0.34	38		
	- 结实期		53.1	3.6	1.0	15.9	23.6	2.8				8.3	4.1	0.41	0.36	24		
18	嵩草-羊茅	库苏古尔省乌兰乌拉																
	- 结实期		52.9	2.8	1.4	11.9	27.0	4.0				8.2	4.0	0.40	0.37	17	52	26
	- 春枯期		24.0	3.3	1.0	22.5	42.2	7.0				12.9	5.1	0.51	0.35	15		

序号	草场类型/饲草料种类	采样地点	化学成分(%)									总能(MJ)	1 kg鲜草/干草					
			水分	粗蛋白	粗脂肪	粗纤维	无氮浸出物	粗灰分	总糖	淀粉	木质素		代谢能(MJ)	效能单位	燕麦单位	可消化蛋白(g)	胡萝卜素(mg)	维生素C(mg)
19	蒿草-杂类草-结实期	库苏古尔省乌兰乌拉	52.4	3.8	1.6	11.4	27.5	3.3				6.7	4.4	0.44	0.37	23	44	28
20	百里香-蒿草-羊茅-枯草期	库苏古尔省乌兰乌拉	24.0	3.0	0.9	24.8	41.5	58				13.0	4.4	0.44	0.33	14		
21	小禾草-杂类草																	
	-仲夏	科布多省莫斯特苏木	51.2	11.8	2.2	9.1	21.7	4.0				9.2	4.6	0.46	0.43	97		
	-抽穗期		51.5	11.4	2.2	8.9	22.0	4.0				9.1	4.7	0.47	0.46	92		
	-开花期		51.0	12.1	2.9	9.3	21.3	4.0				9.2	4.7	0.47	0.44	103		
	小禾草-杂类草																	
	-开花期	巴彦红格尔省嘎拉朱特	60.4	4.8	0.5	8.8	22.5	3.0	2.1	1.0	6.9	7.0	3.4	0.34	0.33	32	31	287
	-结实期		51.6	4.3	0.9	11.4	27.9	3.9	3.6	0.9	6.0	7.2	3.6	0.36	0.32	26	44	244
22	小禾草-结实期	库苏古尔省查干淖尔	51.4	3.1	1.8	12.5	28.1	3.1				8.3	4.5	0.45	0.39	24		
23	小禾草-羊茅-结实期	陶森青格勒阿拉格额尔德尼、伊和乌拉	51.0	3.8	1.4	13.2	27.3	3.3				8.3	4.2	0.42	0.35	33		

序号	草场类型/饲草料种类	采样地点	化学成分（%）									1 kg鲜草/干草						
			水分	粗蛋白	粗脂肪	粗纤维	无氮浸出物	粗灰分	总糖	淀粉	木质素	总能（MJ）	代谢能（MJ）	效能单位	燕麦单位	可消化蛋白（g）	胡萝卜素（mg）	维生素C（mg）
24	小禾草-铁线莲-结实期	乌兰乌拉巴和亭塔拉	57.0	1.8	1.2	11.6	25.6	2.8				7.2	4.4	0.44	0.38	12		
25	小禾草-苔草-结实期	查干淖尔查达呼高勒	52.6	3.4	1.7	9.6	29.1	3.6				8.0	4.1	0.41	0.38	17		
26	小禾草-针茅-结实中期	伊和乌拉塔日楞	49.5	3.9	1.2	14.8	25.3	5.3				8.2	4.2	0.42	0.33	26		
27	小禾草-寸草台-结实期	伊和乌拉	62.0	2.7	0.9	9.4	21.7	3.3				6.2	4.2	0.42	0.28	15		
28	柄状苔草-结实期	仁钦勒浑布阿日赛音高勒	51.0	3.5	1.5	10.5	28.5	5.0				6.3	3.7	0.37	0.32	17		
29	委陵菜-针茅-结实期	仁钦勒浑布	53.4	3.6	1.6	11.5	26.9	3.0				8.0	4.4	0.44	0.37	25		
30	苔草枯草	乌兰乌拉	24.0	3.4	1.3	19.7	43.8	7.8				12.7	4.4	0.44	0.35	10		
31	苔草-蒿草-结实期	乌兰乌拉	50.0	3.6	1.6	14.7	25.9	4.2				8.8	3.7	0.37	0.33	11	25	24
32	苔草-禾草-结实期	乌兰乌拉	51.9	4.3	1.5	12.0	25.8	4.5				8.4	3.8	0.38	0.35	26	43	23

第二章 // 饲草料资源

序号	草场类型/饲草料种类	采样地点	化学成分（%）										1 kg鲜草/干草					
			水分	粗蛋白	粗脂肪	粗纤维	无氮浸出物	粗灰分	总糖	淀粉	木质素	总能（MJ）	代谢能（MJ）	效能单位	燕麦单位	可消化蛋白（g）	胡萝卜素（mg）	维生素C（mg）
	苔草																	
	-结实期	乌兰乌拉	62.0	4.3	1.0	9.4	20.1	3.2				6.7	3.4	0.34	0.28	22	26	16
	-枯草期		24.0	3.0	0.39	23.6	43.6	4.9				13.1	4.2	0.42	0.35	14		
33	苔草																	
	-返青期	阿拉格额尔德尼	48.6	2.9	1.4	10.0	34.1	3.0	3.8	2.4	5.0	9.2	3.8	0.38	0.36	14	78	28
	-开花期		59.5	4.3	2.0	10.6	21.3	2.3	3.1	0.7	6.2	7.5	2.9	0.29	0.27	21		
	-结实期	额日和勒洋尔	46.3	4.3	2.2	14.6	29.0	3.6	4.2	2.3	7.8	9.7	3.8	0.38	0.32	21	74	43
	-枯草期		23.4	4.4	1.3	21.8	44.6	4.5	2.3	4.7	9.3	13.5	3.9	0.39	0.23	15	3	10
34	苔草-杂类草																	
	-返青期	仁钦勒洋布	42.5	9.5	1.2	11.7	30.7	4.4	3.9	2.5	6.2	10.3	3.8	0.38	0.35	61	140	554
	-开花期	浩敦高勒	60.8	4.1	0.9	10.8	20.2	3.2	1.2	1.0	5.7	6.8	3.6	0.36	0.34	29	88	337
	-结实期		56.0	5.5	1.4	12.5	20.2	4.4	2.4	2.0	7.2	7.7	3.3	0.33	0.30	31	123	363
	-枯草期		24.6	3.7	1.4	25.0	39.0	6.3	1.6	4.1	14.1	13.2	4.9	0.49	0.37	14	9	8
35	禾草-杂类草																	
	-伸夏	科不多省布尔干、音德尔图	59.1	5.1	1.3	9.5	19.2	5.8				6.9	3.4	0.34	0.32	33		
	-抽穗期		67.5	4.1	0.9	6.7	16.8	4.0				5.5	3.2	0.32	0.25	24		
	-开花期		54.8	6.2	1.5	10.6	20.2	6.7				7.6	3.8	0.38	0.35	42		
	-结实期		54.9	5.1	1.4	11.3	20.6	6.7				7.5	3.7	0.37	0.36	35		

序号	草场类型/饲草料种类	采样地点	化学成分（%） 水分	粗蛋白	粗脂肪	粗纤维	无氮浸出物	粗灰分	总糖	淀粉	木质素	总能（MJ）	1kg鲜草/干草 代谢能（MJ）	效能单位	燕麦单位	可消化蛋白（g）	胡萝卜素（mg）	维生素C（mg）
36	禾草-石蕊-结实期	查干乌拉希希格图	53.7	2.8	0.9	14.0	26.0	2.6				7.8	3.9	0.39	0.30	7		
	禾草-杂类草-苔草																	
37	-6月	前杭爱省乌英嘎希那干布朗	60.1	4.6	1.5	10.6	20.4	2.8				6.9	4.4	0.44	0.41	35		
	-8月		60.1	4.1	1.7	9.5	21.0	3.6				6.8	4.2	0.42	0.39	29		
	羊草																	
38	-返青期	仁钦勒浑布伊和塔米尔	49.8	7.3	0.9	10.8	28.0	3.2	2.5	2.2	8.7	9.0	4.1	0.41	0.40	43		
	-开花期		60.6	5.8	1.2	11.6	18.0	2.7	1.6	6.6	6.2	7.2	3.5	0.35	0.33	39		
	-结实期		59.1	3.1	1.5	13.3	20.3	2.7	2.5	8.3	6.7	7.3	3.8	0.38	0.35	21		
	-秋枯期		38.6	4.4	2.1	22.8	28.4	3.7	2.7	4.4	7.6	11.7	4.5	0.45	0.40	32		
	-春枯期		23.4	4.5	1.2	24.8	41.0	5.1	3.1	4.7	9.8	13.4	4.2	0.42	0.37	17		
	羊草-小禾草																	
39	-返青期	阿拉格额尔德尼、阿日朱日和	56.6	2.2	1.0	10.7	27.2	2.9	3.4	2.0	3.8	7.6	4.5	0.45	0.44	17	75	49
	-开花期		56.6	2.2	1.0	11.8	25.9	2.5	2.5	1.8		7.7	4.4	0.44	0.44	17	77	431
	-结实期		48.3	6.7	1.9	10.7	29.2	3.2	6.1	2.3	7.6	9.5	5.5	0.55	0.46	50	84	496
	-枯草期		22.1	5.4	1.7	27.2	37.1	6.5	3.5	4.2	8.0	13.5	4.9	0.49	0.36	20	2	10

序号	草场类型/饲草料种类	采样地点	化学成分（%）									1 kg鲜草/干草						
			水分	粗蛋白	粗脂肪	粗纤维	无氮浸出物	粗灰分	总糖	淀粉	木质素	总能（MJ）	代谢能（MJ）	效能单位	燕麦单位	可消化蛋白（g）	胡萝卜素（mg）	维生素C（mg）
40	针茅-冷蒿-结实期	陶森青格勒阿克图阿木	52.0	4.5	1.5	12.8	25.9	3.3				8.2	3.9	0.39	0.32	29		
41	针茅-羊茅-枯草期	乌兰乌拉	24.0	3.1	1.1	22.7	42.8	6.3				13.3	4.2	0.42	0.32	13		
42	针茅-隐子草 -返青期	库苏古尔省陶森青格勒	54.8	6.2	1.3	9.3	24.0	4.4	2.9	1.2	4.2	5.8	4.5	0.45	0.46	47	136	39
	-开花期		53.2	6.0	1.3	14.5	21.8	3.2	3.4	1.8	7.0	4.8	4.4	0.44	0.39	42	159	416
	-结实期		53.5	5.3	1.4	16.1	20.8	3.0	4.8	2.1	8.7	8.4	4.3	0.43	0.39	40	123	139
	-枯草期		23.3	3.3	1.4	27.1	40.0	4.9	2.2	4.8	8.9	13.4	4.5	0.45	0.39	12		8
43	针茅-苔草-委陵菜-结实期	仁钦勒洋布浩敦高勒	48.0	3.6	1.4	11.8	32.0	3.2				8.8	4.7	0.47	0.42	27		
44	针茅-隐子草-杂类草 -返青期	仁钦勒洋布	64.8	5.1	0.4	6.3	21.2	2.2	2.2	1.5	3.3	6.3	2.9	0.29	0.29	30	45	29
	-开花期	胡日庆塔拉	54.9	6.4	1.1	13.4	20.2	4.0	3.5	1.4	8.9	8.2	3.0	0.30	0.22	43		
	-结实期		51.7	5.7	1.4	15.2	22.9	3.1	2.8	2.0	9.1	8.7	4.4	0.44	0.40	39	118	268
	-枯草期		25.6	2.9	0.7	25.3	38.4	7.4	2.5	3.9	9.8	12.4	4.8	0.48	0.38	11		9

序号	草场类型/饲草料种类	采样地点	水分	粗蛋白	粗脂肪	粗纤维	无氮浸出物	粗灰分	总糖	淀粉	木质素	总能(MJ)	代谢能(MJ)	效能单位	燕麦单位	可消化蛋白(g)	胡萝卜素(mg)	维生素C(mg)
						化学成分（%）							1 kg鲜草/干草						
45	针茅 -开花期	仁钦勒海布伊和图亭阿日	60.6	5.8	1.2	11.6	18.4	2.7	1.6	6.6	6.2	7.2	3.5	0.35	0.33	30	67	169
	-结实期		59.1	3.1	1.5	13.3	20.3	2.7	2.5	8.3	6.7	7.3	3.8	0.38	0.35	21	120	270
	-秋枯期		38.6	4.4	2.1	22.8	28.4	3.7	2.7	4.4	7.6	11.1	5.5	0.55	0.37	32	110	261
	-春枯期		23.4	4.5	1.2	24.8	41.0	5.1	3.1	4.7	9.8	13.4	5.2	0.52	0.37	18	8	7
46	蒿类-杂类草-禾草 -枯草期	乌兰乌拉	24.0	2.9	1.0	25.1	40.3	6.7				12.8	3.9	0.39	0.30	5		
47	细柄茅-高草 -结实期	仁钦勒海布浩格日斤高勒	51.3	2.5	1.1	12.6	29.9	2.6				8.4	4.8	0.48	0.42	16		
48	细柄茅-苔草 -结实期	乌兰乌拉	51.6	2.9	1.4	11.6	28.3	4.2				8.4	4.0	0.40	0.36	12	46	30.0
	-枯草期		24.0	3.4	1.3	18.8	45.1	7.4				12.6	4.4	0.44	0.38	16		
49	落叶松-杂类草 -结实期	仁钦勒海布浩格日高	49.7	3.9	1.1	9.7	31.5	4.1				8.3	3.9	0.39	0.36	29		
（二）森林草原带																		
50	中央省 冷蒿-旱熟禾-苔草 -结实期	扎布嘎朗特布勒和	46.3	5.0	1.8	15.1	27.1	4.7				9.3	4.8	0.48	0.40	30		

序号	草场类型/饲草料种类	采样地点	化学成分（%）										1 kg鲜草/干草						
			水分	粗蛋白	粗脂肪	粗纤维	无氮浸出物	粗灰分	总糖	淀粉	木质素	总能（MJ）	代谢能（MJ）	效能单位	燕麦单位	可消化蛋白（g）	胡萝卜素（mg）	维生素C（mg）
51	冷蒿-早熟禾-针茅-冬枯期	扎尔嘎朗特扎拉	18.9	2.9	2.6	28.7	38.7	8.2				13.6	4.9	0.49	0.25	10		
52	冷蒿-小禾草-苔草-结实期	额尔敦特乌兰陶勒盖	68.4	4.8	0.8	9.4	13.6	3.0	2.0	1.0		5.6	3.2	0.32	0.28	24		
53	杂类草-开花期	后杭爱省图布希如勒呼	69.9	3.3	0.5	6.0	18.2	2.1	1.7	0.9	4.2	5.3	3.6	0.36	0.28	22	40	562
54	杂类草-羊茅-仲夏	后杭爱省图布希如勒呼	47.7	5.0	1.4	18.1	24.1	3.7				8.2	4.2	0.42	0.32	30		
	-开花期		48.0	5.5	1.4	18.6	22.7	3.8				8.3	4.1	0.41	0.31	32		
55	杂类草-豆科-结实期	中央省乌科塔布尔阿日朱日和	76.5	3.5	0.7	6.3	11.0	2.0	1.8	0.9		4.2	2.2	0.22	0.23	20		
56	杂类草-豆科-禾草-结实期	中央省宝日淖尔大板阿日	66.3	4.7	2.0	7.8	16.0	3.2	2.1	1.4		6.2	3.3	0.33	0.33	27		

序号	草场类型/饲草料种类	采样地点	化学成分（%）									1 kg 鲜草/干草						
			水分	粗蛋白	粗脂肪	粗纤维	无氮浸出物	粗灰分	总糖	淀粉	木质素	总能（MJ）	代谢能（MJ）	效能单位	燕麦单位	可消化蛋白（g）	胡萝卜素（mg）	维生素C（mg）
	杂类草-禾草 -仲夏	后杭爱省图布希如勒呼	67.0	5.9	0.9	7.8	15.3	3.1				5.9	2.8	0.28	0.27	38		
	-花期前		67.2	6.4	0.9	7.4	15.1	3.0				5.8	3.0	0.30	0.29	45		
	-开花期		64.4	5.2	1.0	8.5	17.7	3.2				6.3	2.6	0.26	0.24	29		
	杂类草-禾草 -开花期	色楞格省都刚洪格尔日，都刚洪格尔	52.8	5.0	1.5	12.8	25.1	2.8	1.4	2.0	8.0	8.1	4.1	0.41	0.34	36	27	
	杂类草-禾草	中央省巴特苏木布尔																
	杂类草-禾草 -返青期	木布尔	72.1	4.9	0.7	7.0	13.3	2.0	1.7	0.9	3.0	5.1	2.2	0.22	0.19	39	25	
	-结实期	萦格诺诺尔	71.2	3.4	1.0	10.1	12.0	2.3	2.7	0.6	2.8	5.2	2.2	0.22	0.19	20	20	
57	杂类草-禾草 -结实期	中央省扎尔朗特、都刚白查	52.4	6.8	1.6	11.6	22.7	4.9	2.9	2.6		8.4	3.7	0.37	0.33	40		
	杂类草-禾草 -结实期	中央省帕尔尔提赞、那林阿木	62.8	6.9	1.0	10.4	15.6	3.3	3.2	2.2		6.7	3.2	0.32	0.30	53		
	杂类草-禾草 -结实期	中央省扎尔嘎朗特、那林格尔	47.6	4.3	1.2	16.8	26.7	3.4				9.2	4.8	0.48	0.35	27		
	杂类草-禾草 -枯草期	奈热木达勒胡尔齐	33.8	5.4	1.4	17.6	37.9	3.9				11.6	6.1	0.61	0.49	31		

序号	草场类型/饲草料种类	采样地点	化学成分（%）									1 kg鲜草/干草						
			水分	粗蛋白	粗脂肪	粗纤维	无氮浸出物	粗灰分	总糖	淀粉	木质素	总能（MJ）	代谢能（MJ）	效能单位	燕麦单位	可消化蛋白（g）	胡萝卜素（mg）	维生素C（mg）
58	杂类草-禾草-豆科																	
	- 仲夏	中央省巴特苏木布尔、巴彦高勒	73.2	3.4	0.8	5.7	14.4	2.5				6.2	2.6	0.26	0.27	22		
	- 开花期		71.0	4.0	1.1	5.6	15.8	2.5				6.5	3.2	0.32	0.31	30		
	- 结实期		75.5	2.7	0.6	5.8	12.9	2.5				4.2	2.4	0.24	0.23	15		
	杂类草-禾草-豆科 - 结实期	色楞格省宗哈拉东哈拉夏日淖海	76.2	4.0	0.6	6.1	10.6	2.5	8.6	7.1		4.0	2.5	0.25	0.24	23		
	杂类草-禾草-豆科 - 结实期	中央省扎尔嘎朗特	66.0	4.8	0.9	8.6	16.9	2.8	2.1	1.5		6.1	3.1	0.31	0.30	37		
	杂类草-禾草-豆科 - 开花期	中央省扎尔嘎朗特、布勒和	48.0	5.0	1.4	17.4	24.6	3.5				9.1	4.6	0.46	0.34	34		
	杂类草-禾草-豆科 - 结实期	色楞格省宗哈拉、乌兰毕鲁特	67.4	5.1	1.2	8.9	14.1	3.3	2.2	1		5.9	3	0.3	0.27	39		

序号	草场类型/饲草料种类	采样地点	化学成分（%）									1 kg鲜草/干草						
			水分	粗蛋白	粗脂肪	粗纤维	无氮浸出物	粗灰分	总糖	淀粉	木质素	总能（MJ）	代谢能（MJ）	效能单位	燕麦单位	可消化蛋白（g）	胡萝卜素（mg）	维生素C（mg）
	杂类草-禾草-苔草草甸																	
	- 仲夏	中央省巴特苏木布尔、索格诺格尔	66.3	5.1	0.9	7.6	17.1	3.0				6.0	3.1	0.31	0.30	38	34	
	- 开花初期		67.4	4.8	0.8	7.6	16.4	3.0				5.8	3.2	0.32	0.31	39	35	
	- 开花期		66.5	5.1	1.0	7.1	17.1	3.2				5.9	3.1	0.31	0.29	25	37	
	- 结实期		61.6	6.8	0.9	8.1	20.0	2.6				7.0	3.6	0.36	0.36	52	34	
	- 枯草初期		46.8	5.8	1.6	15.9	25.5	4.4				9.4	3.1	0.31	0.19	21	29	
	- 枯草期		13.4	5.1	1.4	18.4	44.9	6.8				13.1	3.6	0.36	0.23	18		
59	杂类草-禾草-苔草 - 结实期	中央省巴特苏木布尔、浑查勒勤	70.0	4.2	1.2	7.8	14.2	2.6	2.1	0.9		5.4	2.8	0.28	0.24	32	19	15
	杂类草-禾草-苔草 - 结实期	中央省宝日淖尔、赛罕阿日	73.3	5.6	0.6	7.5	10.9	1.9	1.8	1.5		4.9	2.6	0.26	0.23	43	57	18
	杂类草-禾草-苔草 - 结实期	色楞格省宗哈拉、呼和毕录特	62	8.2	1.1	10.5	14.5	3.7	2.1	1.7		6.8	3.5	0.35	0.31	63	28	47
	杂类草-禾草-苔草 - 开花期	中央省扎尔嘎朗特、昌图阿木	47.5	5.1	1.2	18.6	23.8	3.8				9.2	4.6	0.46	0.32	27		

序号	草场类型/饲草料种类类	采样地点	化学成分（%）									1 kg鲜草/干草						
			水分	粗蛋白	粗脂肪	粗纤维	无氮浸出物	粗灰分	总糖	淀粉	木质素	总能（MJ）	代谢能（MJ）	效能单位	燕麦单位	可消化蛋白（g）	胡萝卜素（mg）	维生素C（mg）
60	杂类草-苔草-结实期	泽勒特、沃格莫尔	64.5	4.2	1.1	8.8	19	2.4				6.3	3	0.3	0.28	26		
	杂类草-苔草-结实期	中央省宝日淖尔、赛罕阿日	68.8	5.4	1	7.8	14.7	2.3	1.6	1.1		4.9	3	0.29	0.28	41	36	16
	杂类草-苔草-禾草-结实期	色楞格省阿拉坦布拉格、彦布拉格	78.1	3.2	0.6	6.2	10.7	1.2	2.3	1		4	2	0.2	0.19	24	15	
61	杂类草-苔草-禾草-开花期	色楞格省胡德日、乌亚勒嘎、查干诺嘎	57.9	4.8	1.4	11.3	21.7	2.9	1.3	3.3	8.8	7.2	3.8	0.38	0.33	23		
62	杂类草-小禾草-针茅-结实期	泽勒特、舒仁高勒	48.1	7	1	15.5	25.1	3.2				9.2	4.6	0.46	0.36	45		
63	杂类草-小禾草-羊草-结实期	泽勒特、舒仁高勒	42	7.5	2	15.5	29.9	3.1				10.1	5.2	0.52	0.44	49		
64	杂类草-羊草-秋枯期	泽勒特、襄嘎	37.1	3.5	1.1	23.1	31.4	3.8				10.8	5.8	0.58	0.41	20		

序号	草场类型/饲草料种类	采样地点	化学成分（%）										1 kg 鲜草/干草						
			水分	粗蛋白	粗脂肪	粗纤维	无氮浸出物	粗灰分	总糖	淀粉	木质素	总能（MJ）	代谢能（MJ）	效能单位	燕麦单位	可消化蛋白（g）	胡萝卜素（mg）	维生素C（mg）
65	杂类草-针茅-羊草-冬枯期	泽勒特、杜刚道布	31.1	6.2	1.6	22.6	30.8	7.7				11.5	5	0.5	0.32	28		
66	杂类草-针茅-开花期	泽勒特、杜刚道布	60	3.8	1	10.4	22.6	2.2				6.8	3.9	0.39	0.36	29		
	杂类草-针茅-开花期	后杭爱省图布希如勒呼	51.8	4.7	1.2	9.9	29.6	2.8	2.5	0.6		8.7	4.4	0.44	0.35	31	118	113
67	早熟禾-杂类草-开花期	后杭爱省图布希如勒呼	56.7	4.0	1.4	10.3	25.9	1.7	3.0	1.0	2.7	8.0	4.8	0.48	0.45	30		
	早熟禾-杂类草-枯草初期		26.3	5.9	1.8	25.1	33.1	7.8				12.6	5.7	0.57	0.45	37		
	早熟禾-杂类草-枯草期		27.6	4.8	1.9	23.2	38.0	4.5				12.8	5.0	0.50	0.35	18		
	早熟禾-杂类草-开花期	中央省巴特苏木布尔	61	4.0	1.0	11.3	21.0	1.7				7.4	3.9	0.39	0.42	30	126	
68	早熟禾-羊草-锦鸡儿-苔草-春枯期	扎尔嘎朗特、扎格达勒	18.7	3.8	1.4	27.8	42.5	5.8				13.8	5.5	0.55	0.33	13		
69	早熟禾-羊草-冷蒿-秋枯期	扎尔嘎朗特、扎格达勒	15.6	2.9	1.5	29.4	44.9	5.7				14.3	8.4	0.84	0.62	15		

序号	草场类型/饲草料种类	采样地点	化学成分（%）									1 kg鲜草/干草						
			水分	粗蛋白	粗脂肪	粗纤维	无氮浸出物	粗灰分	总糖	淀粉	木质素	总能（MJ）	代谢能（MJ）	效能单位	燕麦单位	可消化蛋白（g）	胡萝卜素（mg）	维生素C（mg）
70	豆科-杂类草-禾草-开花期	色楞格省胡德日、甘其毛都恩格尔	56.9	5	1.5	10.8	23.3	2.5	3.1	1.8	8.1	7.5	4	0.4	0.36	37	36	
71	苔草-旱羊禾-杂类草	中央省车勒苏木、特勒																
	-仲夏		50.3	3.1	0.9	14.9	27.8	3.0				8.8	5.1	0.51	0.47	22		
	-返青期		55.0	3.5	0.8	13.2	23.8	3.7				6.7	4.9	0.49	0.48	29		
	-抽穗期		55.0	3.2	0.8	13.2	25.3	2.5				8.0	5.1	0.51	0.50	27		
	-开花期		50.0	3.7	1.2	13.7	29.2	2.2	1.7	1.2	2.3	9.0	5.5	0.55	0.47	22		
	-枯草初期		41.0	2.1	0.7	19.6	32.9	3.7				10.2	4.9	0.49	0.46	13		
	-枯草中期		20.0	2.5	1.3	26.6	43.7	5.9				13.7	4.8	0.48	0.32	4		
	-11月		20.0	2.7	2.0	27.6	44.4	3.3				14.3	4.9	0.49	0.33	5		
	-1月		20.0	2.0	1.2	26.9	44.6	5.3				13.8	4.8	0.48	0.33	4		
	-4月		20.0	2.7	0.8	25.2	42.1	9.2				13.1	4.6	0.46	0.31	5		
	苔草-旱羊禾-杂类草	中央省巴巴特木布尔	55.1	3.7	1.3	12.4	25.5	2.0				8.6	4.5	0.45	0.43	22	138	
72	冰草-隐子草-冬枯期	泽勒特、宝日柏勒其日	31.3	3.4	1.3	20.7	38.3	5.0				11.7	4.1	0.41	0.25	14		

序号	草场类型/饲草料种类	采样地点	化学成分（%）									1 kg鲜草/干草						
			水分	粗蛋白	粗脂肪	粗纤维	无氮浸出物	粗灰分	总糖	淀粉	木质素	总能（MJ）	代谢能（MJ）	效能单位	燕麦单位	可消化蛋白（g）	胡萝卜素（mg）	维生素C（mg）
	小禾草-杂类草																	
	- 仲夏		46.7	5.6	1.5	17.2	25.5	3.5				9.6	5.2	0.52	0.45	42		
73	- 返青期	泽勒特、宝日柏勒其日	52.5	5.1	1.1	16.3	21.1	3.9				8.4	5.0	0.50	0.47	43		
	- 结实期		41.0	6.1	1.9	18.1	29.8	3.1				10.8	5.9	0.59	0.46	36		
	- 枯草期		34.0	4.9	2.3	21.8	32.9	4.1				11.9	5.6	0.56	0.37	22		
	- 冬枯期		21.0	6.1	2.3	27.1	37.7	5.8				14.0	5.4	0.54	0.36	23		
	小禾草-杂类草 - 枯草期	奈热木达勒、浩尧布拉格	39.5	4.2	1.3	28.6	28.2	4.2				10.4	5.5	0.55	0.38	26		
74	小禾草-杂类草 - 结实期	中央省巴特苏木布尔、登恩格尔	53.2	6.2	1.7	14.8	20.5	3.6	2.9	1.0		8.5	4.4	0.44	0.34	45		
75	小禾草-羊茅 - 枯草期	泽勒特、奥伦布拉格	50.0	2.8	0.9	14.7	27.6	4.0				8.5	4.6	0.46	0.35	17	43	
76	小禾草-针茅 - 秋枯期	泽勒特、浩仁丁阿达格	22.8	3.6	1.9	28.6	38.7	4.4				13.4	7	0.7	0.49	19		24

序号	草场类型/饲草料种类	采样地点	化学成分（%）										1kg鲜草/干草					
			水分	粗蛋白	粗脂肪	粗纤维	无氮浸出物	粗灰分	总糖	淀粉	木质素	总能（MJ）	代谢能（MJ）	效能单位	燕麦单位	可消化蛋白（g）	胡萝卜素（mg）	维生素C（mg）
	苔草 - 杂类草																	
	- 仲夏	宗哈拉、特默特洪和尔	57.6	3.8	1.0	11.5	22.4	3.7				7.0	2.9	0.29	0.23	19		
	- 开花期		60.4	4.0	0.9	8.6	22.6	3.5				6.9	2.8	0.28	0.21	20		
	- 结实期		55.7	3.6	1.1	13.4	22.2	4.0				7.7	2.7	0.27	0.24	18		
	- 枯草期		20.3	3.7	1.1	26.6	42.9	5.4				13.8	3.1	0.3	0.19	13		
	苔草 - 杂类草																	
	- 返青期	中央省巴特苏木布尔、浑查勒	64.2	3.2	0.7	8.8	20.1	3.0	1.3	0.3	3.5	6.2	2.5	0.24	0.24	16	69	226
	- 开花期		58.8	4.0	1.4	10.6	21.8	3.4	2.4	0.8	4.0	7.3	2.9	0.25	0.28	20	132	371
	- 结实期		54.4	4.5	1.4	13.6	22.7	3.5	2.0	0.9	6.5	8.1	3.2	0.32	0.26	23	73	88
	- 枯草期		31.7	5.2	1.6	19.1	36.2	6.2	2.0	1.9	10.7	11.8	4.8	0.48	0.38	29	15	90
	- 秋枯期		30.3	3.3	1.9	19.7	38.4	6.4	3.2	1.6	7.8	12.0	4.9	0.45	0.39	18	19	44
	- 冬枯期		25.9	2.8	1.1	21.7	42.1	6.4	1.2	3.6	10.7	12.6	3.6	0.36	0.21	10	8	6
77	苔草 - 杂类草 - 结实期	中央省帕尔德赞、哈朗阿日	54.4	6.2	1.5	7.8	25.6	4.5	3	1.8		8	3.4	0.34	0.32	31	50	30

序号	草场类型/饲草料种类	采样地点	化学成分（%）										1 kg 鲜草/干草					
			水分	粗蛋白	粗脂肪	粗纤维	无氮浸出物	粗灰分	总糖	淀粉	木质素	总能（MJ）	代谢能（MJ）	效能单位	燕麦单位	可消化蛋白（g）	胡萝卜素（mg）	维生素C（mg）
78	苔草-杂类草-禾草-结实期	色楞格省胡德日、那林谷地	72.4	3.2	2.1	6.3	13.1	2.9				4.8	3.2	0.32	0.3	16		
	苔草-杂类草-禾草-结实期	色楞格省胡德日、布拉格泰	64.9	4.2	0.9	8.7	18.3	3.0				5.9	3.5	0.35	0.31	33		
	苔草-杂类草-禾草-结实期	色楞格省胡德日、甘其毛都恩格尔	40	8.4	1.9	12.6	32.9	4.2				10.4	4.2	0.42	0.35	44	24	
79	苔草-豆科-结实期	色楞格省胡德日、巴德拉呼道布	64.9	3.3	0.8	6.8	21.5	2.7				5.9	3.5	0.35	0.33	19		
80	苔草-羊草 -返青期	布尔干省鄂尔浑、色楞阿达格	64.3	5.1	0.8	7.8	18.8	3.2	2.8	0.8	5.5	6.3	2.9	0.29	0.25	41	14	80
	-开花期		66.5	4.5	1.0	10.4	14.0	3.6	1.2	1.0	5.8	5.8	2.2	0.22	0.20	23	94	745
	-结实期		59.7	4.5	1.5	10.9	19.0	4.4	3.9	0.9	6.1	6.1	2.6	0.26	0.23	23	119	360
	-枯草期		28.3	4.2	1.1	22.6	35.9	7.9	2.3	3.4	7.8	7.8	3.6	0.36	0.20	15	1	4
81	苔草-禾草-杂类草-结实期	中央省巴特苏木布尔、布日嘎勒泰	65.5	5.7	1.1	9	16.2	2.5	2.9	2.4		6.3	3.9	0.39	0.32	43		

序号	草场类型/饲草料种类	采样地点	水分	化学成分（%）								1 kg 鲜草/干草						
				粗蛋白	粗脂肪	粗纤维	无氮浸出物	粗灰分	总糖	淀粉	木质素	总能（MJ）	代谢能（MJ）	效能单位	燕麦单位	可消化蛋白（g）	胡萝卜素（mg）	维生素C（mg）
81	莎草-禾草-杂类草-结实期	色楞格省胡德日、乌亚勒嘎、色润登苦	62.1	4.5	1.5	9.9	19.6	2.4				6.6	3.7	0.37	0.32	23	26	
	莎草-禾草-杂类草-结实期	胡德日、乌亚勒嘎、敦德达巴	61.6	5.9	1	9.1	18.8	3.6				6.5	3.8	0.38	0.35	46		
	莎草-禾草-杂类草-结实期	胡德日、乌亚勒嘎、希巴日泰道布	67.5	3.5	0.9	7.7	18.2	2.2				5.5	3.2	0.32	0.29	17		
82	莎草-结实期	中央省帕尔提赞、莫和林阿木	60.8	4.4	1.1	11.2	18.6	3.9	1.6	1.7		6.8	3.8	0.38	0.23	22		
83	禾草-杂类草 -返青期	布尔干省鄂尔浑、西蒙桂图	65.2	2.0	0.8	7.3	21.9	2.8	3.2	1.5	7.0	6.0	3.3	0.33	0.33	16	40	31
	-开花期		56.4	6.2	1.6	13.8	17.3	4.7	2.8	11.2	8.2	8.1	4.0	0.40	0.38	53		
	-结实期		42.1	6.2	1.7	14.6	29.4	6.0	3.2	8.7	9.6	10.0	4.9	0.49	0.45	48	100	114
	-枯草期		21.2	4.2	2.9	24.6	36.6	10.5	1.8	5.0	11.6	13.1	3.6	0.36	0.26	16	22	10

序号	草场类型/饲草料种类	采样地点	化学成分（%）										代谢能（MJ）	1 kg鲜草/干草				
			水分	粗蛋白	粗脂肪	粗纤维	无氮浸出物	粗灰分	总糖	淀粉	木质素	总能（MJ）		效能单位（MJ）	燕麦单位	可消化蛋白（g）	胡萝卜素（mg）	维生素C（mg）
83	禾草-杂类草																	
	- 开花期	高山草原	64.0	3.2	1.0	9.1	19.5	3.2	2.2	1.3	3.4	6.3	3.4	0.34	0.33	22		
	- 结实期		54.8	4.2	0.8	11.1	25.7	3.4				7.5	4.7	0.47	0.45	31		
	- 枯草初期		15.5	7.7	2.1	22.6	46.7	5.4				15.1	5.3	0.53	0.44	50		
	- 枯草期		24.9	4.4	1.8	28.5	35.5	4.9				12.8	5.0	0.50	0.40	29		
	禾草-杂类草																	
	- 仲夏	谷地	55.1	5.3	1.4	10.9	24.2	3.1				8.1	4.1	0.41	0.38	42		
	- 开花期		64.1	6.1	2.0	7.6	17.8	2.4				6.7	3.6	0.36	0.35	53		
	- 结实期		55.8	4.8	0.9	11.6	24.3	3.1				7.9	3.9	0.39	0.37	37		
	- 枯草初期		45.6	5.1	1.4	13.7	30.4	3.8				9.6	5.2	0.52	0.44	39		
	- 枯草中期		18.2	4.9	1.8	29.7	40.1	5.3				14.7	4.8	0.48	0.26	19		
	-11月		18.9	4.4	2.1	31.0	38.0	5.6				14.3	4.9	0.49	0.30	20		
	-4月		17.6	5.5	1.4	28.4	42.1	5.0				14.5	4.4	0.44	0.22	19		
	禾草-杂类草																	
	- 仲夏	草甸	65.9	5.0	1.0	7.9	17.4	2.8				6.1	3.2	0.32	0.31	36		
	- 开花期		64.6	5.2	0.9	8.0	18.7	2.6				6.4	3.5	0.35	0.34	37		
	- 结实期		72.2	4.0	1.6	7.3	11.6	3.3				5.0	3.0	0.39	0.23	30		
	- 枯草初期		47.1	6.4	1.8	15.3	25.9	3.5				9.6	4.9	0.49	0.39	49		
	- 枯草期		17.4	6.9	0.8	27.6	41.3	6.0				14.6	4.3	0.43	0.22	23		

序号	草场类型/饲草料种类	采样地点	化学成分 (%)									1kg鲜草/干草						
			水分	粗蛋白	粗脂肪	粗纤维	无氮浸出物	粗灰分	总糖	淀粉	木质素	总能(MJ)	代谢能(MJ)	效能单位	燕麦单位	可消化蛋白(g)	胡萝卜素(mg)	维生素C(mg)
83	禾草-杂类草																	
	- 返青期	中央省巴特苏木布尔、索格诺格尔	64.0	3.4	0.8	8.6	20.2	3.0	2.9	5.4	2.9	6.3	3.3	0.33	0.33	33	68	200
	- 开花期		75.9	3.0	0.6	5.9	12.4	2.2	1.5	0.6	2.1	4.2	2.3	0.23	0.26	26	51	345
	- 结实期		60.9	3.8	1.1	9.2	21.9	3.1	3.0	0.7	3.5	6.9	3.6	0.36	0.34	24	49	220
	- 枯草初期		31.5	4.8	1.5	18.5	38.6	5.1	2.2	1.9	7.8	12.0	5.2	0.52	0.43	37	13	18
	- 秋枯期		25.6	4.5	1.6	20.9	42.3	5.1	2.1	2.1	8.3	13.1	5.0	0.50	0.28	16	15	13
	- 春枯期		24.6	2.8	0.9	23.6	42.7	5.4	2.3	2.1	9.4	12.9	3.8	0.38	0.25	11	7	7
	禾草-杂类草-枯草初期	奈热木达勒、朝日其	32.6	4.7	1.4	24.5	32.2	4.6				11.6	6.2	0.62	0.43	29		
	禾草-杂类草-冬枯草期	吉日嘎郎图、夏日曼合	19.0	4.4	1.6	25.9	43.7	5.4				13.9	5.1	0.51	0.31	14		
	禾草-杂类草-春枯草期	泽勒特、宝日柏勒其日	20.9	4.0	1.8	29.9	36.8	6.6				13.4	5.3	0.53	0.28	15		
	禾草-杂类草-结实期	中央省巴特苏木布尔、浑查勒	65.2	5.5	0.9	11.9	14.6	1.9	2.1	1.0		6.4	3.3	0.33	0.28	42	25	16

序号	草场类型/饲草料种类	采样地点	化学成分（%） 水分	粗蛋白	粗脂肪	粗纤维	无氮浸出物	粗灰分	总糖	淀粉	木质素	总能（MJ）	代谢能（MJ）	1 kg鲜草/干草 效能单位	燕麦单位	可消化蛋白（g）	胡萝卜素（mg）	维生素C（mg）
83	禾草-杂类草-结实期	中央省帕尔额尔提嘎、莫和林阿木	44.5	8.3	1.9	14.6	26.2	4.5	2.1	1.7		10.0	4.5	0.45	0.41	61	41	29
	禾草-杂类草-结实期	色楞格省胡德日、查干诺嘎	48.9	5.5	1.3	14.2	26.4	3.7	2.0	1.3	7.0	8.7	4.8	0.48	0.38	32	18	
	禾草-杂类草-结实期	色楞格省胡德林高勒	61.6	5.5	1.6	9.1	19.3	2.9				5.7	3.8	0.38	0.34	43	29	
	禾草-杂类草-结实期	色楞格省胡德日、善德	58.0	5.8	1.3	10.3	20.2	4.5	1.9	1.4	7.6	7.0	3.9	0.39	0.35	44	24	
84	禾草-杂类草-豆科，草甸																	
	- 仲夏	色楞格省胡德日、善德	63.7	4.3	1.5	11.2	16.3	3.0				6.5	3.7	0.37	0.33	30		
	- 孕蕾期		73.0	3.7	1.0	8.1	11.9	2.3				4.9	3.1	0.31	0.25	27		
	- 开花期		68.3	5.2	1.2	7.6	15.0	2.7				5.8	4.2	0.42	0.32	41		
	- 结实期		55.8	3.8	1.9	15.5	19.4	3.6				7.9	4.1	0.41	0.30	20		
85	禾草-豆科-开花期	色楞格省胡德林高勒	65.8	3.6	1.0	8.4	18.9	2.3				5.8	3.2	0.32	0.30	21	22	

序号	草场类型/饲草料种类	采样地点	化学成分(%)									1 kg鲜草/干草						
			水分	粗蛋白	粗脂肪	粗纤维	无氮浸出物	粗灰分	总糖	淀粉	木质素	总能(MJ)	代谢能(MJ)	效能单位	燕麦单位	可消化蛋白(g)	胡萝卜素(mg)	维生素C(mg)
	禾草-豆科-杂类草-开花期	色楞格省胡德日、查干诺嘎	58.4	5.5	1.7	12.3	19.3	2.8				7.3	4.0	0.40	0.33	32	28	
86	禾草-豆科-杂类草-开花期	色楞格省胡德日、乌亚勒斤霍雏	65.9	3.2	1.1	6.4	20.6	2.8	1.6	1.2	7.2	5.7	3.3	0.33	0.31	19	14	
	禾草-豆科-杂类草-结实期	中央省帕尔提赞	62.8	6.9	1.0	10.4	15.6	3.3	3.2	2.1		6.7	3.2	0.32	0.30	53	34	22
87	禾草-苔草-结实期	色楞格省西哈拉、巴彦高勒	55.7	4.4	1.5	13.2	22	3.2	3.6	2.4		7.9	3.8	0.38	0.35	33	48	21
	禾草-苔草-杂类草-开花期	色楞格省胡德日、霍雏	66.0	3.6	0.9	7.6	19.4	2.5				5.8	2.1	0.20	0.2	18		
88	禾草-苔草-杂类草-开花期	色楞格省胡德日、乌亚勒斤色润登苦	64.5	3.8	0.7	7.2	21.2	2.6				6.0	3.1	0.31	0.31	22		
89	禾草-苔草-豆科-开花期	色楞格省胡德日、甘其毛都恩格尔	65.4	4.0	1.2	7.2	19.8	2.4				6.0	3.1	0.31	0.31	29	12	

序号	草场类型/饲草料种类	采样地点	化学成分（%）									1 kg 鲜草/干草						
			水分	粗蛋白	粗脂肪	粗纤维	无氮浸出物	粗灰分	总糖	淀粉	木质素	总能（MJ）	代谢能（MJ）	效能单位	燕麦单位	可消化蛋白（g）	胡萝卜素（mg）	维生素C（mg）
90	禾草-锦鸡儿-结实期	色楞格省诺莫干，哈拉高勒谷地	72.8	3.8	0.7	8.7	12.5	1.5	1.8	0.7		5.0	2.5	0.25	0.23	29	28	13
	羊草-杂类草-结实期	中央省宝日淖尔	56.4	6.9	1.3	14.7	18.4	2.3	3.1	2.8		8.1	3.5	0.35	0.31	51	35	16
91	羊草-杂类草-结实期	色楞格省东哈拉，阿吉奈阿木	61.9	5.9	1.4	9.8	17.3	3.7	3.2	2.1		6.8	3.3	0.33	0.31	23	39	17
	羊草-杂类草-结实期	色楞格省诺莫干，哈拉高勒谷地	65.0	5.5	1.2	10.3	15.6	2.4	2.4	0.9		6.4	3.2	0.32	0.28	41	19	24
92	羊草-苔草-结实期	色楞格省红格尔，哈拉高勒谷地	60.9	5.1	1.3	12.2	17.5	3.0	3.3	2.2		7.1	4.1	0.41	0.35	43	28	28
93	羊草-旱熟禾-冷蒿-秋枯期	吉日嘎郎图、扎格达勒	33.1	4.1	1.3	24.4	32.9	4.2				11.6	6.6	0.66	0.48	21		
94	羊草-针茅-枯草期	奈热木达勒、德都浩赖	44.2	3.9	1.8	15.1	31.8	3.2				9.9	5.5	0.55	0.47	21		

序号	草场类型/饲草料种类	采样地点	化学成分（%）										1 kg鲜草/干草					
			水分	粗蛋白	粗脂肪	粗纤维	无氮浸出物	粗灰分	总糖	淀粉	木质素	总能（MJ）	代谢能（MJ）	效能单位	燕麦单位	可消化蛋白（g）	胡萝卜素（mg）	维生素C（mg）
95	羊草 - 针茅	布尔干省鄂尔浑、吉日嘎郎图阿木																
	- 返青期		51.7	7.3	1.1	12.7	23.4	3.8	1.4	3.6	7.9	10.7	4.4	0.44	0.44	54	88	364
	- 开花期		56.8	6.9	1.3	8.2	24.1	2.7	2.8	1.0	7.2	7.9	4.3	0.43	0.44	51	85	117
	- 结实期		45.7	6.8	2.2	13.8	27.8	3.7	6.0	1.4	9.8	9.9	5.4	0.54	0.53	50	96	108
	- 枯草期		25.7	4.8	2.3	23.2	38.4	5.6	3.9	4.1	11.5	11.4	4.7	0.47	0.35	18	4	10
96	羊草 - 针茅 - 锦鸡儿	色楞格省阿拉坦布拉格																
	- 结实期		60.0	4.3	1.2	11.9	19	3.6	1.7	1.2		7.0	3.5	0.35	0.32	33	25	14
	羊草 - 杂类草	中央省巴特苏木布尔、巴嘎拉泰高勒																
	- 返青期		62.0	3.0	1.1	9.0	22.0	2.9	2.2	0.5	3.1	6.7	4.5	0.45	0.39	23	69	146
	- 开花期		73.4	4.6	0.7	6.8	12.9	1.6	1.4	0.5	2.0	4.9	3.8	0.38	0.27	34	75	197
	- 结实期		60.9	4.6	1.3	7.7	22.4	3.1	2.1	1.2	3.2	7.0	4.1	0.41	0.25	35	38	188
	- 秋枯期		26.2	3.9	2.3	21.7	41.6	4.3	2.4	3.1	7.8	13.2	9.1	0.91	0.42	22	25	8
	- 春枯期		24.0	3.4	0.5	23.0	43.5	5.6	1.6	2.3	8.0	13.1	5.0	0.5	0.38	29	6	6
97	羊草 - 杂类草	中央省巴特苏木布尔、布日嘎拉泰																
	- 结实期		64.2	3.9	1.0	11.1	16.5	3.3	3.1	3.9		6.8	3.5	0.35	0.30	30	27	24
	- 枯草期		41.7	3.3	0.8	13.3	36.9	4.0	3.8	1.4	10.0	11.0	3.4	0.34	0.28	23	8	36
	羊草 - 杂类草	色楞格省西哈拉																
	- 结实期		57.5	7.7	1.0	13.3	17.4	3.1	4.9	1.3		7.7	3.5	0.35	0.33	59	26	23

序号	草场类型/饲草料种类	采样地点	化学成分（%）										1 kg 鲜草/干草					
			水分	粗蛋白	粗脂肪	粗纤维	无氮浸出物	粗灰分	总糖	淀粉	木质素	总能（MJ）	代谢能（MJ）	效能单位	燕麦单位	可消化蛋白（g）	胡萝卜素（mg）	维生素C（mg）
98	针茅 - 开花期	色楞格省胡德日、都刚红格尔	54.4	4.7	1.1	10.6	26.7	2.5				7.8	4.1	0.41	0.36	29		
99	针茅 - 冷蒿 - 早熟禾 - 返青期	中央省巴特苏木布尔、陶勒盖	56.1	4.8	1.7	12.6	21.1	3.7	3.0	1.2	4.5	9.6	4.7	0.47	0.43	36	74	246
	- 开花期		62.2	4.5	1.1	9.4	20.2	2.6	3.0	0.9	3.8	6.8	3.9	0.39	0.36	34	60	357
	- 结实期		48.7	5.4	1.4	14.0	26.2	4.3	3.8	1.0	6.2	9.0	4.9	0.49	0.39	35	54	176
	- 秋枯期		28.7	4.3	1.6	20.6	40.6	4.2	5.4	3.3	11.6	12.5	5.5	0.55	0.49	24	14	8
	- 春枯期		24.8	4.1	1.1	22.7	43.3	4.0	2.5	3.8	9.8	13.3	5.3	0.53	0.40	15	5	7
100	针茅 - 隐子草 - 杂类草 - 开花期	中央省巴特苏木布尔、陶勒盖	60.0	5.4	1.4	11.6	18.8	2.8				7.2	3.3	0.33	0.27	35		
	- 枯草初期		41.5	6.0	1.5	19.3	25.9	5.8				10.0	4.8	0.48	0.33	35		
	- 枯草期		17.9	4.3	2.7	28.4	41.5	5.2				14.4	4.6	0.46	0.22	15		
101	针茅 - 羊草 - 杂类草 - 结实期	色楞格省阿拉坦布拉格、乌兰日嘎苏	43.3	8.0	1.4	16.1	26.7	4.5	4.7	3.1		10.1	5.0	0.50	0.44	61	57	33

序号	草场类型/饲草料种类	采样地点	化学成分（%）									1 kg 鲜草/干草						
			水分	粗蛋白	粗脂肪	粗纤维	无氮浸出物	粗灰分	总糖	淀粉	木质素	总能（MJ）	代谢能（MJ）	效能单位	燕麦单位	可消化蛋白（g）	胡萝卜素（mg）	维生素C（mg）
102	针茅-羊草-锦鸡儿-结实期	色楞格省洪格尔、布日勒阿日木日	65.2	4.9	1.8	9.9	16.0	2.2	2.8	1.9		6.5	3.4	0.34	0.29	36	25	22
103	针茅-杂类草-结实期	中央省乌科塔布尔、阿日木日和	55.0	5.0	1.4	14.0	23.0	3.5	1.7	1.4		7.3	4.3	0.43	0.38	39	49	17
104	针茅-早熟禾-枯草初期	奈热木达勒、查灿	43.5	3.8	1.7	15.0	31.5	4.5				9.7	5.1	0.51	0.42	18		
105	针茅-早熟禾-蒿类-春枯期	扎尔嘎朗特、扎拉	19.8	2.5	1.1	28.7	42.5	5.4				13.5	5.4	0.54	0.31	8		
106	针茅-锦鸡儿-冬枯期	扎尔嘎朗特、扎格达勒	21.1	3.4	1.5	27.1	43.3	3.6				13.8	5.1	0.51	0.29	12		
107	苜蓿-禾草-杂类草-结实期	布尔干省额尔敦图、杭嘎林高勒	73.8	4.7	0.7	7.8	10.8	2.2	0.6	0.7		4.7	2.6	0.26	0.24	35	59	10
108	苜蓿-雀麦-草甸	中央省巴特苏木布尔、索格诺格尔																
	- 仲夏		69.2	4.6	0.9	8.7	14.1	2.5				5.6	2.9	0.29	0.26	33		
	- 开花期		68.4	5.2	0.8	9.4	13.8	2.4				5.7	3.0	0.30	0.25	43		
	- 结实期		70.0	4.1	0.9	8.0	14.4	2.6				5.3	2.8	0.28	0.27	24		
	- 枯草初期		30.0	4.8	1.4	28.7	30.9	4.2				12.4	4.1	0.41	0.19	18		
	- 枯草期		20.0	4.2	0.8	36.8	34.5	3.7				14.1	4.6	0.46	0.18	15		

序号	草场类型/饲草料种类	采样地点	化学成分（%）									1 kg 鲜草／干草						
			水分	粗蛋白	粗脂肪	粗纤维	无氮浸出物	粗灰分	总糖	淀粉	木质素	总能（MJ）	代谢能（MJ）	效能单位	燕麦单位	可消化蛋白（g）	胡萝卜素（mg）	维生素 C（mg）
109	芦苇-结实期	中央省巴特苏木布尔、索格尔诺格尔	26.5	5.8	0.9	25.6	33.5	7.7				12.3	4.5	0.45	0.26	30		
110	披碱草-仲夏	中央省巴特苏木布尔、索格尔诺格尔	72.0	3.9	0.7	9.5	11.5	2.4				5.0	2.6	0.26	0.26	31		
（三）草原区																		
111	杂类草-山韭-针茅-开花期	东方省乔尔伦	67.6	5.3	0.7	8.1	15.5	2.8	1.9	0.9		5.8	2.9	0.29	0.28	38	32	155
112	杂类草-禾草-开花期	中央省车勒	48.0	5.0	1.2	17.5	24.8	3.5				9.1	4.7	0.47	0.34	29		
	杂类草-禾草-枯草初期		34.5	4.0	1.4	23.2	32.6	4.3				11.3	5.1	0.51	0.33	9		
113	杂类草-针茅-开花期	东方省乔尔伦	61.7	4.8	1.6	12.9	16.6	2.4	2.6	1.8	5.7	7.1	3.2	0.32	0.29	31	41	195
114	早熟禾-针茅-杂类草	车勒苏木、草很乌哈	17.6	2.3	1.0	34.0	37.9	7.2				13.6	5.3	0.53	0.25	8		
115	羊茅-杂类草-冬枯期	车勒苏木、达布日哈斯靳大营地	18.8	2.6	0.9	25.6	44.8	7.3				13.4	5.4	0.54	0.34	9		

序号	草场类型/饲草料种类	采样地点	化学成分（%）									1 kg鲜草/干草						
			水分	粗蛋白	粗脂肪	粗纤维	无氮浸出物	粗灰分	总糖	淀粉	木质素	总能（MJ）	代谢能（MJ）	效能单位	燕麦单位	可消化蛋白（g）	胡萝卜素（mg）	维生素C（mg）
	羊茅-苔草-禾草	车勒苏木、达布日哈斯勒大营地																
	-仲夏		49.2	5.5	1.8	14.0	25.5	4.0				9.1	4.9	0.49	0.42	42		
116	-开花期		54.4	5.2	1.5	12.6	23.0	3.3				8.2	4.3	0.43	0.40	79		
	-结实期		41.8	5.9	2.4	16.1	29.7	5.1				10.1	5.4	0.54	0.46	64		
	-枯草期		9.6	5.0	1.8	29.1	48.5	6.0				15.8	3.9	0.39	0.18	18		
	麦麦草	中央省巴彦温都勒																
	-返青期		61.6	6.0	1.2	12.7	16.0	2.5	1.3	0.2	5.9	7.0	2.7	0.27	0.23	38	39	42
117	-开花期		58.8	5.9	1.9	9.8	21.2	2.4	1.6	0.6	6.8	7.7	3.5	0.35	0.35	38	90	344
	-结实期		51.6	5.2	1.2	12.7	27.8	1.5	1.3	0.3	5.8	9.0	3.4	0.34	0.30	31	93	93
	-春枯期		21.7	5.1	1.2	22.4	46.0	3.6	0.9	3.4	18.5	14.0	4.2	0.42	0.28	30	2	8
118	菊蒿-藜草-针茅-抽穗期		71.3	2.5	0.7	7.6	15.0	2.9				4.8	1.9	0.19	0.18	16		
	菊蒿-藜草-针茅-抽穗期	青特省温都尔汗	71.3	2.5	0.7	7.6	15.0	2.9				4.9	3.1	0.31	0.23	15	80	
119	菊蒿类-开花期	青特省温都尔汗	65.0	5.1	1.2	11.1	15.6	2.0	2.0	1.4	5.5	6.8	3.0	0.30	0.27	31	120	51

序号	草场类型/饲草料种类	采样地点	化学成分（%）										1 kg鲜草/干草					
			水分	粗蛋白	粗脂肪	粗纤维	无氮浸出物	粗灰分	总糖	淀粉	木质素	总能（MJ）	代谢能（MJ）	效能单位	燕麦单位	可消化蛋白（g）	胡萝卜素（mg）	维生素C（mg）
	禾草-杂类草																	
	- 开花期	车勒苏木	48.3	5.3	1.2	18.0	23.9	3.3				9.1	4.7	0.47	0.33	36		
	- 枯草初期		30.9	4.5	1.3	23.3	35.7	4.3				11.4	5.9	0.59	0.41	23		
	- 冬枯期		20.4	2.4	1.0	27.1	41.3	7.8				13.0	5.3	0.53	0.31	9		
	- 春枯期		17.2	2.9	1.2	33.9	36.7	8.1				13.6	5.3	0.53	0.24	10		
	禾草-杂类草																	
	- 返青期	苏赫巴托省森布尔	60.0	5.3	1.2	12.9	17.0	3.6	3.9	2.5	4.6	7.1	2.8	0.28	0.23	36	46	140
	- 开花期		65.1	6.3	1.1	11.0	14.0	2.5	3.4	1.7		9.8	3.2	0.32	0.24	38	93	322
	- 结实期		50.5	5.1	1.3	15.3	25.6	2.2	2.0	1.9	7.4	9.1	3.0	0.30	0.22	20	36	184
	- 枯草初期		32.3	4.9	1.1	20.0	39.3	2.4	1.3	2.5	12.3	12.2	4.9	0.49	0.35	20	22	33
120	禾草-杂类草																	
	- 开花期	中央省温都尔希热图	46.0	6.8	1.3	19.6	23.5	2.8				9.7	5.2	0.52	0.38	39		
	- 枯草初期		27.5	5.9	1.1	25.1	35.4	5.0				12.5	5.5	0.55	0.36	28		
	- 冬枯期		19.0	2.5	2.4	26.0	41.4	8.7				13.4	5.9	0.59	0.69	6		
	- 春枯期		21.8	3.0	1.4	23.6	41.2	9.0				12.7	6.1	0.61	0.44	8		

序号	草场类型/饲草料种种类	采样地点	化学成分（%）										1 kg鲜草/干草					
			水分	粗蛋白	粗脂肪	粗纤维	无氮浸出物	粗灰分	总糖	淀粉	木质素	总能（MJ）	代谢能（MJ）	效能单位	燕麦单位	可消化蛋白（g）	胡萝卜素（mg）	维生素C（mg）
121	禾草-锦鸡儿	中央省巴彦温朱勒																
	- 开花期		49.2	5.6	1.2	12.9	28.3	2.8	3.0	1.5	3.7	9.3	4.5	0.45	0.41	37	71	201
	- 结实期		49.5	5.5	1.3	14.1	29.1	3.5	2.7	1.7	4.9	9.0	4.4	0.44	0.42	36	58	112
	- 冬枯期		22.5	4.1	1.5	22.7	44.7	4.5	1.5	3.6	10.5	13.7	4.7	0.47	0.32	16	6	4
	- 春枯期		25.0	3.8	1.4	20.9	44.3	4.6	2.0	7.2	10.5	13.2	4.4	0.44	0.32	15	4	3
	隐子草-冷蒿																	
	- 开花期		58.8	6.1	1.2	8.3	23.1	2.5	2.4	2.7	5.2	7.6	3.6	0.36	0.37	43	76	159
	- 结实期		63.1	5.0	1.1	9.3	19.3	2.2	2.1	1.5	4.1	6.8	3.2	0.32	0.31	45	45	141
122	隐子草-冷蒿	青特省温都尔汗																
	- 仲夏		54.6	5.5	1.1	11.5	24.6	2.7				8.2	3.9	0.39	0.35	37	27	
	- 开花期		55.3	5.9	1.0	9.6	25.1	3.1				8.0	3.9	0.39	0.36	41	28	
	- 结实期		54.0	5.0	1.2	13.4	24.1	2.3				8.4	3.9	0.34	0.34	34	25	
	- 枯草期		18.2	6.6	1.2	24.1	45.0	4.9				14.5	4.0	0.40	0.22	23		

序号	草场类型/饲草料种类	采样地点	化学成分（%）										1 kg鲜草/干草					
			水分	粗蛋白	粗脂肪	粗纤维	无氮浸出物	粗灰分	总糖	淀粉	木质素	总能（MJ）	代谢能（MJ）	效能单位	燕麦单位	可消化蛋白（g）	胡萝卜素（mg）	维生素C（mg）
123	隐子草-针茅-锦鸡儿																	
	- 仲夏	肯特省温都尔汗	48.4	5.4	2.5	12.9	26.9	3.9				9.0	4.2	0.42	0.38	38		
	- 抽穗期		41.7	5.5	2.8	14.2	31.6	4.2				10.1	4.9	0.49	0.37	40		
	- 开花期		51.1	4.7	2.5	12.4	25.5	3.8				8.5	4.7	0.47	0.43	36		
	- 结实期		53.7	5.8	2.2	11.9	22.7	3.7				9.1	3.8	0.38	0.35	38		
	隐子草-针茅-锦鸡儿	巴彦洪格尔省巴彦敖包																
	- 开花期		69.7	4.3	0.8	7.4	15.2	2.6	1.7	1.1	4.6	5.4	2.5	0.25	0.25	20	77	229
	- 结实期		49.3	5.2	1.0	15.6	24.5	4.4	5.8	1.7	8.6	8.8	3.8	0.30	0.30	33	37	109
124	锦鸡儿-冷蒿-隐子草	中央省温温朱勒																
	- 开花期		49.7	7.7	1.5	12.7	25.7	2.7	1.8	1.2	5.1	9.2	4.3	0.43	0.39	50	44	811
	- 结实期		55.2	6.9	1.4	12.1	21.1	3.3	2.2	1.4	3.7	8.7	3.9	0.39	0.35	46	62	300
	- 春枯期		24.7	10.7	1.4	22.2	36.5	4.5	1.4	2.0	9.5	13.6	4.5	0.45	0.30	43	6	4

序号	草场类型/饲草料种类	采样地点	化学成分（%）										1 kg 鲜草／干草					
			水分	粗蛋白	粗脂肪	粗纤维	无氮浸出物	粗灰分	总糖	淀粉	木质素	总能（MJ）	代谢能（MJ）	效能单位	燕麦单位	可消化蛋白（g）	胡萝卜素（mg）	维生素C（mg）
	锦鸡儿 - 针茅																	
125	- 返青期	苏赫巴托省图门朝克图	25.6	5.4	1.5	26.6	35.8	5.4	1.8	4.6	18.1	13.4	5.2	0.52	0.48	34	9	23
	- 开花期		47.7	6.7	1.8	12.1	28.1	3.6	2.5	1.3	10.1	9.5	4.6	0.46	0.43	44	88	620
	- 结实期		42.4	8.0	2.9	17.0	26.7	3.0	4.0	1.2	11.0	10.9	4.6	0.46	0.38	53	101	372
	- 秋枯期		37.8	8.0	2.3	24.3	22.8	4.8	3.7	4.1	12.4	13.1	4.2	0.42	0.39	37	7	48
	羊草 - 杂类草																	
126	- 开花期	东方省克尔伦	65.9	3.3	0.7	5.8	20.7	3.6	1.6	1.1	2.6	5.6	2.6	0.26	0.23	21	92	208
	- 结实期		52.3	6.0	1.2	13.6	23.0	3.9	2.9	1.4	5.3	8.5	4.1	0.41	0.30	35	51	134
	羊草 - 锦鸡儿 - 针茅																	
127	- 返青期	苏赫巴托省图门朝克图	19.2	9.2	1.6	29.3	36.6	5.0	3.8	1.6	13.0	14.6	6.6	0.66	0.52	71	4	20
	- 开花期		51.0	6.3	1.8	14.5	23.9	2.5	5.1	1.8	9.1	9.9	4.4	0.44	0.40	44	93	811
	- 结实期		51.5	5.1	1.8	16.6	21.3	3.7	2.8	1.5	9.2	8.5	4.3	0.43	0.36	32	87	409
	- 秋枯期		26.2	6.7	2.8	25.8	33.8	4.7	3.7	2.1	12.5	15.0	4.8	0.48	0.39	33	9	49
	- 春枯期		23.4	4.3	1.6	24.4	41.3	5.0	3.1	3.2	13.8	13.4	3.4	0.34	0.24	13	16	16

序号	草场类型/饲草料种类	采样地点	化学成分（%）									1 kg 鲜草/干草						
			水分	粗蛋白	粗脂肪	粗纤维	无氮浸出物	粗灰分	总糖	淀粉	木质素	总能（MJ）	代谢能（MJ）	效能单位	燕麦单位	可消化蛋白（g）	胡萝卜素（mg）	维生素C（mg）
128	羊草-早熟禾-蒿属	苏赫巴托省图门朝克图																
	- 枯草中期		24.4	3.4	1.3	27.7	38.0	5.2				13.1	5.3	0.53	0.47	14		
	- 秋枯期		15.6	2.8	1.5	29.4	44.9	5.7				14.2	5.6	0.56	0.50	12		
	- 冬枯期		33.1	3.9	1.0	26.1	26.1	4.7				11.6	5.1	0.51	0.44	16		
129	羊草-小禾草	青特省达尔罕																
	- 仲夏		45.8	4.5	1.9	17.9	25.8	4.1				9.7	3.9	0.39	0.28	26		
	- 枯草中期		19.4	2.8	2.4	29.3	39.4	6.7				14.0	4.8	0.48	0.26	13		
	羊草-小禾草																	
	- 结实期		51.7	8.2	2.2	12.3	22.4	3.2	1.7	1.1	4.5	5.4	2.6	0.26	0.25	20	89	664
	- 秋枯期		33.3	7.9	2.8	22.8	29.0	4.2	5.8	1.7	8.6	8.8	3.9	0.39	0.30	33	8	12
130	羊草	苏赫巴托省图门朝克图																
	- 开花期		58.6	4.8	1.5	11.9	20.2	3.0	2.0	1.1	8.5	7.5	3.5	0.35	0.38	30	103	827
	- 结实期		46.2	8.2	2.7	20.7	18.8	3.5	3.2	1.4	8.6	10.0	3.8	0.38	0.34	47	109	450
	- 秋枯期		21.2	6.7	1.9	29.6	35.3	5.3	3.2	4.2	12.9	14.0	5.7	0.57	0.52	28	3	41
	- 冬枯期		18.4	4.6	0.8	28.8	42.0	4.4	2.9	4.2	16.0	14.3	6.2	0.62	0.58	19	2	7

序号	草场类型/饲草料种类	采样地点	化学成分（%）									1 kg鲜草/干草						
			水分	粗蛋白	粗脂肪	粗纤维	无氮浸出物	粗灰分	总糖	淀粉	木质素	总能（MJ）	代谢能（MJ）	效能单位	燕麦单位	可消化蛋白（g）	胡萝卜素（mg）	维生素C（mg）
131	羊草-隐子草-针茅	肯特省达尔罕																
	- 开花期		61.1	5.0	1.3	12.0	18.1	2.5				7.0	3.5	0.35	0.28	31		
	- 枯草初期		30.1	4.3	1.7	21.0	37.7	5.2				12.0	4.5	0.45	0.28	19		
	- 春枯期		18.2	3.5	1.2	28.6	41.3	7.2				13.6	5.1	0.51	0.27	10		
132	针茅-杂类草-锦鸡儿	中央省车勒苏木、特勒																
	- 开花期		47.5	5.6	1.4	18.3	23.4	3.8				9.2	4.7	0.47	0.34	43		
	- 枯草初期		33.1	4.1	1.3	24.4	32.8	4.3				11.5	5.8	0.58	0.39	25		
	- 冬枯期		22.1	2.5	1.2	28.0	38.7	7.5				12.8	5.5	0.55	0.33	3		
	- 春枯期		16.4	2.8	1.3	31.5	40.4	7.6				13.8	5.5	0.55	0.29	9		
133	针茅-冰草-杂类草	中央省车勒苏木、特勒																
	- 伸夏		55.2	4.0	1.7	14.8	22.1	2.2				8.2	3.9	0.39	0.34	20		
	- 分蘖期		54.0	4.5	1.9	15.2	22.0	2.4				8.5	4.2	0.42	0.37	22		
	- 开花期		56.6	3.5	1.5	14.3	22.0	2.1				7.9	3.6	0.36	0.30	17		
	- 枯草初期		26.7	3.9	2.2	24.9	37.5	4.8				13.0	4.9	0.49	0.41	24		
	- 枯草期		21.6	3.4	2.4	29.0	39.1	4.5				13.6	3.5	0.35	0.29	6		

序号	草场类型/饲草料种类	采样地点	水分	化学成分（%）粗蛋白	粗脂肪	粗纤维	无氮浸出物	粗灰分	总糖	淀粉	木质素	总能（MJ）	1 kg鲜草/干草 代谢能（MJ）	效能单位	燕麦单位	可消化蛋白（g）	胡萝卜素（mg）	维生素C（mg）
134	针茅-赖草 - 仲夏	中央省车勒苏木、特勒	56.9	3.9	1.6	12.8	20.8	4.0						0.34	0.31	23		
	- 开花期		57.7	3.7	1.1	12.4	21.7	3.4						0.36	0.33	21		
	- 结实期		60.6	3.9	1.6	11.8	17.8	4.3						0.30	0.28	28		
	- 枯草初期		48.3	4.0	2.7	15.4	25.3	4.3						0.48	0.41	13		
135	针茅-隐子草 - 返青期	中央省巴彦温朱勒	64.9	5.2	0.8	7.2	20.1	1.8	2.3	2.7	2.7	7.6	3.2	0.32	0.32	36	12	7
	- 开花期		49.9	5.7	1.3	11.9	28.4	2.8	3.5	1.3	4.2	9.1	3.8	0.38	0.28	39	88	86
	- 结实期		53.9	4.4	1.4	11.5	25.6	3.2	2.8	1.0	5.9	8.3	4.1	0.41	0.33	30	64	162
	- 枯草初期		26.2	3.2	1.1	20.0	44.6	4.9	2.6	2.7	9.9	13.3	5.7	0.57	0.47	42	34	
	- 冬枯期		25.6	3.9	1.3	19.9	44.4	4.9	2.6	1.8	9.2	14.3	3.9	0.39	0.28	13		
	- 春枯期		23.3	3.9	1.6	21.3	44.6	5.3	2.0	3.9	10.2	13.3	4.8	0.48	0.32	14	2	3
136	针茅-隐子草-冷蒿 - 开花期	苏赫巴托省门勒克图	56.8	6.5	1.8	11.3	20.9	2.7	1.7	1.6	7.4	8.0	3.4	0.34	0.31	38	123	519
	- 结实期		43.6	8.9	1.9	16.7	26.0	2.9	2.3	1.2	8.0	10.6	4.2	0.42	0.36	57	26	345
	- 秋枯期		27.1	7.5	2.7	27.4	31.2	4.1	3.0	3.3	11.2	13.4	4.5	0.45	0.40	34	8	42
	- 春枯期		21.1	3.4	1.6	28.9	40.1	4.9	2.1	2.5	12.5	13.8	4.2	0.42	0.21	12		7

序号	草场类型/饲草料种类	采样地点	化学成分（%）									总能（MJ）	代谢能（MJ）	1 kg鲜草/干草		可消化蛋白（g）	胡萝卜素（mg）	维生素C（mg）
			水分	粗蛋白	粗脂肪	粗纤维	无氮浸出物	粗灰分	总糖	淀粉	木质素			效能单位	燕麦单位			
137	针茅-隐子草-杂类草	苏赫巴托省图门朝克图																
	- 开花期		60.0	5.4	1.4	11.6	18.8	2.8				7.3	3.1	0.31	0.27	35	35	
	- 枯草初期		41.5	6.0	1.5	19.3	25.9	5.8				9.9	4.3	0.43	0.33	35	33	
	- 枯草期		17.9	4.3	2.7	28.4	41.5	5.2				14.6	4.3	0.43	0.22	15		
	针茅-隐子草-杂类草	中央省巴彦温朱勒																
	- 开花期		63.4	5.2	1.0	8.2	19.8	2.4	1.8	0.9		6.6	3.1	0.31	0.27	35		
	- 结实期		60.3	6.0	1.2	10.5	19.6	2.4	3.9	2.0	5.8	7.3	3.1	0.31	0.27	28		
	- 春枯期		26.1	3.6	0.9	20.7	43.0	5.5	1.0	2.9	10.0	12.5	3.6	0.36	0.28	6		
138	针茅-锦鸡儿	中央省巴彦温朱勒																
	- 仲夏		48.7	6.8	1.3	14.9	23.1	5.2				8.9	3.9	0.39	0.35	45		
	- 开花期		55.0	7.1	1.3	11.2	20.9	4.5				7.9	3.9	0.39	0.35	52		
	- 结实期		42.4	6.4	1.4	18.7	25.2	5.9				6.0	3.8	0.38	0.32	39		
	- 枯草期		14.9	3.8	1.6	29.2	45.4	5.1				14.9	4.4	0.44	0.28	11		

序号	草场类型/饲草料种类	采样地点	水分	粗蛋白	粗脂肪	粗纤维	无氮浸出物	粗灰分	总糖	淀粉	木质素	总能（MJ）	代谢能（MJ）	效能单位	燕麦单位	可消化蛋白（g）	胡萝卜素（mg）	维生素C（mg）
138	针茅-锦鸡儿 - 开花期	苏赫巴托省门朝克图	51.8	4.9	2.3	12.7	25.3	3.0	3.1	2.5	7.9	8.9	4.2	0.42	0.39	31	138	748
	- 结实期		41.1	5.3	1.9	15.3	33.3	3.1	3.2	1.7	8.0	10.7	4.4	0.44	0.37	36	108	383
	- 秋枯期		20.9	5.3	2.5	23.7	42.6	5.0	2.0	3.2	13.1	14.1	4.7	0.47	0.40	27	6	45
	- 春枯期		19.6	5.7	2.4	26.4	40.9	5.0	1.9	4.8	15.6	14.2	4.8	0.48	0.29	29	2	7
139	针茅-羊草-锦鸡儿 - 开花期	苏赫巴托省门朝克图	53.1	6.4	2.0	15.2	20.3	3.0	4.3	1.9	6.3	8.9	3.9	0.39	0.32	37	82	759
	- 结实期		47.2	7.0	2.0	18.2	22.3	3.3	3.0	2.5	8.8	9.7	4.0	0.40	0.33	47	90	300
	- 秋枯期		21.9	6.3	2.6	27.0	37.6	4.6	2.7	2.9	14.7	14.1	4.8	0.48	0.43	34	47	45
	- 春枯期		23.2	6.1	1.9	27.1	35.5	6.2	2.6	2.5	15.3	13.4	4.2	0.42	0.32	30	3	22
（四）戈壁区																		
140	杂类草-麦薹草-针茅 - 结实期	巴彦洪格尔省宝格达、新布拉格	49.0	7.5	1.9	14.4	19.2	8.0				8.2	4.0	0.40	0.3	50		

序号	草场类型/饲草料种类	采样地点	化学成分（%）									1 kg鲜草/干草						
			水分	粗蛋白	粗脂肪	粗纤维	无氮浸出物	粗灰分	总糖	淀粉	木质素	总能（MJ）	代谢能（MJ）	效能单位	燕麦单位	可消化蛋白（g）	胡萝卜素（mg）	维生素C（mg）
141	假木贼																	
	- 仲夏	巴彦洪格尔省宝格达、新布拉格	73.5	3.7	0.5	4.4	11.5	6.4				3.9	2.0	0.20	0.19	26		
	- 开花初期		72.0	4.9	0.5	3.6	13.0	6.0				4.3	2.4	0.24	0.23	37		
	- 开花期		75.0	3.4	0.5	3.4	12.2	5.5				3.8	2.2	0.22	0.22	26		
	- 结实期		75.0	2.3	0.3	6.4	8.4	7.6				3.3	1.6	0.16	0.25	16		
	- 冬季		21.5	2.9	0.6	9.8	38.0	27.2				9.5	4.5	0.45	0.43	16		
142	珍珠菜	南戈壁省布尔干																
	- 夏季		50.0	5.6	1.8	13.1	18.7	10.8				7.6	5.2	0.52	0.48	42		
	- 秋季		35.5	6.2	2.4	17.1	22.7	16.1				9.4	6.4	0.64	0.52	48		
	- 冬季		19.4	4.5	1.9	23.3	29.1	21.8				11.0	6.7	0.67	0.50	38		
	- 春季		23.4	6.9	2.9	22.9	24.0	19.9				10.8	6.7	0.67	0.50	40		
143	珍珠菜-红沙	南戈壁省布尔干																
	- 仲夏		39.1	7.1	1.7	9.8	30.7	11.6				9.6	4.8	0.48	0.47	50		
	- 返青期		27.3	4.9	2.0	16.4	41.1	8.3				12.3	5.2	0.52	0.45	26		
	- 开花期		40.3	9.9	1.7	6.8	26.0	15.3				8.9	4.2	0.42	0.40	73		
	- 结实期		49.8	6.6	1.4	6.2	25.0	11.0				7.7	4.1	0.41	0.38	54		
	- 枯草初期		48.4	4.3	1.6	8.9	26.3	10.5				8.0	3.5	0.35	0.30	19		
	- 冬季		27.4	3.8	2.1	14.9	41.1	10.7				11.8	3.9	0.39	0.28	12		

序号	草场类型/饲草料种类	采样地点	化学成分（%）									1 kg 鲜草/干草						
			水分	粗蛋白	粗脂肪	粗纤维	无氮浸出物	粗灰分	总糖	淀粉	木质素	总能（MJ）	代谢能（MJ）	效能单位	燕麦单位	可消化蛋白（g）	胡萝卜素（mg）	维生素C（mg）
	猪毛菜-春季	巴彦洪格尔省宝格达	38.0	1.9	1.5	20.1	32.1	6.4				9.9	5.2	0.52	0.33	6		
	猪毛菜-开花期	南戈壁省汗洪格尔	57.0	7.4	1.4	12.0	12.4	9.8				6.6	3.2	0.32	0.24	55		
	-枯草期		32.0	4.3	1.5	22.7	29.1	10.4				10.7	5.0	0.50	0.32	20		
	猪毛菜-返青期	南戈壁省布尔干	61.7	5.3	1.4	9.8	13.1	8.7	0.6	0.4	7.2	5.9	2.2	0.22	0.21	30	119	135
	-开花期		57.0	7.4	1.4	12.0	12.4	9.8	0.8	0.5	3.0	6.7	2.4	0.24	0.20	55	126	
	-结实期		65.5	5.8	1.0	9.6	10.5	7.6	0.8	0.6	7.4	5.4	2.6	0.26	0.23	46	108	121
	-枯草初期		24.7	7.8	1.0	21.4	37.7	7.4	0.6	2.4	14.5	12.9	3.6	0.36	0.28	25		
144	猪毛菜-返青期	巴彦洪格尔省巴彦戈壁	63.7	8.1	0.7	3.3	9.9	14.3	1.1	1.2	3.7	4.6	2.5	0.25	0.21	56	128	100
	-开花期		56.2	9.1	0.7	5.9	14.8	13.3	1.6	0.5	3.1	6.1	2.8	0.28	0.18	55	92	190
	菱叶草-春枯期	巴彦洪格尔省宝格达、霍布尔	20.0	1.4	1.6	38.0	37.4	1.6				13.9	4.4	0.44	0.29	8		
	-开花期		30.1	1.3	0.8	35.9	28.8	3.2				11.6	4.5	0.45	0.29	7		
145	-秋枯期		38.0	0.7	1.5	32.4	23.4	4.0				10.3	4.6	0.46	0.18	5		

序号	草场类型/饲草料种类	采样地点	化学成分（%）									总能（MJ）	代谢能（MJ）	1 kg鲜草/干草				
			水分	粗蛋白	粗脂肪	粗纤维	无氮浸出物	粗灰分	总糖	淀粉	木质素			效能单位	燕麦单位	可消化蛋白（g）	胡萝卜素（mg）	维生素C（mg）
	羊茅草																	
	-春枯期	巴彦洪格尔省巴查干	20.0	0.7	1.3	33.7	41.3	3.0				13.5	5.2	0.52	0.30	4		
	-返青期		30.1	0.6	0.4	20.4	40.9	7.6				10.8	4.4	0.44	0.31	4		
145	-抽穗期		48.4	6.3	2.0	16.1	21.5	5.7				8.6	4.3	0.43	0.34	39		
	-秋枯期		38.0	1.4	1.6	17.6	36.4	5.0				10.2	4.2	0.42	0.29	8		
	羊茅草 -春枯期	巴彦洪格尔省斯斯特	22.0	1.4	2.5	36.0	35.1	3.0				13.4	5.2	0.52	0.27	8		
146	羊茅草-杂类草 -抽穗期	巴彦洪格尔省宝格达、霍布尔	49.0	3.7	2.5	12.5	24.4	7.9				8.1	4.0	0.40	0.34	22		
147	羊茅草-禾草 -春枯期	巴彦洪格尔省宝格达	25.0	1.4	1.4	35.8	33.0	3.4				12.6	4.8	0.48	0.38	9		
	羊茅草-针茅																	
	-春枯期	巴彦洪格尔省宝格达、陶木	25.0	2.3	1.7	33.0	32.2	5.8				10.6	5.0	0.50	0.34	0.14		
148	-冬枯期		28.0	0.8	0.3	30.2	36.9	3.8				11.8	5.1	0.51	0.36	0.5		
	羊茅草-针茅 -抽穗期	巴彦洪格尔省巴查干	48.8	7.5	2.0	13.7	22.3	5.7				8.6	4.2	0.42	0.32	46		

序号	草场类型/饲草料种类	采样地点	水分	化学成分（%）									1 kg鲜草／干草					
				粗蛋白	粗脂肪	粗纤维	无氮浸出物	粗灰分	总糖	淀粉	木质素	总能（MJ）	代谢能（MJ）	能效单位	燕麦单位	可消化蛋白（g）	胡萝卜素（mg）	维生素C（mg）
148	麦麦草-野豌豆-盐角草	乌布苏省特斯																
	- 开花期		60.8	6.6	1.9	8.3	17.5	4.9				6.9	4.2	0.42	0.39	55		
	- 结实期		55.1	6.7	2.7	13.2	18.0	4.3				8.2	4.9	0.49	0.43	42		
149	梭梭	南戈壁省布尔干																
	- 仲夏		53.0	4.8	1.1	12.1	20.8	8.2				7.5	3.2	0.32	0.29	20		
	- 返青期		53.0	3.2	0.2	8.7	28.1	6.8				7.9	3.4	0.34	0.33	22		
	- 开花期		53.7	5.8	1.2	13.5	14.0	11.8	1.0	0.6		6.8	2.9	0.29	0.25	40	122	71
	- 结实期		53.0	2.5	2.0	15.5	17.4	9.6			0.7	7.3	3.2	0.32	0.25	18		
150	戈壁针茅	南戈壁省汗洪格尔																
	- 返青期		63.1	4.6	1.3	11.6	16.6	2.8	1.2	2.0		6.7	3.5	0.35	0.30	40	105	
	- 开花期		61.2	6.0	0.9	9.8	16.8	4.3	1.4	1.6	4.1	6.5	3.4	0.34	0.34	46	204	559
	- 结实期		55.0	5.7	1.1	12.6	21.2	4.4	2.9	0.9	7.3	7.8	4.3	0.43	0.40	44	198	585
	- 枯草初期		36.0	4.0	1.4	20.2	32.4	6.0				10.7	5.6	0.56	0.52	30		
151	戈壁针茅-亚菊	南戈壁省布尔干																
	- 结实期		61.2	7.2	1.0	9.5	18.1	3.0	3.3	1.6	5.4	7.0	3.4	0.34	0.33	59	447	521

序号	草场类型/饲草料种类	采样地点	化学成分（%）										1 kg鲜草/干草					
			水分	粗蛋白	粗脂肪	粗纤维	无氮浸出物	粗灰分	总糖	淀粉	木质素	总能（MJ）	代谢能（MJ）	效能单位	燕麦单位	可消化蛋白（g）	胡萝卜素（mg）	维生素C（mg）
	戈壁针茅-冰草-杂类草																	
152	- 仲夏	南戈壁省布尔干	54.2	4.0	2.2	10.5	24.4	4.7				8.1	5.0	0.50	0.50	34		
	- 开花期		54.7	3.7	3.3	10.5	23.1	4.7				8.2	5.0	0.50	0.53	33		
	- 结实期		53.7	4.3	1.1	10.6	25.7	4.6				8.0	5.1	0.51	0.48	36		
153	戈壁针茅-多根葱-沙蒿 - 开花初期	南戈壁省布尔干	64.6	7.1	0.7	8.3	17.1	2.2				6.5	4.8	0.48	0.44	62		
154	戈壁针茅-多根葱 - 开花初期	南戈壁省布尔干	52.3	5.8	2.7	11.2	22.4	5.7				8.1	5.3	0.53	0.49	50		
	戈壁针茅-隐子草-蒿属																	
155	- 仲夏	南戈壁省布尔干	47.2	6.0	1.7	12.8	25.7	6.6				9.0	4.4	0.44	0.40	44	41	
	- 返青期		45.5	4.5	1.2	10.0	31.6	7.2				9.0	4.6	0.46	0.45	23		
	- 开花期		47.2	5.6	1.9	13.4	24.9	7.0				8.9	4.6	0.46	0.42	49	45	
	- 结实期		49.0	7.8	2.0	14.9	20.7	5.6				9.0	4.0	0.40	0.34	64	36	
	- 枯草初期		36.0	4.0	2.0	19.6	32.4	6.0				11.1	5.3	0.53	0.40	30	23	
	- 枯草期		28.4	3.3	1.6	22.4	35.6	8.7				11.8	5.5	0.55	0.43	25		

序号	草场类型/饲草料种类	采样地点	化学成分（%）									1 kg鲜草/干草						
			水分	粗蛋白	粗脂肪	粗纤维	无氮浸出物	粗灰分	总糖	淀粉	木质素	总能（MJ）	代谢能（MJ）	效能单位	燕麦单位	可消化蛋白（g）	胡萝卜素（mg）	维生素C（mg）
156	戈壁针茅-锦鸡儿-沙蒿	南戈壁省布尔干																
	- 夏季		55.0	5.0	2.0	10.8	20.8	6.4				7.5	4.5	0.45	0.42	38		
	- 秋季		36.2	2.7	2.0	22.1	25.1	11.9				9.7	6.1	0.61	0.50	30		
	- 冬季		15.9	2.8	1.4	31.9	32.7	15.3				12.6	6.8	0.68	0.44	15		
	- 春季		26.6	4.0	1.6	23.3	31.9	12.6				11.3	5.0	0.50	0.32	20		
157	戈壁针茅-锦鸡儿	南戈壁省布尔干																
	- 夏季		39.0	7.0	3.0	15.5	26.1	9.4				10.2	6.0	0.60	0.53	55		
	- 秋季		35.5	5.6	3.0	18.5	27.1	10.3				10.5	6.1	0.61	0.50	30		
	- 冬季		17.0	5.1	2.6	24.7	35.8	14.8				12.9	6.8	0.68	0.52	27		
	- 春季		26.0	4.6	3.2	21.0	32.3	12.9				11.7	5.0	0.50	0.35	23		
158	小蓬	南戈壁省布尔干																
	- 仲夏		65.3	5.2	1.3	6.9	15.5	5.8				5.6	3.9	0.39	0.28	37		
	- 冬季中期		27.0	3.5	5.0	13.7	35.9	14.9	1.5			11.7	5.8	0.58	0.47	20		
159	多根葱-假木贼-开花期	巴彦洪格尔省巴彦戈壁	61.5	10.2	0.6	10.3	11.4	6.0		0.9	2.3	6.5	3.6	0.36	0.31	78	70	162

序号	草场类型/饲草料种类	采样地点	化学成分（%）									1kg鲜草/干草						
			水分	粗蛋白	粗脂肪	粗纤维	无氮浸出物	粗灰分	总糖	淀粉	木质素	总能（MJ）	代谢能（MJ）	效能单位	燕麦单位	可消化蛋白（g）	胡萝卜素（mg）	维生素C（mg）
160	多根葱-猪毛菜-亚菊	南戈壁省汗洪格尔																
	- 开花期		69.7	10.3	0.6	4.6	11.6	3.2	0.8	0.6		6.0	3.8	0.38	0.29	79	213	682
	- 结实期		46.6	11.2	1.1	11.9	19.5	9.7	3.8	1.8	4.5	8.7	5.3	0.53	0.50	31	178	428
161	多根葱-戈壁针茅	南戈壁省汗洪格尔																
	- 仲夏		68.0	5.7	1.6	8.8	13.2	2.7	1.3	1.8	4.5	5.9	4.0	0.40	0.35	40		
	- 结实期		50.4	9.5	1.3	12.3	20.5	6.0				8.6	5.3	0.53	0.45	95	219	503
	- 枯草中期		18.1	6.2	4.5	22.8	41.2	7.2				0.5	6.2	0.62	0.50	31		
162	驼绒藜	南戈壁省汗洪格尔																
	- 仲夏		58.0	6.0	1.2	11.2	18.3	5.3				7.2	3.1	0.31	0.26	46		
	- 返青期		58.0	5.6	1.2	12.0	17.5	5.7				7.1	3.1	0.31	0.24	43		
	- 结实期		58.0	6.3	1.1	10.7	18.8	5.1				7.2	3.2	0.32	0.27	48		
	- 冬季		19.0	6.0	2.8	37.2	29.3	5.7				14.5	3.6	0.36	0.27	32		
163	驼绒藜-沙蒿 - 开花期	巴彦洪格尔省巴彦戈壁	53.1	7.6	1.3	11.7	22.3	4.0	1.5	0.4	3.8	8.4	3.8	0.38	0.35	58	86	196

序号	草场类型/饲草料种类	采样地点	化学成分 (%)										1 kg鲜草/干草					
			水分	粗蛋白	粗脂肪	粗纤维	无氮浸出物	粗灰分	总糖	淀粉	木质素	总能(MJ)	代谢能(MJ)	效能单位	燕麦单位	可消化蛋白(g)	胡萝卜素(mg)	维生素C(mg)
164	虫实-蒿属	巴彦洪格尔省巴彦戈壁																
	- 仲夏		41.4	6.2	1.5	12.6	30.9	7.4				9.9	4.7	0.47	0.43	45		
	- 开花期		29.9	9.9	1.4	13.5	33.9	11.4				11.4	4.9	0.49	0.42	85		
	- 结实期		56.0	4.8	1.3	9.5	22.4	6.0				7.4	3.4	0.34	0.32	41		
	- 枯草初期		36.4	4.0	1.8	15.0	38.2	4.6				11.2	6.6	0.66	0.59	20		
165	紫羊茅	巴彦洪格尔省巴彦戈壁																
	- 仲夏		74.3	4.0	0.4	5.3	11.6	4.4				4.1						
	- 返青期		75.0	4.9	0.3	3.8	11.4	4.6				4.0						
	- 结实期		73.0	2.1	0.6	8.5	11.9	3.9				4.4						
	- 枯草期		68.0	2.0	0.7	10.7	13.7	4.9				5.1						
166	隐子草-针茅-6月	巴彦洪格尔省斯斯特	56.0	4.8	1.2	9.0	21.6	7.4				6.8	3.3	0.33	0.28	26		
167	锦鸡儿-杂类草	巴彦洪格尔省宝格达																
	- 返青期		51.1	9.2	0.7	11.5	23.3	4.2	2.7	2.3	5.8	8.7	4.8	0.48	0.40	80		122
	- 开花期		56.4	8.8	0.8	12.4	18.7	2.9	2.4	2.5	6.3	7.9	3.6	0.36	0.32	60	30	186
168	白刺	南戈壁省汗洪格尔																
	- 返青期		55.0	11.0	0.7	5.4	21.5	6.4	1.9	0.4	7.6	7.6	3.4	0.34	0.29	63		
	- 开花期		52.0	6.7	1.1	13.6	20.0	6.6				8.1	3.6	0.36	0.32	42	31	438

序号	草场类型/饲草料种类	采样地点	水分	化学成分（%）粗蛋白	粗脂肪	粗纤维	无氮浸出物	粗灰分	总糖	淀粉	木质素	总能（MJ）	代谢能（MJ）	效能单位	燕麦单位	可消化蛋白（g）	胡萝卜素（mg）	维生素C（mg）
169	绵刺 - 返青期	南戈壁省汗洪格尔	57.0	7.3	1.0	11.3	19.9	3.5				7.7						
	霸王																	
170	- 仲夏	南戈壁省汗洪格尔	61.5	7.7	0.5	5.2	17.3	7.8				6.0						
	- 返青期		65.0	7.4	0.5	3.3	14.6	9.2				5.1						
	- 结实期		58.0	8.0	0.6	7.1	19.9	6.4				7.0						
	- 冬、春季		45.0	1.7	0.9	16.6	33.3	2.5				9.7						
171	羊草 - 杂类草 - 抽穗期	巴彦洪格尔省宝格达、阿曼乌苏	56.9	3.3	1.3	13.3	21.2	4.0				7.2	3.4	0.34	0.25	19		
172	羊草 - 冷蒿 - 秋枯期	巴彦洪格尔省宝格达、哈日道布	45.8	3.8	1.8	12.2	29.6	6.8				8.7	5.7	0.57	0.51	22		
173	羊草 - 苔草 - 抽穗期	巴彦洪格尔省靳斯特、灰森布力嘎德	60.0	4.8	1.2	9.3	21.6	3.4				6.8	3.7	0.37	0.34	28		
174	芦苇 - 羊麦草 - 抽穗期	巴彦洪格尔省宝格达、阿曼乌苏	60.8	5.4	2.0	8.7	17.3	5.8				6.4	3.2	0.32	0.23	29		

121

序号	草场类型/饲草料种类	采样地点	化学成分（%）										总能（MJ）	1 kg鲜草/干草					
			水分	粗蛋白	粗脂肪	粗纤维	无氮浸出物	粗灰分	总糖	淀粉	木质素		代谢能（MJ）	效能单位	燕麦单位	可消化蛋白（g）	胡萝卜素（mg）	维生素C（mg）
175	针茅 - 杂类草 - 冬枯期	巴彦洪格尔省宝格达、朱恩高勒	28.9	1.6	2.3	32.0	27.9	7.3				11.5	5.4	0.54	0.28	8		
	针茅 - 杂类草 -6月	巴彦洪格尔省斯布特、查干额日格	56.2	3.7	1.9	13.6	18.8	5.8				7.1	4.1	0.41	0.34	25		
176	针茅 - 芨芨草 - 冬枯期	巴彦洪格尔省斯布斯特	28.0	2.0	0.8	39.5	24.6	5.1				11.7	5.3	0.53	0.23	12		
177	针茅 - 多根葱 - 银灰旋花 - 冷蒿 - 锦鸡儿 - 夏季	南戈壁省布日干	51.7	8.1	1.5	11.5	24.6	2.6				8.9	3.8	0.38	0.33	45		
178	针茅 - 隐子草 - 锦鸡儿 - 秋季	南戈壁省布日干	19.6	6.7	2.8	23.9	43.9	3.1				14.4	5.5	0.55	0.51	25		
179	针茅 - 锦鸡儿 - 冰草 - 沙蒿 - 冬季	南戈壁省布日干	22.0	5.9	1.2	23.5	40.3	7.1				13.1	5.2	0.52	0.34	20		
180	针茅 - 冷蒿 - 锦鸡儿 - 扁桃属 - 沙蒿 - 春季	南戈壁省布日干	22.8	4.1	1.3	22.5	36.7	7.6				11.9	4.4	0.44	0.27	13		

序号	草场类型/饲草料种类	采样地点	化学成分（%）									总能（MJ）	1 kg鲜草/干草					
			水分	粗蛋白	粗脂肪	粗纤维	无氮浸出物	粗灰分	总糖	淀粉	木质素		代谢能（MJ）	效能单位	燕麦单位	可消化蛋白（g）	胡萝卜素（mg）	维生素C（mg）
181	沙蒿-冷蒿	巴彦洪格尔省斯斯特	64.6	3.8	1.2	8.6	18.1	3.7				5.8	3.9	0.39	0.35	31		
182	蒿属-戈壁针茅	巴彦洪格尔省斯斯特																
	- 仲夏		56.2	5.9	1.5	9.7	22.3	4.4				7.7	4.6	0.46	0.36	46		
	- 开花初期		54.5	3.7	2.3	9.7	25.7	4.1				8.1	5.1	0.51	0.43	32		
	- 开花期		55.0	5.5	1.7	9.7	23.9	4.2				8.0	4.7	0.47	0.38	45		
	- 结实期		60.3	9.0	0.4	9.8	15.7	4.8				6.9	3.7	0.37	0.33	63		
183	石头花 - 开花期	巴彦洪格尔省斯斯特	65.0	5.0	0.8	5.9	16.3	7.0				5.5						

（五）放牧与打草场优势植物

1. 禾本科

序号	草场类型/饲草料种类	采样地点	化学成分（%）									总能（MJ）	1 kg鲜草/干草					
			水分	粗蛋白	粗脂肪	粗纤维	无氮浸出物	粗灰分	总糖	淀粉	木质素		代谢能（MJ）	效能单位	燕麦单位	可消化蛋白（g）	胡萝卜素（mg）	维生素C（mg）
184	野大麦	库苏古尔省乌兰乌拉、霍金高勒																
	- 返青期		69.4	3.5	0.5	9.4	15.3	1.9				5.5	2.9	0.29	0.26	49	29	
	- 结实期		51.2	2.7	0.8	15.8	27.3	2.2				8.7	3.9	0.39	0.37	20	54	28
185	羊茅	中央省扎尔嘎朗特																
	- 返青期		54.0	6.3	0.8	8.0	27.3	3.6	2.7	1.5	8.4	8.1	3.8	0.38	0.28	36		
	- 开花期		51.2	6.3	1.1	14.1	24.1	3.2	2.4	0.8	6.1	8.8	4.0	0.40	0.37	35		
	- 结实期		50.5	5.1	2.1	15.1	23.2	4.0	3.0	1.7	5.8	8.9	4.2	0.42	0.36	30		

序号	草场类型/饲草料种类	采样地点	化学成分（%）										1 kg鲜草/干草					
			水分	粗蛋白	粗脂肪	粗纤维	无氮浸出物	粗灰分	总糖	淀粉	木质素	总能（MJ）	代谢能（MJ）	效能单位	燕麦单位	可消化蛋白（g）	胡萝卜素（mg）	维生素C（mg）
	连羊茅	中央省扎马尔阿木乌日图																
	- 开花期		73.2	3.3	0.7	11.1	10.0	1.7	2.5	0.5	3.6	4.8	2.8	0.28	0.24	18		
	- 结实期		72.8	3.6	0.8	10.4	10.5	1.9	2.3	2.8	2.9	4.9	3.2	0.32	0.29	22		
186	连羊茅	奈热木达勒																
	- 仲夏		70.0	4.1	0.9	8.1	14.3	2.5				5.2	3.7	0.37	0.29	23	23	
	- 抽穗期		70.0	4.7	0.8	6.9	14.8	2.8				5.3	3.2	0.32	0.29	26	22	
	- 开花期		70.0	3.0	1.0	9.9	14.1	2.0				5.4	3.0	0.30	0.28	17	17	
187	早熟禾	苏赫巴托省省图门朝克图																
	- 返青期		49.6	6.5	1.5	13.3	25.9	3.2	6.5	3.1	8.4	9.2	3.9	0.39	0.38	34		
	- 开花期		52.2	5.0	1.1	11.7	25.4	4.6	3.9	1.7	6.9	8.3	3.6	0.36	0.34	28		
	- 结实期		49.8	5.0	1.5	14.3	25.6	3.8	3.2	0.7	9.3	8.9	4.3	0.43	0.37	35		
	- 秋枯期		25.5	3.9	2.0	25.9	38.0	4.7	3.9	0.9	11.4	13.2	4.9	0.49	0.43	22		
188	草地早熟禾	巴特苏木布尔、巴彦高勒																
	- 仲夏		61.2	3.3	0.9	11.9	19.6	3.1				6.8	2.8	0.28	0.28	17	37	
	- 开花期		58.3	3.7	0.7	13.3	21.3	2.7				4.4	3.5	0.35	0.29	20	26	
	- 结实期		64.1	2.9	1.1	10.7	17.9	3.3				6.2	3.0	0.30	0.25	15	29	
	- 枯草初期		30.3	3.3	0.8	28.6	32.9	4.1				12.2	4.2	0.42	0.39	17	0	

序号	草场类型/饲草料种类	采样地点	化学成分（%）									1 kg 鲜草/干草						
			水分	粗蛋白	粗脂肪	粗纤维	无氮浸出物	粗灰分	总糖	淀粉	木质素	总能（MJ）	代谢能（MJ）	效能单位	燕麦单位	可消化蛋白（g）	胡萝卜素（mg）	维生素C（mg）
	草地早熟禾																	
188	- 拔节期	中央省扎尔嘎朗特	63.5	3.6	1.1	9.0	20.5	2.3	1.2	0.7		6.6	2.8	0.28	0.28	19		
	- 抽穗期		63.8	4.3	0.9	9.3	19.6	2.1	2.6	0.8		6.5	2.8	0.28	0.28	22		
	- 开花期		61.8	4.2	1.2	9.3	20.8	2.7	1.7	1.1		6.9	3.0	0.30	0.30	22		
	- 结实期		56.0	5.0	1.3	12.3	21.5	3.9	1.7	3.0	4.3	7.8	3.4	0.34	0.41	26		
	华灰早熟禾																	
189	- 仲夏	中央省扎尔嘎朗特	64.8	4.8	1.3	10.2	16.8	2.1				6.5	2.7	0.27	0.26	27		
	- 抽穗期		68.1	4.6	1.1	9.7	14.6	1.9				5.9	2.6	0.26	0.24	26		
	- 开花期		61.0	3.3	0.8	12.0	20.6	2.3				6.8	3.1	0.31	0.28	19	40	
	- 结实期		59.0	3.5	1.2	11.4	22.3	2.6				7.4	3.3	0.33	0.32	20	37	27
	- 枯草中期		15.0	3.2	1.3	28.6	44.2	7.7				14.3	6.7	0.67	0.54	18		
	偃麦草																	
190	- 返青期	中央省巴特苏木布尔	68.7	4.1	1.0	7.9	15.7	2.6	1.1	1.3	4.9	5.6	2.3	0.23	0.21	28		
	- 开花期		70.2	3.7	0.9	7.8	15.2	2.2	1.1	0.9	5.3	5.3	2.2	0.22	0.23	24		
	- 结实期		57.1	3.2	1.2	14.3	21.3	2.9				7.6	2.8	0.28	0.26	20	56	34

序号	草场类型/饲草料种类	采样地点	化学成分（%）										总能（MJ）	代谢能（MJ）	1 kg鲜草/干草				
			水分	粗蛋白	粗脂肪	粗纤维	无氮浸出物	粗灰分	总糖	淀粉	木质素			效能单位	燕麦单位	可消化蛋白（g）	胡萝卜素（mg）	维生素C（mg）
	偃麦草																	
190	- 仲夏	中央省巴特苏木布尔	65.0	5.0	1.3	9.7	16.3	2.7				6.4	2.6	0.26	0.24	33	47	
	- 抽穗期		67.5	5.3	1.4	7.7	15.3	2.8				5.9	2.4	0.24	0.25	36	51	
	- 开花期		66.1	5.5	1.1	10.3	14.5	2.5				6.2	2.4	0.24	0.21	35	31	
	- 枯草初期		53.6	2.3	1.4	14.1	25.1	3.5				8.7	2.6	0.26	0.29	14		
	戈壁针茅																	
191	- 返青期	南戈壁省布尔干	60.4	5.5	1.3	10.6	17.6	4.6	1.6	0.7		6.9	2.8	0.28	0.27	37		
	- 分蘖期		63.1	4.9	1.2	9.5	18.2	3.1	1.2	0.6		6.6	2.9	0.29	0.27	31		
	- 开花期		47.8	6.2	1.9	15.5	24.5	4.1	2.4	1.0		9.4	3.6	0.36	0.33	36		
	- 结实期		48.6	5.8	1.8	14.9	23.5	5.4	2.7			9.0	3.4	0.34	0.30	33		
	麦麦草																	
192	- 返青期	南戈壁省布尔干	57.2	5.4	0.7	12.0	21.3	3.4	1.1	1.8	10.2	7.5	2.9	0.29	0.27	37		
	- 开花期		58.2	5.4	0.7	12.2	21.0	2.5	1.3	0.7	10.3	7.5	2.9	0.29	0.28	27		
	- 结实期		50.5	5.6	1.2	16.0	24.5	2.2	1.2	0.8	14.2	9.1	2.9	0.29	0.26	33		
	- 冬枯期		33.5	4.6	1.9	21.1	36.8	2.6	1.2	0.8		12.3	4.4	0.44	0.34	27		
	- 春枯期		15.3	5.2	0.6	30.9	42.4	5.6	0.8	0.8		14.6	4.5	0.45	0.40	30		

序号	草场类型/饲草料种类	采样地点	水分	化学成分（%）								1 kg鲜草/干草						
				粗蛋白	粗脂肪	粗纤维	无氮浸出物	粗灰分	总糖	淀粉	木质素	总能（MJ）	代谢能（MJ）	效能单位	燕麦单位	可消化蛋白（g）	胡萝卜素（mg）	维生素C（mg）
193	披碱草属 - 开花期	南戈壁省布尔干	57.1	5.5	1.2	10.1	22.9	3.2	3.3	1.0		7.7	4.2	0.42	0.41	44		
194	披碱草 - 返青期	中央省巴特苏木布尔	55.5	4.1	1.0	10.4	25.5	3.5	1.2	2.3	4.8	7.8	4.2	0.42	0.36	34	33	
	- 开花期		57.7	5.3	1.1	12.5	20.0	3.4	2.8	1.8	6.0	7.5	3.9	0.39	0.33	32	42	
	- 结实期		54.1	4.2	1.8	13.3	22.7	3.9	3.0	1.0	7.1	8.1	3.4	0.34	0.34	30	30	
195	糙隐子草 - 开花期	中央省巴特苏木布尔	49.7	5.8	1.3	13.5	25.5	4.2	2.6	1.4		8.9	3.8	0.38	0.36	36		
	- 结实期		46.7	6.0	1.7	14.8	26.7	4.1	2.2	1.2		9.5	3.7	0.37	0.33	26		
	- 秋枯期		23.4	5.8	2.3	23.4	40.6	4.5	3.4	2.2	12.4	13.8	5.2	0.52	0.42	20		
	- 春枯期		21.1	4.1	1.7	21.8	45.5	5.7	1.0	1.5	10.4	14.4	5.3	0.53	0.45	15		
196	洽草属 - 返青期	苏赫巴托省图门朝克图	53.0	5.6	1.1	12.7	25.4	2.2	3.8	2.1	4.2	8.6	3.8	0.38	0.37	32		
	- 开花期		61.8	3.5	1.1	10.6	20.8	2.2	4.8	1.1		6.9	3.0	0.30	0.25	19		
197	菵草 - 开花期	苏赫巴托省图门朝克图	65.0	4.5	1.4	11.7	14.4	3.0				6.3	2.6	0.26	0.28	24		

序号	草场类型/饲草料种类	采样地点	化学成分 (%)									1 kg 鲜草/干草						
			水分	粗蛋白	粗脂肪	粗纤维	无氮浸出物	粗灰分	总糖	淀粉	木质素	总能 (MJ)	代谢能 (MJ)	效能单位	燕麦单位	可消化蛋白 (g)	胡萝卜素 (mg)	维生素C (mg)
198	蒙古剪股颖	中央省巴特苏木布尔、索格诺格尔																
	- 仲夏		62.0	3.1	0.7	11.8	20.2	2.2				6.8	2.5	0.25	0.24	10		
	- 开花期		61.0	3.0	0.4	12.2	21.2	2.2				6.9	2.6	0.25	0.25	9		
	- 结实期		62.5	3.1	0.8	11.7	19.7	2.2				6.7	2.4	0.24	0.23	10		
199	草地看麦娘	中央省巴特苏木布尔、索格诺格尔																
	- 仲夏		66.9	3.1	1.0	11.5	14.5	3.0				5.8	2.3	0.23	0.22	21	37	
	- 开花期		74.8	3.5	0.7	8.2	10.6	2.2				4.5	2.1	0.21	0.19	24	46	
	- 结实期		63.0	2.9	1.1	13.1	16.5	3.4				6.5	2.5	0.25	0.24	18	29	
200	冰草	中央省巴特苏木布尔																
	- 返青期		55.7	4.8	0.8	10.3	26.0	2.4	2.5			8.0	3.5	0.35	0.33	32		
	- 开花期		48.6	5.7	1.1	15.5	26.7	2.4	4.2	0.6	3.6	9.4	3.8	0.38	0.36	35		
	- 结实期		56.1	4.5	1.1	12.9	23.1	2.3	3.6	1.4	6.2	8.0	3.2	0.32	0.30	27		
	- 秋枯期		31.8	6.6	1.5	23.3	33.6	3.2	3.0	1.8	11.2	12.4	4.5	0.45	0.36	25		
	- 春枯期		20.8	3.9	1.2	22.7	47.7	3.7	2.7	1.7		14.5	4.7	0.47	0.38	14		

序号	草场类型/饲草料种类	采样地点	化学成分（%）										1 kg鲜草/干草					
			水分	粗蛋白	粗脂肪	粗纤维	无氮浸出物	粗灰分	总糖	淀粉	木质素	总能（MJ）	代谢能（MJ）	效能单位	燕麦单位	可消化蛋白（g）	胡萝卜素（mg）	维生素C（mg）
	冰草																	
200	- 仲夏	色楞格省鄂尔浑	48.3	6.0	1.7	15.8	25.2	3.0				9.4	3.4	0.34	0.32	34	16	
	- 抽穗期		52.0	5.3	1.4	13.4	25.4	2.5				8.8	3.2	0.32	0.31	35	19	
	- 开花期		50.1	6.6	2.0	15.1	23.4	2.8				9.3	3.4	0.34	0.31	40	11	
	- 结实期		42.0	4.9	1.7	18.6	29.7	3.1				10.5	3.6	0.36	0.34	22	20	
	- 枯草初期		36.0	3.0	0.9	21.9	33.2	5.0				11.0	4.0	0.40	0.32	10	20	
	- 枯草期		11.0	2.3	1.5	37.0	41.9	6.3				15.3	4.5	0.45	0.38	8		
201	西伯利亚羊茅 - 结实期	色楞格省鄂尔浑	50.0	5.3	3.7	16.3	22.7	2.0				9.7	3.7	0.37	0.32	33		
	无芒雀麦																	
202	- 开花期	中央省巴特苏木布尔、索格尔诺格尔	67.0	5.0	0.8	9.4	14.6	3.2				5.8	3.0	0.30	0.28	36	29	
	- 枯草期		20.0	5.0	1.2	27.8	41.0	5.0				14.0	4.4	0.44	0.41	34		
203	假梯牧草 - 开花期	中央省巴特苏木布尔、索格尔诺格尔	77.0	2.4	0.7	6.8	10.3	2.8				3.9	2.6	0.26	0.18	13	27	

序号	草场类型/饲草料种类	采样地点	化学成分（%）									1 kg 鲜草/干草						
			水分	粗蛋白	粗脂肪	粗纤维	无氮浸出物	粗灰分	总糖	淀粉	木质素	总能（MJ）	代谢能（MJ）	效能单位	燕麦单位	可消化蛋白（g）	胡萝卜素（mg）	维生素C（mg）
	大针茅																	
204	- 返青期	中央省扎尔嘎朗特	68.0	4.6	0.8	8.2	16.4	2.0	2.2	0.5		5.8	2.7	0.27	0.27	31		
	- 开花期		55.7	5.3	1.2	11.7	23.7	2.4	2.4	1.1		8.1	3.5	0.35	0.35	35		
	- 结实期		55.2	4.9	1.4	12.9	23.2	2.4	3.0	1.2		8.2	3.6	0.36	0.35	32		
	- 秋枯期		32.7	6.2	2.1	19.7	35.0	4.3	2.2	1.5		11.8	4.1	0.41	0.39	39		
	- 春枯期		21.1	2.6	1.3	23.6	46.4	5.0	2.2	2.7	5.6	13.7	4.5	0.45	0.40	19		
	碱茅																	
205	- 开花期	中央省扎尔嘎朗特	73.0	3.6	0.6	8.2	13.4	1.2				5.0	2.5	0.25	0.23	25		
	窄颖赖草																	
206	- 仲夏	中央省扎尔嘎朗特	64.8	5.1	1.3	10.9	15.3	2.6				6.8	2.9	0.29	0.26	34		
	- 拔节期		68.0	5.8	1.6	8.0	14.7	1.9				6.1	2.8	0.28	0.27	39	45	
	- 抽穗期		68.0	4.4	0.8	10.2	14.9	1.7				5.8	2.7	0.27	0.24	29		
	- 开花期		70.0	4.4	1.2	9.4	12.9	2.1				5.5	2.4	0.24	0.23	29	57	
	- 结实期		56.9	5.8	1.6	14.0	17.7	4.0				7.7	3.4	0.34	0.28	39	34	
	- 枯草初期		28.9	6.9	2.4	24.9	33.6	4.3				13.3	3.7	0.37	0.30	29		
	- 枯草中期		15.0	3.3	2.1	25.9	48.3	5.4				14.9	4.5	0.45	0.40	14		

序号	草场类型/饲草料种类	采样地点	化学成分（%）										1 kg鲜草/干草					
			水分	粗蛋白	粗脂肪	粗纤维	无氮浸出物	粗灰分	总糖	淀粉	木质素	总能（MJ）	代谢能（MJ）	有效能单位	燕麦单位	可消化蛋白（g）	胡萝卜素（mg）	维生素C（mg）
206	窄颖赖草	青特省达尔罕																
	- 返青期		56.9	5.4	1.4	10.3	22.9	3.1	2.2	1.1	7.5	7.8	3.5	0.35	0.37	35		
	- 开花期		53.6	6.8	1.9	13.2	21.7	2.8	3.1	1.8	6.1	8.2	3.4	0.34	0.36	36		
	- 结实期		52.6	5.6	1.7	13.2	23.3	3.6	3.0	1.4	6.6	8.5	3.8	0.38	0.38	37		
	- 秋枯期		31.5	4.3	2.3	19.3	37.6	5.0	2.1	2.6	12.6	12.1	4.1	0.41	0.34	29		
	- 春枯期		19.7	6.1	0.9	22.9	44.0	6.4	0.7	2.4		13.8	4.5	0.45	0.38	30		
207	披碱草属	乌布苏省特斯																
	- 仲夏		56.4	4.6	1.3	12.8	21.5	3.1				7.6	2.9	0.29	0.21	17		
	- 返青期		57.0	8.0	1.4	6.2	24.2	3.2				7.9	2.8	0.28	0.26	30		
	- 开花期		57.0	3.9	1.3	13.6	21.2	3.5				9.6	3.0	0.30	0.21	15		
	- 结实期		55.4	4.9	1.7	13.6	20.5	3.9				7.9	2.8	0.28	0.19	17		
208	针茅	色楞格省鄂尔浑																
	- 仲夏		51.7	5.8	1.4	14.6	23.6	2.9				8.8	3.8	0.38	0.33	39	35	
	- 返青期		53.8	6.9	1.1	12.3	23.5	2.4				8.5	3.7	0.37	0.34	46		
	- 拔节期		55.0	4.5	1.0	15.0	22.2	2.3				8.1	3.6	0.36	0.30	30	45	
	- 开花期		50.1	5.2	1.9	15.0	24.0	3.8				9.0	3.9	0.39	0.34	35	31	
	- 结实期		50.2	6.1	1.2	16.1	23.7	2.7				9.1	3.9	0.39	0.32	41	30	
	- 枯草初期		20.2	4.5	1.9	26.5	43.2	2.7				14.3	4.7	0.47	0.45	29	26	
	- 枯草期		18.0	2.8	1.7	25.4	47.1	5.0				14.4	4.8	0.48	0.44	15		

序号	草场类型/饲草料种类	采样地点	水分	粗蛋白	粗脂肪	粗纤维	无氮浸出物	粗灰分	总糖	淀粉	木质素	总能(MJ)	代谢能(MJ)	效能单位	燕麦单位	可消化蛋白(g)	胡萝卜素(mg)	维生素C(mg)
	针茅																	
208	- 返青期	色楞格省奈热木达勒	49.6	5.0	0.8	13.2	27.6	2.8	1.7	1.8	7.4	9.0	3.4	0.34	0.33	34		
	- 开花期		50.3	6.9	1.7	15.5	23.2	2.4	3.2	1.6	7.3	9.2	3.9	0.39	0.33	44		
	- 结实期		47.5	6.5	1.5	10.9	31.1	2.5	2.8	1.0	6.7	9.7	3.9	0.39	0.35	46		
	- 秋枯期		26.1	5.6	2.4	23.8	37.4	4.7	2.5	2.5	11.2	13.3	4.1	0.41	0.36	36		
	- 春枯期		26.0	5.2	1.4	22.4	39.9	5.1	1.9	2.7	9.9	13.0	4.1	0.41	0.37	20		
	芦苇																	
209	- 返青期	中戈壁省乌兰淖尔	51.3	6.5	0.9	13.6	22.2	5.5	1.9	0.6	7.1	8.3	3.7	0.37	0.29	29		
	- 开花期		47.6	6.3	1.0	14.5	22.7	7.9	4.2	1.8	8.7	8.6	3.8	0.38	0.32	39		
2. 豆科																		
210	葵黄耆 - 结实期	中戈壁省乌兰淖尔	56.2	7.0	0.4	14.1	18.8	2.5	2.7	1.2		8.1	3.5	0.35	0.32	39		
211	野豌豆属 - 结实期	中戈壁省乌兰淖尔	56.0	8.3	0.8	12.9	18.4	3.6	2.5	1.2		7.9	3.4	0.34	0.32	60		
	山野豌豆																	
212	- 仲夏	中戈壁省乌兰淖尔	73.2	6.9	0.7	6.2	11.3	1.8				5.0	2.7	0.27	2.4	52	44	
	- 孕蕾期		69.2	8.4	11.0	7.0	12.2	2.2				5.8	3.3	0.33	2.0	66	50	
	- 开花期		77.2	5.2	0.5	5.3	10.5	1.3				4.3	2.3	0.23	2.0	38	41	
	- 结实期		65.0	4.6	0.7	8.7	18.3	2.7					2.6	0.26	2.4	33		22

序号	草场类型/饲草料种类	采样地点	化学成分（%）									1 kg 鲜草/干草						
			水分	粗蛋白	粗脂肪	粗纤维	无氮浸出物	粗灰分	总糖	淀粉	木质素	总能（MJ）	代谢能（MJ）	效能单位	燕麦单位	可消化蛋白（g）	胡萝卜素（mg）	维生素C（mg）
213	广布野豌豆																	
	- 开花期	中央省巴特苏木布尔	75.0	4.3	0.9	6.6	11.6	1.6				4.6	2.2	0.22	2.1	33	45	
	- 枯草初期		56.0	6.4	1.5	11.2	22.0	2.9				8.1	3.8	0.38	3.6	49		
214	骆驼刺																	
	- 开花期	中央省巴特苏木布尔	64.0	3.4	0.8	6.1	23.3	2.4				6.4	3.2	0.32	0.3	19		
215	牧地山黧豆																	
	- 仲夏	中央省巴特苏木布尔	70.2	4.9	0.9	6.5	15.3	2.2				5.4	2.9	0.29	0.27	39		
	- 返青期		79.0	2.7	0.6	3.3	12.6	1.8				3.7	2.2	0.22	0.21	22		
	- 开花期		71.0	5.1	0.9	5.6	15.7	1.5				5.4	2.9	0.29	0.28	41		
	- 结实期		60.6	6.8	1.2	10.5	17.5	3.4				7.1	3.4	0.34	0.31	54		
216	矮山黧豆																	
	- 开花期	中央省巴特苏木布尔	77.0	5.4	0.4	5.8	9.8	1.6				4.2	2.2	0.22	0.2	43		
217	扁蓿豆																	
	- 仲夏	中央省巴特苏木布尔	70.0	5.2	1.4	8.1	13.5	1.8				5.6	3.0	0.30	0.28	38		
	- 开花期		70.0	6.2	1.5	8.6	12.1	1.6				5.8	2.9	0.29	0.27	45		
	- 结实期		70.0	4.3	1.3	7.6	14.9	1.8				5.5	3.1	0.31	0.29	31		

序号	草场类型/饲草料种类	采样地点	化学成分（%） 水分	粗蛋白	粗脂肪	粗纤维	无氮浸出物	粗灰分	总糖	淀粉	木质素	总能（MJ）	1 kg 鲜草/干草 代谢能（MJ）	效能单位	燕麦单位	可消化蛋白（g）	胡萝卜素（mg）	维生素C（mg）
218	披针叶黄华	布尔干省鄂尔浑																
	- 返青期		69.5	4.3	0.4	7.2	16.9	1.7	0.8	0.7		5.5	3.0	0.30	0.30	34		
	- 开花期		60.8	7.2	0.7	7.4	21.3	3.1	1.1	0.8	2.0	7.1	3.7	0.37	0.35	53		
	- 结实期		67.5	5.1	0.7	8.1	16.9	1.7	1.2	0.8		6.0	3.1	0.31	0.28	38		
219	蓬子菜	中央省巴特苏木布尔																
	- 开花期		70.4	4.0	0.4	5.0	18.0	2.2	1.8	1.3	2.4	5.2	3.0	0.30	0.28	25		
	- 结实期		65.4	4.9	0.7	5.7	20.6	2.7	1.4	1.2	2.7	6.1	3.0	0.30	0.33	30		
220	黄花苜蓿	巴特苏木布尔																
	- 仲夏		75.1	4.8	0.6	6.2	11.2	2.1				4.5	2.2	0.22	0.22	40	30	
	- 返青期		78.0	6.3	0.4	3.2	10.0	2.1				4.0	2.1	0.21	0.20	53	60	
	- 孕蕾期		78.1	4.6	0.4	5.9	9.2	1.8				4.0	2.0	0.20	0.19	38	24	
	- 开花期		72.4	4.8	0.7	7.4	12.5	2.2				5.0	2.5	0.25	0.24	40	19	
	- 结实期		80.0	3.6	0.4	3.9	9.8	2.3				3.5	1.8	0.18	0.15	26	15	
	- 枯草初期		45.0	7.5	1.2	16.7	26.1	3.5				9.9	4.2	0.42	0.42	55	15	
	黄花苜蓿	布尔干省鄂尔浑																
	- 返青期		64.5	6.3	0.7	9.3	16.4	2.8	2.0	1.3	4.5	6.4	3.5	0.35	0.33	53		
	- 结实期		50.1	9.1	1.6	11.2	24.2	3.8	4.3	1.1	6.5	9.1	4.2	0.42	0.39	66		

序号	草场类型/饲草料种类	采样地点	化学成分（%）									1 kg 鲜草/干草						
			水分	粗蛋白	粗脂肪	粗纤维	无氮浸出物	粗灰分	总糖	淀粉	木质素	总能（MJ）	代谢能（MJ）	效能单位	燕麦单位	可消化蛋白（g）	胡萝卜素（mg）	维生素C（mg）
221	野火球 - 开花期	布尔干省鄂尔浑	76.0	3.9	0.7	5.9	11.8	1.7				4.4	2.4	0.24	0.23	29	40	
222	驴食豆 - 开花期	布尔干省鄂尔浑	79.0	2.0	1.0	4.8	11.3	1.9				3.8	1.9	0.19	0.18	14		
3. 灌木、半灌木																		
	冷蒿 - 返青期	中央省扎尔嘎朗特	59.9	5.8	1.0	9.6	19.3	4.4	2.1	1.4	4.2	6.9	3.7	0.37	0.36	45		
	- 孕蕾期		59.5	6.1	0.9	7.7	23.1	2.7	2.1	1.4		7.3	4.0	0.40	0.39	47		
	- 开花期		61.4	6.5	1.0	10.6	17.6	2.9	1.8	1.2	5.5	7.0	3.7	0.37	0.36	43		
	- 结实期		56.4	6.1	1.3	12.6	20.3	3.3	1.7	0.9	5.6	7.6	3.7	0.37	0.33	31		
	- 秋枯期		23.8	9.0	1.8	24.6	37.3	3.5	1.7	3.2	13.5	14.0	4.7	0.47	0.34	46		
	- 春枯期		24.1	5.4	1.0	20.6	45.4	3.5	0.9	1.7		13.6	4.5	0.45	0.39	28		
223	冷蒿 - 仲夏	南戈壁省布尔干	57.5	5.5	2.0	12.7	18.8	3.5				7.7	3.2	0.32	0.29	36	32	
	- 返青期		61.0	4.9	1.6	11.3	17.2	4.0				6.9	3.6	0.36	0.35	38	16	
	- 开花期		61.6	5.0	1.6	11.4	17.4	3.0				7.0	3.6	0.36	0.33	22	20	
	- 结实期		43.0	7.4	3.3	24.4	24.4	4.2				11.8	3.7	0.37	0.26	38	21	
	- 枯草初期		43.0	4.4	1.4	20.1	27.2	3.9				10.1	3.8	0.38	0.22	23	13	
	- 枯草中期		15.5	5.2	2.6	27.7	43.5	5.5				15.0	5.0	0.50	0.36	27		

序号	草场类型/饲草料种类	采样地点	化学成分（%）									1 kg鲜草/干草						
			水分	粗蛋白	粗脂肪	粗纤维	无氮浸出物	粗灰分	总糖	淀粉	木质素	总能（MJ）	代谢能（MJ）	效能单位	燕麦单位	可消化蛋白（g）	胡萝卜素（mg）	维生素C（mg）
	珍珠柴	南戈壁省布尔干																
224	- 返青期		69.4	4.9	0.6	7.4	9.7	8.0	0.5	0.7	2.9	4.6	2.2	0.22	0.20	34		
	- 开花期		67.3	6.0	0.6	6.4	9.3	10.4	0.8	0.5	2.7	4.5	2.0	0.20	0.18	37		
	- 冬季		29.1	6.7	1.7	18.6	23.1	20.8	0.4	1.2		9.7	3.6	0.36	0.29	59		
	旱蒿	南戈壁省汗洪格尔																
	- 仲夏		63.7	6.5	1.4	9.1	16.4	2.9				6.6	3.2	0.32	0.31	48		
	- 开花初期		65.0	7.6	1.8	7.5	15.3	2.8				6.3	3.1	0.31		57		
	- 开花期		74.3	4.9	0.7	5.2	13.0	1.9				4.7	2.3	0.23	0.24	37		
	- 结实期		59.4	6.2	1.5	11.5	18.2	3.2				7.4	3.4	0.34	0.33	46	40	
	旱蒿	南戈壁省布尔干																
225	- 返青期		50.3	7.7	1.2	11.7	24.5	4.6	1.2	0.9		8.8	4.6	0.46	0.44	57		
	- 开花期		60.3	6.8	1.0	9.8	18.4	3.7	1.1	0.8		7.1	3.8	0.38	0.36	51		
	- 结实期		52.0	6.2	1.3	11.6	24.9	4.0	1.9	1.2	4.9	8.5	4.2	0.42	0.34	46		
	小艾菊	乌布苏省东戈壁																
226	- 返青期		52.8	6.2	1.5	11.6	22.6	5.3	1.4	1.3		8.2	4.0	0.40	0.41	46		
	- 开花期		60.0	8.1	1.3	11.5	15.6	3.5	1.2	0.9		7.3	3.5	0.35	0.33	61		
	- 结实期		50.5	7.4	1.2	14.0	22.1	4.8	1.5	1.5	5.4	8.7	4.2	0.43	0.40	55		

序号	草场类型/饲草料种类	采样地点	化学成分（%）									总能（MJ）	代谢能（MJ）	1 kg鲜草/干草				
			水分	粗蛋白	粗脂肪	粗纤维	无氮浸出物	粗灰分	总糖	淀粉	木质素			效能单位	燕麦单位	可消化蛋白（g）	胡萝卜素（mg）	维生素C（mg）
	木地肤																	
	－ 返青期	南戈壁省布尔干	69.2	4.0	0.9	7.2	15.1	3.6	1.9	1.1	2.9	5.3	2.6	0.26	0.21	28		
	－ 开花初期		70.5	3.5	0.9	6.5	15.2	3.4	1.4	1.1		4.9	2.6	0.26	0.23	25		
227	－ 开花期		68.3	4.6	0.9	7.4	13.6	5.2	1.8	1.0		5.2	2.3	0.23	0.21	33		
	木地肤																	
	－ 仲夏	南戈壁省布尔干	49.5	8.5	0.9	13.8	20.6	7.2				8.5	3.7	0.37	0.30	60		
	－ 开花初期		48.0	10.6	1.1	15.4	20.0	4.9				9.3	4.0	0.40	0.30	75	10	
	－ 开花期		51.0	6.4	0.7	11.3	21.1	9.5				7.6	3.5	0.35	0.30	45		
	草木樨状黄耆																	
228	－ 结实期	乌布苏省特斯	49.5	4.9	1.1	16.3	19.5	8.7	2.4	1.3	8	8						
	麻黄																	
229	－ 返青期	南戈壁省巴彦达赖	69.4	4.8	0.7	9.3	12.3	3.5	0.7	0.5	2.3	5.3						
	－ 开花初期		70.4	5.4	0.6	8.8	11.3	3.5	0.7	0.4	2.5	5.1						
	驼绒藜																	
	－ 返青期	南戈壁省布尔干	66.0	3.0	0.7	8.1	19.0	3.2	0.9	0.7	2.2	5.9	3.0	0.30	0.29	22		
230	－ 开花初期		55.7	5.3	1.2	11.7	21.2	4.9	1.9	0.4		7.6	3.7	0.37	0.35	38		
	－ 开花期		53.7	7.0	1.4	11.5	21.1	5.3	1.9	0.9		7.8	3.6	0.36	0.34	54		
	－ 结实期		46.4	6.0	1.7	12.3	29.0	4.6	2.2	1.6		9.5	4.0	0.40	0.38	46		

序号	草场类型/饲草料种类	采样地点	水分	化学成分（%）								1 kg鲜草/干草						
				粗蛋白	粗脂肪	粗纤维	无氮浸出物	粗灰分	总糖	淀粉	木质素	总能（MJ）	代谢能（MJ）	效能单位	燕麦单位	可消化蛋白（g）	胡萝卜素（mg）	维生素C（mg）
231	多枝柽柳																	
	- 返青期	南戈壁省巴彦达赖	76.6	3.0	0.8	3.6	11.5	4.5	0.6	1.0	1.9	3.7	1.9	0.19	0.18	21		
	- 开花期		75.2	2.9	0.3	4.6	12.4	4.6	0.6	1.5	2.1	3.9	1.9	0.19	0.18	20		
232	虫实																	
	- 仲夏	南戈壁省巴彦达赖	32.3	7.3	0.4	17.7	32.2	10.1				10.8	3.9	0.39	0.37	64		
	- 开花期		40.7	6.5	0.4	14.6	27.6	10.2				9.3	3.3	0.33	0.31	57		
	- 结实期		23.9	8.2	0.3	20.8	36.9	9.9				12.4	4.6	0.46	0.43	32		
	- 枯草期		12.0	3.8	1.5	23.6	45.5	13.6				13.9						
233	短叶假木贼																	
	- 返青期	南戈壁省布尔干	55.3	6.1	0.9	9.2	22.1	6.4	1.5	1.5	4.5	7.4	3.6	0.36	0.33	47		
	- 开花期		67.6	4.6	0.6	6.4	12.7	8.2	0.8	0.9	4.8	4.7	2.8	0.28	0.26	35		
	- 结实期		49.1	7.1	1.4	11.2	23.4	7.8	1.8	4.0*		8.4	3.3	0.33	0.32	55		
	- 冬季		26.4	5.6	1.2	16.6	32.7	17.5	1.1	3.6		10.6	3.5	0.35	0.28	26		
234	小白刺																	
	- 返青期	南戈壁省布尔干	72.2	2.5	0.3	7.1	13.8	4.1	0.4	0.6		4.5	2.2	0.22	0.22	29		
	- 开花期		73.2	2.7	0.3	5.2	13.6	5.0	1.6	1.6		4.1	2.2	0.22	0.24	44		
	- 结实期		68.4	5.1	0.4	9.0	10.7	6.3				4.9	2.3	0.23	0.21	30		

* 表示不确定。

序号	草场类型/饲草料种类	采样地点	水分	粗蛋白	粗脂肪	粗纤维	无氮浸出物	粗灰分	总糖	淀粉	木质素	总能(MJ)	代谢能(MJ)	效能单位	燕麦单位	可消化蛋白(g)	胡萝卜素(mg)	维生素C(mg)
	疏花锦鸡儿																	
235	-返青期	色楞格省鄂尔浑	57.3	7.6	1.0	13.6	18.3	2.1	2.6	1.4	5.2	7.9	2.4	0.24	0.22	29		
	-开花期		48.6	9.6	0.6	16.4	21.9	2.9	1.8	1.1	6.7	9.4	2.9	0.29	0.24	44		
	-结实期		56.1	7.8	0.6	11.2	19.7	4.6	1.8	0.5	5.2	7.6	2.3	0.23	0.21	30		
	疏花锦鸡儿 -结实期	色楞格省鄂尔浑	60.0	1.9	0.9	11.2	23.9	2.1				7.1	2.2	0.22	0.20	7		
	狭叶锦鸡儿																	
	-仲夏	色楞格省鄂尔浑	60.0	6.6	1.3	12.6	17.7	1.8				7.5	2.2	0.22	0.18	26		
236	-返青期		60.0	8.4	1.8	11.7	16.1	2.0				7.7	2.2	0.22	0.19	33		
	-开花期		60.0	6.0	1.1	12.6	18.6	1.7				7.5	2.3	0.23	0.18	23	43	
	-结实期		60.0	5.3	1.0	13.4	18.5	1.8				7.4	2.2	0.22	0.17	21		
	狭叶锦鸡儿 -结实期	南戈壁省布尔干	44.5	7.4	1.3	15.5	28	3.3	2.6	1.4	7.4	10.1	3.2	0.32	0.26	29		
	矮锦鸡儿																	
237	-开花期	中央省巴彦温朱勒	50.3	8.6	1.6	14.2	21.6	3.7	2.2	2.5	7.5	9.1	2.7	0.27	0.25	33		
	-结实期		50.3	7.9	1.4	14.6	22.7	3.1	1.8	1.9	6.3	9.1	2.7	0.27	0.24	30		
	-秋季		27.1	9.4	2.2	24.2	34.1	3.0	2.6	3.3	14.0	13.5	4.2	0.42	0.30	36		
	-春季		25.5	8.2	1.4	26.1	35.8	3.0	1.9	2.2	14.7	13.6	4.3	0.43	0.30	25		

序号	草场类型/饲草料种类	采样地点	水分	粗蛋白	粗脂肪	粗纤维	无氮浸出物	粗灰分	总糖	淀粉	木质素	总能(MJ)	代谢能(MJ)	效能单位	燕麦单位	可消化蛋白(g)	胡萝卜素(mg)	维生素C(mg)
238	多刺锦鸡儿	中央省巴彦温都勒	48.2	8.2	0.7	15.1	24	3.8	2.8	7.7		9.2	2.8	0.28	0.22	32		
239	矮锦鸡儿	中央省巴彦温都勒																
	- 返青期		48.2	10.3	0.8	13.9	23.5	3.3	1.4	1.1		9.0	2.8	0.28	0.25	39		
	- 开花期		54.7	7.5	0.8	12.1	22.9	2.0	2.6	0.9		8.4	2.6	0.26	0.23	29		
	- 结实期		48.6	9.3	1.0	13.3	24.8	3.0	2.0	1.4	8.8	9.4	3.0	0.30	0.25	36		
	- 秋季		29.6	6.3	1.7	25.5	33.9	3.0	2.6	1.8	17.3	12.8	4.0	0.40	0.27	24		
	- 春季		26.6	5.9	1.0	24.0	39.6	2.9	1.6	2.1	12.5	13.2	4.1	0.41	0.34	23		
240	小叶锦鸡儿	南戈壁省汗洪格尔																
	- 仲夏		60.0	7.6	1.2	11.9	16.9	2.4				7.4	2.2	0.22	0.18	30	20	
	- 返青期		60.0	10.4	1.1	10.7	15.3	2.5				7.5	2.2	0.22	0.19	41		
	- 开花期		60.0	5.9	1.3	11.7	18.8	2.3				7.4	2.2	0.22	0.19	23	25	
	- 结实期		60.0	7.9	0.9	14.1	14.6	2.5				7.4	2.1	0.21	0.14	31	20	
241	锦鸡儿属	肯特省达尔罕																
	- 返青期		56.4	7.4	0.8	13.0	19.4	3.0	2.0	1.3	4.2	7.9	2.4	0.24	0.19	29		
	- 开花期		50.7	9.6	1.4	15.1	19.9	3.3	2.2	5.8	4.9	9.1	2.7	0.27	0.21	37		
242	变蒿	肯特省达尔罕	63.5	5.9	0.7	18.1	18.1	2.4	1.8	0.5	4.1	6.6	2.6	0.26	0.21	30		

序号	草场类型/饲草料料种类	采样地点	化学成分（%）										总能(MJ)	代谢能(MJ)	1 kg鲜草/干草			胡萝卜素(mg)	维生素C(mg)
			水分	粗蛋白	粗脂肪	粗纤维	无氮浸出物	粗灰分	总糖	淀粉	木质素			效能单位	燕麦单位	可消化蛋白(g)		
243	红沙 - 返青期	南戈壁省布尔干	66.5	5.2	0.5	14.0	14.0	8.4	0.5	0.7	2.6	4.9	2.5	0.25	0.24	34		
	- 开花期		60.6	8.0	0.4	14.8	14.8	8.0	0.7	0.8	3.8	6.2	2.9	0.29	0.28	43		
	- 结实期		54.7	5.4	0.7	19.2	19.2	10.1	1.0	1.2		6.8	3.5	0.35	0.33	39		
	- 冬季		29.9	6.7	1.2	34.9	34.9	10.7	0.5	1.7		10.9	4.5	0.45	0.43	38		
244	细枝盐爪爪 - 返青期	南戈壁省布尔干	82.0	2.4	0.3	4.6	5.5	5.2	0.5	2.0		2.5	2.1	0.21	0.20	17		
	- 开花期		77.9	3.3	0.2	8.0	4.1	6.5	0.8	2.0	0.9	3.0	2.2	0.22	0.21	18		
	- 冬季		34.7	4.1	1.0	12.6	38.0	9.6	1.3	1.6		10.5	4.3	0.43	0.40	23		
	- 春季		25.7	5.1	1.3	16.4	40.7	10.8	1.0	1.0	6.1	12.0	4.5	0.45	0.43	28		
245	霸王 - 返青期	南戈壁省布尔干	71.9	2.5	0.4	7.5	13.9	3.8	1.2	0.8		4.6	2.1	0.21	0.20	17		
	- 开花期		71.4	3.4	0.2	4.9	16.7	3.4	1.2	1.5	3.2	4.8	4.8	0.48	0.22	24		
	- 结实期		53.0	7.5	0.6	12.7	16.4	9.8	2.3	0.2		7.1	7.1	0.71	0.28	52		
246	沙蒿 - 返青期	南戈壁省	60.1	6.5	0.8	7.3	20.2	5.1	1.1	1.8	4.4	6.8	3.5	0.35	0.31	50		
	- 开花期		54.0	7.2	1.1	12.6	22.1	2.9	3.1	1.4	4.6	8.4	3.7	0.37	0.34	47		

序号	草场类型/饲草饲料种类	采样地点	化学成分（%）										1 kg 鲜草/干草					
			水分	粗蛋白	粗脂肪	粗纤维	无氮浸出物	粗灰分	总糖	淀粉	木质素	总能（MJ）	代谢能（MJ）	效能单位	燕麦单位	可消化蛋白（g）	胡萝卜素（mg）	维生素C（mg）
	梭梭																	
247	- 返青期	南戈壁省巴彦达赖	52.7	7.3	0.7	9.8	18.3	11.2	1.3	1.3	3.9	7.0	3.2	0.32	0.31	51		
	- 开花期		58.9	6.2	0.5	10.2	15.3	8.9	0.7	0.7	3.6	6.2	2.8	0.28	0.26	43		
	- 结实期		60.8	6.1	0.5	10.9	11.8	9.9	0.6	0.7		5.7	2.5	0.25	0.24	42		
	沙蒿																	
248	- 开花期	南戈壁省巴彦达赖	66.0	4.8	2.5	5.5	18.8	2.4				6.5	2.4	0.24	0.22	24		
	- 枯草期		16.0	5.1	2.2	31.6	40.3	4.8				15.0						
4. 苔草																		
	球穗苔草																	
249	- 开花期	南戈壁省巴彦达赖	58.0	2.7	1.4	10.1	25.1	2.7				7.5	3.3	0.33	0.31	15		
	柄状苔草																	
250	- 返青期	色楞格省奈热木达勒	56.4	4.8	0.6	10.2	25.3	2.7	4.5	2.0	6.0	7.7	2.8	0.28	0.26	21		
	- 开花期		55.0	4.8	1.2	12.5	22.7	3.8	3.0	1.0	6.4	7.9	3.1	0.31	0.26	17		
	- 结实期		56.5	4.8	0.7	10.1	23.8	4.1	2.7	1.7	7.3	7.5	3.0	0.30	0.25	14		
	黑花苔草																	
251	- 结实期	色楞格省奈热木达勒	58.0	3.7	1.7	11.4	22.7	2.5				7.7	3.6	0.36	0.34	24		

序号	草场类型/饲草料种类	采样地点	化学成分（%）									1 kg鲜草/干草						
			水分	粗蛋白	粗脂肪	粗纤维	无氮浸出物	粗灰分	总糖	淀粉	木质素	总能（MJ）	代谢能（MJ）	效能单位	燕麦单位	可消化蛋白（g）	胡萝卜素（mg）	维生素C（mg）
	膀囊苔草																	
252	-结实期	色楞格省奈热木达勒	66.0	4.6	0.7	9.3	14.6	4.8				5.7	3.2	0.32	0.29	34		
	-枯草期		63.2	1.8	0.8	11.6	20.1	2.5				6.4	3.0	0.30	0.29	9		
253	直穗苔草 -结实期	色楞格省奈热木达勒	63.0	5.0	0.8	9.8	18.3	3.1				6.5	2.6	0.26	0.25	23		
	寸苔草																	
254	-返青期	中央省巴特苏木布尔	61.8	4.2	0.6	8.4	22.6	2.4	1.5	2.1		6.8	2.6	0.26	0.25	14		
	-开花期		58.2	5.2	0.9	9.1	23.4	3.4	2.2	1.5	5.4	7.4	3.1	0.31	0.30	38		
	-结实期		47.6	5.4	1.0	13.3	28.5	4.2	4.1	0.8	6.0	9.2	4.0	0.40	0.34	35		
5. 杂类草																		
255	薯 -开花期	中央省巴特苏木布尔	66.7	5.0	0.7	8.7	15.6	3.3	2.7	1.4		5.8						
256	蒿草 -结实期	中央省巴特苏木布尔	53.1	5.0	0.6	40.5	27.9	2.9	2.8	0.5	2.1	8.3	4.3	0.43	0.41	37		
257	点地梅 -返青期	中央省巴特苏木布尔	80.2	1.8	0.7	4.4	11.6	1.3	0.8	0.7		3.6						

序号	草场类型/饲草料种类	采样地点	水分	粗蛋白	粗脂肪	粗纤维	无氮浸出物	粗灰分	总糖	淀粉	木质素	总能（MJ）	代谢能（MJ）	效能单位	燕麦单位	可消化蛋白（g）	胡萝卜素（mg）	维生素C（mg）
							化学成分（%）							1 kg 鲜草/干草				
258	狼毒 - 开花期	中央省巴特苏木布尔	70.3	2.9	1.0	6.9	16.9	2.0	1.4	0.9		5.3						
	- 结实期		66.3	2.6	1.1	6.8	19.9	3.3				5.8						
259	山韭 - 开花期	中央省巴特苏木布尔	74.4	4.4	0.9	5.9	11.9	2.5	0.9	0.5	4.7	4.6	3.2	0.32	0.25	39		
	- 结实期		71.7	4.6	0.8	4.9	14.6	3.4	2.1	1.7	7.2	4.9	3.3	0.33	0.27	42		
260	星毛委陵菜 - 结实期	库苏古尔省乌兰乌拉	65.5	3.1	1.1	12.3	13.2	4.8				5.7					45	66
261	细叶鸢尾 - 结实期	库苏古尔省乌兰乌拉	56.2	3.4	2.8	17.9	15.7	4.0				7.9					57	24
262	老鹳草 - 结实期	中央省巴特苏木布尔、巴彦高勒	63.0	4.7	0.4	6.5	22.7	2.7	2.2	0.5		6.5						
263	多根葱 - 返青期	南戈壁省布尔干	70.6	6.2	1.0	4.4	14.1	3.7	1.0	0.5		5.2	3.1	0.31	0.29	56		
	- 开花期		71.5	7.5	1.0	4.6	11.9	3.5	1.2	0.6		5.1	3.1	0.31	0.29	67		
	- 结实期		70.8	6.5	1.4	6.4	12.8	2.1	1.5	0.7		5.5	3.7	0.37	0.36	58		

序号	草场类型/饲草料种类	采样地点	化学成分（%）									1 kg 鲜草/干草						
			水分	粗蛋白	粗脂肪	粗纤维	无氮浸出物	粗灰分	总糖	淀粉	木质素	总能（MJ）	代谢能（MJ）	效能单位	燕麦单位	可消化蛋白（g）	胡萝卜素（mg）	维生素C（mg）
263	- 仲夏	南戈壁省布尔干	72.0	5.9	1.3	6.8	11.1	2.9				5.1	2.4	0.24	0.22	53	17	
	- 孕蕾期		78.0	5.9	1.2	3.4	9.2	2.3				4.1	2.0	0.20	0.18	53	20	
	- 结实期		62.0	2.8	1.4	12.5	14.4	3.9				6.7	2.9	0.29	0.23	52	10	
	- 枯草初期		32.5	7.0	2.8	21.1	30.6	6.0				12.0	4.0	0.40	0.27	42		
	- 枯草期		12.0	3.8	2.1	26.1	42.0	14.0				14.0	4.5	0.45	0.33	23		
264	香青兰 - 开花期	南戈壁省布尔干	58.1	5.5	0.5	4.8	27.6	3.5	2.9	1.0		7.3						
265	蒙古葱 - 返青期	南戈壁省布尔干	86.4	3.9	0.2	2.3	5.0	2.2	0.5	0.2		2.4	1.1	0.11	0.12	35		
	- 开花期		82.4	3.5	0.4	3.4	7.7	2.6	0.6	0.3		3.0	1.4	0.14	0.16	31		
	- 结实期		78.1	4.8	0.6	3.7	9.8	3.0	0.6	0.6		3.8	2.3	0.23	0.19	43		
266	火绒草	中央省巴特苏木布尔	62.3	4.7	1.1	8.4	19.4	4.1	1.5	0.5		6.5					22	12
267	矮韭 - 开花期	中央省扎尔嘎朗特	65.7	6.6	0.9	12.4	12.2	2.2	1.3	0.9	5.4	6.3	2.6	0.26	0.18	59		
268	箭头唐松草 - 开花期	中央省巴特苏木布尔	57.6	5.6	0.9	8.7	23.8	3.4	2.3	0.7	7.5	7.5	3.2	0.32	0.30	38		

序号	草场类型/饲草料种种类	采样地点	化学成分（%）									总能（MJ）	1 kg 鲜草/干草					
			水分	粗蛋白	粗脂肪	粗纤维	无氮浸出物	粗灰分	总糖	淀粉	木质素		代谢能（MJ）	效能单位	燕麦单位	可消化蛋白（g）	胡萝卜素（mg）	维生素C（mg）
地榆																		
269	-开花期	中央省巴特苏木布尔	57.1	5.9	1.0	5.4	27.1	3.5	2.0	0.8	3.9	7.6						
	-结实期		67.5	1.9	0.9	8.5	18.7	2.5				5.7					30	20
蒙古白头翁																		
270	-开花期	中央省扎尔嘎朗特	80.7	1.8	0.5	8.8	11.8	1.4	0.7	0.4		3.4						
	-结实期		58.8	2.8	0.8	8.8	28.8	3.0	1.0	1.2		7.2						
二、栽培植物																		
（一）多年生																		
披碱草																		
1	-抽穗期	宗哈拉	74.0	5.9	0.8	10.3	6.4	2.6				4.7	2.7	0.27	0.21	47		
	-开花期		74.0	5.2	0.6	9.8	7.3	3.0				4.5	2.5	0.25	0.21	42		
老芒麦																		
2	-抽穗期	宗哈拉	74.0	5.6	0.6	11.0	5.4	3.4				4.5	2.5	0.25	0.19	45		
	-开花期		74.0	5.4	0.9	9.8	6.7	3.2				4.5	2.5	0.25	0.21	43		
冰草																		
3	-抽穗期	巴特苏木布尔	75.0	5.8	2.1	8.0	5.7	3.4				4.6	1.8	0.18	0.14	38		
	-开花期		62.5	5.6	1.2	13.2	13.9	3.6				6.6	2.7	0.27	0.20	37		

序号	草场类型/饲草料种类	采样地点	水分	粗蛋白	粗脂肪	粗纤维	无氮浸出物	粗灰分	总糖	淀粉	木质素	总能（MJ）	代谢能（MJ）	效能单位	燕麦单位	可消化蛋白（g）	胡萝卜素（mg）	维生素C（mg）
						化学成分（%）								1 kg 鲜草/干草				
4	无芒雀麦	巴特苏木布尔																
	- 拔节期		70.0	4.3	2.0	7.2	13.2	3.3				5.4	2.7	0.27	0.25	27		
	- 抽穗期		68.0	6.1	1.2	10.3	10.3	4.1				6.8	2.6	0.26	0.21	27		
	- 开花期		68.0	4.3	1.1	9.6	13.2	3.8				5.5	2.7	0.27	0.23	28		
5	草木樨	宗哈拉																
	- 孕蕾期		75.0	6.6	0.8	6.2	8.9	2.5				4.6	2.2	0.22	0.20	52		
	- 开花期		78.0	4.8	0.7	5.8	8.6	2.1				4.0	1.9	0.19	0.17	36		
6	黄花苜蓿	宗哈拉																
	- 孕蕾期		77.0	6.1	0.8	7.5	6.1	2.5				4.2	1.9	0.19	0.17	51		
	- 开花期		70.0	6.3	1.0	11.5	8.7	3.0				5.4	2.7	0.27	0.21	53		
7	紫花苜蓿	宗哈拉																
	- 孕蕾期		72.0	8.8	0.9	5.6	9.1	3.6				5.0	2.6	0.26	0.25	74		
（二）一年生																		
8	黑麦	宗哈拉																
	- 抽穗期		72.0	9.2	1.2	10.1	4.5	3.0				5.2	2.4	0.24	0.19	52		
	- 开花期		72.0	7.4	1.1	11.2	5.2	3.1				5.1	2.3	0.23	0.17	54		

序号	草场类型/饲草料种类	采样地点	化学成分（%）										1 kg鲜草/干草					
			水分	粗蛋白	粗脂肪	粗纤维	无氮浸出物	粗灰分	总糖	淀粉	木质素	总能（MJ）	代谢能（MJ）	效能单位	燕麦单位	可消化蛋白（g）	胡萝卜素（mg）	维生素C（mg）
	苏丹草																	
9	-拔节期	宗哈拉	71.0	3.1	0.9	9.1	12.9	2.7				5.0	3.1	0.31	0.27	23		
	-结实期		65.0	1.7	0.6	12.8	16.3	3.6				5.8	3.1	0.31	0.23	7		
10	燕麦+野豌豆 -结实期	宗哈拉	79.0	2.0	0.4	7.8	9.0	1.8				3.6	1.8	0.18	0.15	14		
11	燕麦+豌豆 -结实期	宗哈拉	80.3	1.7	0.5	6.7	9.2	1.6				3.4	1.7	0.17	0.14	12		
12	燕麦+山黧豆 -结实期	宗哈拉	77.0	2.3	0.5	8.5	10.0	1.7				4.0	1.9	0.19	0.17	17		
三、粗饲料																		
（一）天然草场																		
1. 森林草原带																		
1	杂类草 -结实期	宗哈拉	14.2	8.4	3.4	27.3	40.3	6.4				15.2	7.6	0.76	0.55	49		
	杂类草 -结实期	中央省宝日淖尔	19.1	10.9	2.1	24.4	36.9	6.6	8.3	4.7		14.2	6.8	0.68	0.5	60	56	33
	杂类草 -结实期	中央省扎尔嘎朗特	16.6	5.5	2.3	28.9	40.8	5.9	8.1	2.4		14.5	7.1	0.71	0.48	32	19	28
2	杂类草-豆科 -开花期	中央省乌科塔布尔	18.2	8.8	1.8	23.4	40.1	7.7	4.2	5.2		14.0	7.2	0.72	0.55	49	36	25
	-结实期		23.9	6.8	3.2	24.7	38.5	2.9	6.3	3.8		14.0	6.8	0.68	0.49	38	34	17

序号	草场类型/饲草料种类	采样地点	水分	粗蛋白	粗脂肪	粗纤维	无氮浸出物	粗灰分	总糖	淀粉	木质素	总能(MJ)	代谢能(MJ)	效能单位	燕麦单位	可消化蛋白(g)	胡萝卜素(mg)	维生素C(mg)
							化学成分（%）						1 kg鲜草/干草					
3	杂类草-禾草 -结实期	山地草甸	15.9	8.8	1.9	26.8	28.2	8.4				14.3	7.5	0.75	0.55	54		
	-枯草初期		19.2	7.0	2.5	26.0	39.0	6.3				14.1	6.1	0.61	0.40	47		
	杂类草-禾草 -结实期	河漫滩草甸	17.3	8.2	1.7	26.8	37.4	8.6				13.9	6.3	0.63	0.42	49		
	杂类草-禾草 -结实期	色楞格省阿拉坦布拉格	18.0	5.5	2.9	27.9	40.3	5.4	5.2	3.8		14.4	7.2	0.72	0.50	30	11	36
	杂类草-禾草 -结实期	额尔登特、乌兰陶勒盖	24.7	8.4	1.1	26.8	31.8	7.2	7.4	2.8		12.7	6.2	0.62	0.41	46	19	
	杂类草-禾草 -结实期	中央省扎尔嘎朗特	25.3	6.1	0.8	25.5	39.0	4.3	6.3	2.7		13.1	6.5	0.65	0.45	34		
4	杂类草-禾草-苔草 -结实期	中央省扎尔嘎朗特	15.4	9.7	3.2	29.1	34.2	8.4				14.7	6.7	0.67	0.44	54		
5	早熟禾-苔草 -结实期	中央省扎尔嘎朗特	15.0	9.6	1.5	21.1	43.2	9.5				14.2	6.1	0.61	0.45	58		
6	羊茅-苔草 -结实期	中央省扎尔嘎朗特	17.6	7.6	2.1	25.6	40.3	6.8				14.2	7.0	0.70	0.51	36		
7	冰草群落 -结实期	中央省巴彦朝克图、谷牧场	11.0	9.3	3.3	21.8	48.5	6.1	8.1	2.5		15.9	7.6	0.76	0.59	67	37	30

序号	草场类型/饲草料种类	采样地点	化学成分（%）										1 kg鲜草/干草					
			水分	粗蛋白	粗脂肪	粗纤维	无氮浸出物	粗灰分	总糖	淀粉	木质素	总能（MJ）	代谢能（MJ）	效能单位	燕麦单位	可消化蛋白（g）	胡萝卜素（mg）	维生素C（mg）
8	赖草属-禾草-杂类草-结实期	中央省扎尔嘎朗特	17.0	11.3	1.6	24.5	39.1	6.5				14.5	6.7	0.67	0.49	87		
	禾草-结实期	中央省巴彦朝克图	18.0	5.8	2.4	28.7	37.6	7.5	5.6	5.0		14.0	6.9	0.69	0.47	30	60	30
	禾草-结实期	色楞格省洪格尔	26.7	4.5	1.8	21.3	39.9	5.8				12.6	6.3	0.63	0.47	25	8	27
9	禾草-结实期	色楞格省沙林高勒	18.7	6.3	3.0	30.4	36	5.6				14.4	7.1	0.71	0.47	35	24	36
	禾草-结实期	色楞格省西哈拉	18.0	12.2	1.7	30.7	31.2	6.2				14.5	6.8	0.68	0.44	67	37	35
	禾草-杂类草-结实期	中央省巴特苏木布尔、沟谷	23.7	7.8	1.7	20.2	39.9	6.7	8.6	3.5		13.1	6.2	0.62	0.47	44	30	29
	禾草-杂类草-结实期	中央省巴特苏木布尔、布日嘎拉泰	24.4	8.2	2.9	25.3	33.9	5.3	7.2	2.8		13.5	6.4	0.64	0.45	47	90	40
	禾草-杂类草-结实期	中央省巴特苏木布尔、沙日谷	19.9	6.8	2.9	21.6	42.1	6.7	4.0	2.6		14	6.4	0.64	0.48	46	45	28
10	禾草-杂类草-结实期	中央省巴彦朝克图、谷牧场	24.6	8.9	1.9	26.5	33.5	4.6	8.0	4.3		13.4	6.5	0.65	0.44	49	21	15

序号	草场类型/饲草料种类	采样地点	化学成分（%）										1 kg鲜草/干草					
			水分	粗蛋白	粗脂肪	粗纤维	无氮浸出物	粗灰分	总糖	淀粉	木质素	总能（MJ）	代谢能（MJ）	效能单位	燕麦单位	可消化蛋白（g）	胡萝卜素（mg）	维生素C（mg）
	禾草-杂类草-结实期	中央省巴彦朝克图、谷牧场	17.3	9.0	2.2	21.3	43.8	6.4	6.5	4.2		14.5	7.0	0.70	0.55	49	24	39
	禾草-杂类草-结实期	色楞格省西哈拉	24.7	8.6	1.7	26.1	33.3	5.6	7.3	3.8		9.6	6.4	0.64	0.44	47	9	26
	禾草-杂类草-结实期	色楞格省洪格尔	12.0	9.5	1.6	31.0	38.4	5.5				15.9	7.1	0.71	0.47	52	41	38
	禾草-杂类草-结实期	色楞格省诺霍日勒	11.2	6.6	2.4	27.7	45.5	6.6	5.4	5.9		15.4	7.6	0.76	0.55	36	9	25
	禾草-杂类草-结实期	中央省扎尔格朗特、陶斯干	20.6	8.8	1.3	24.5	36.8	8.0	7.7	2.8		13.4	6.5	0.65	0.46	48	23	18
	禾草-杂类草-结实期	中央省色尔格楞	18.0	5.6	2.6	25.2	41.9	6.7	2.9	2.5		14.2	7.2	0.72	0.53	37	22	34
	禾草-杂类草-结实期	色楞格省璐木干	17.4	10.7	1.4	25.7	37.3	7.4	5.5	4.3		14.2	6.9	0.69	0.49	59	48	32
	禾草-杂类草-结实期	中央省乌科塔布尔	16.3	5.9	2.5	27.3	40.1	7.9	5.4	5.0		14.3	7.6	0.76	0.55	32	28	29
	禾草-杂类草-结实期	中央省乌科塔布尔	13.8	11.1	2.4	23.7	40.7	8.3				14.9	7.0	0.70	0.52	64	28	
10	禾草-杂类草-结实期	中央省宝日淖尔	25.0	5.1	3.3	20.0	40.1	5.8	4.2	2.3		13.2	6.4	0.64	0.50	28	97	42

序号	草场类型/饲草料种类	采样地点	化学成分（%）											1kg鲜草/干草				
			水分	粗蛋白	粗脂肪	粗纤维	无氮浸出物	粗灰分	总糖	淀粉	木质素	总能（MJ）	代谢能（MJ）	能量单位	燕麦单位	可消化蛋白（g）	胡萝卜素（mg）	维生素C（mg）
11	禾草-豆科-杂类草 - 开花初期	中央省宝日淖尔	17.6	7.9	3.8	24.9	36.5	9.3				14.2	7.1	0.71	0.52	46		
	- 开花期		12.0	11.8	1.9	26.0	40.3	8.0				15.2	7.2	0.72	0.52	64		
	- 结实期		18.0	8.5	1.7	26.0	37.6	7.6				13.9	6.1	0.61	0.40	53		
	- 平均		16.4	9.2	2.3	26.0	38.0	8.1				14.4	6.6	0.66	0.46	55		
12	禾草-杂类草-豆科 - 结实期（淋雨发黑）	中央省宝日淖尔	19.0	7.2	1.2	27.6	39.8	5.2				14.0	5.7	0.57	0.35	44		
13	禾草-莎草 - 枯草初期	中央省宝日淖尔	20.1	9.8	2.1	24.3	37.2	6.5				14.0	5.8	0.58	0.39	56		
14	披碱草属-针茅-杂类草类 - 结实期	色楞格省宗哈拉	12.0	11.9	2.4	24.8	40.9	7.4	10.3	5.3		15.3	6.9	0.69	0.50	65		
	披碱草属-针茅-杂类草类 - 结实期（淋雨发黑）	色楞格省宗哈拉	22.9	9.1	2.2	24.5	35.4	5.8	5.8	4.3		13.6	6.4	0.64	0.45	50		
15	莎草 - 开花期	色楞格省宗哈拉	15.4	9.4	1.6	28.2	36.5	8.9				14.2	6.9	0.69	0.47	62		

序号	草场类型/饲草料种类	采样地点	化学成分(%)									1 kg鲜草/干草						
			水分	粗蛋白	粗脂肪	粗纤维	无氮浸出物	粗灰分	总糖	淀粉	木质素	总能(MJ)	代谢能(MJ)	效能单位	燕麦单位	可消化蛋白(g)	胡萝卜素(mg)	维生素C(mg)
16	苔草-禾草-结实期	色楞格省宗哈拉	18.0	5.9	2.0	26.7	36.7	10.7				13.3	4.7	0.47	0.25	38		
17	针茅-禾草-杂类草-结实期	中央省阿塔尔	13.8	8.9	2.8	27.1	39.6	7.8	5.8	4.9		15.0	7.4	0.74	0.54	58	7	25
18	芦苇-禾草-苔草-结实期	中央省阿塔尔	18.0	3.7	1.8	23.6	44.9	6.8				13.6	6.5	0.65	0.44	15		
2. 草原区																		
19	羊茅草-8月	中戈壁	17.9	13.2	1.9	25.8	34.7	6.5				14.5	6.6	0.66	0.46	96		
20	芦苇-结实期	湖周边	19.7	6.2	1.1	29.8	33.6	9.6				13.1	6.0	0.60	0.36	34		
21	赖草属-杂类草-结实期	湖周边	15.7	8.7	1.1	29.8	38.4	6.3				14.5	7.2	0.72	0.49	52		
22	赖草属-禾草-杂类草-结实期	湖周边	16.4	9.3	2.1	25.5	40.0	6.7				14.6	7.0	0.70	0.51	56		
23	禾草-结实期	湖周边	15.3	7.5	3.4	26.6	40.3	6.9				14.9	7.4	0.74	0.54	45		

序号	草场类型/饲草料种类	采样地点	化学成分（%）									总能（MJ）	代谢能（MJ）	1 kg 鲜草/干草		可消化蛋白（g）	胡萝卜素（mg）	维生素C（mg）
			水分	粗蛋白	粗脂肪	粗纤维	无氮浸出物	粗灰分	总糖	淀粉	木质素			效能单位	燕麦单位			
24	禾草－杂类草 - 平均		16.3	11.3	1.9	26.7	33.6	10.2				14.1	7.2	0.72	0.52	88		
	- 开花期	湖周边	15.8	12.7	1.1	27.1	30.5	12.8				13.6	7.5	0.75	0.54	102		
	- 结实期		16.9	9.9	2.7	26.4	36.7	7.4				14.5	7.3	0.73	0.53	74		
	- 枯草初期		16.0	6.3	1.7	28.2	41.7	5.9				14.5	5.8	0.58	0.35	21		
25	禾草－锦鸡儿－杂类草 -9月	湖周边	20.8	7.3	2.4	24.1	37.5	7.9				13.5	4.9	0.49	0.29	34		
26	禾草－蒿属－锦鸡儿 - 结实期	湖周边	13.1	11.2	2.4	22.3	44.0	7.0				15.3	7.4	0.74	0.58	67		
27	针茅－赖草属 - 结实期	湖周边	17.6	7.6	2.1	25.6	40.3	6.8				14.2	5.3	0.53	0.36	35		
	针茅－禾草－杂类草 - 结实期	山地草原	16.0	9.8	1.4	26.7	40.5	5.6				14.8	7.1	0.71	0.50	54		
28	针茅－禾草－杂类草 - 结实期	草原	14.9	9.5	1.7	26.9	38.0	9.0				14.4	7.2	0.72	0.51	57		
29	针茅－禾草 - 结实期	草原	18.8	10.1	2.0	23.2	38.2	7.7				14.0	6.8	0.68	0.51	67		
30	蒿属－禾草 - 结实期	草原	15.0	9.6	1.5	31.1	38.2	9.5				14.2	7.0	0.70	0.45	58		

序号	草场类型/饲草料种类	采样地点	化学成分（%） 水分	粗蛋白	粗脂肪	粗纤维	无氮浸出物	粗灰分	总糖	淀粉	木质素	总能（MJ）	代谢能（MJ）	1 kg鲜草/干草 效能单位	燕麦单位	可消化蛋白（g）	胡萝卜素（mg）	维生素C（mg）
（二）栽培草																		
31	燕麦鲜草	中央省阿塔尔	14.7	8.5	1.5	24.1	46.4	4.8	3.1	1.8		15.0	7.7	0.77	0.60	48	60	28
	燕麦鲜草	中央省巴特苏木布尔、朱拉木泰	18.7	11.3	1.1	27.8	43.2	6.9	5.5	3.2		15.6	8.0	0.80	0.59	70	17	33
	燕麦鲜草	中央省巴彦朝克图、合牧场	12.3	8.6	2.8	23.3	47.6	5.4	7.7	4.5		15.6	8.0	0.80	0.64	49	18	46
	燕麦鲜草	中央省诺日霍勒	13.3	11.9	2.0	24.1	41.0	7.7	8.2	2.4		15.1	7.6	0.76	0.58	68	42	31
	燕麦鲜草 -开花期	中央省诺日霍勒	13.9	6.5	2.8	31.4	39.2	6.2				15.1	7.8	0.78	0.54	41		
	-结实期		16.3	7.3	1.7	28.8	39.2	6.7				14.4	7.1	0.71	0.49	37		
（三）麦秸																		
32	大麦秸	中央省诺日霍勒	15.0	4.6	1.8	33.6	38.2	6.8				14.4	4.9	0.49	0.20	13		

序号	草场类型/饲草料种类	采样地点	化学成分（%）									1 kg鲜草/干草						
			水分	粗蛋白	粗脂肪	粗纤维	无氮浸出物	粗灰分	总糖	淀粉	木质素	总能（MJ）	代谢能（MJ）	效能单位	燕麦单位	可消化蛋白（g）	胡萝卜素（mg）	维生素C（mg）
33	小麦秸	中央省诺雷日勒	15.2	4.9	1.0	33.0	40.4	5.5				14.5	5.8	0.58	0.31	22		
	小麦秸	中央省宝日淖尔	18.7	4.2	1.4	27.6	43.8	4.3				14.1	5.8	0.58	0.36	19	8	28
	小麦秸	色楞格省西哈拉	17.0	5.6	1.7	29.3	40.1	6.3				14.2	6.0	0.60	0.36	25	45	23
	小麦秸	中央省扎尔嘎朗特	12.4	6.0	2.6	33.1	39.9	6.0	1.6	3.1		15.3	6.3	0.63	0.36	27	21	27
	小麦秸	色楞格省宗哈拉	18.5	7.7	0.4	27.7	40.0	5.7	2.5	2.0		13.9	5.7	0.57	0.35	35	20	44
	小麦秸	色楞格省隰木干	18.2	6.7	1.2	24.4	44.7	4.8	0.6	1.8		14.2	5.4	0.54	0.34	30	36	25
	小麦秸	中央省乌科塔布尔	15.3	5.9	1.1	33.7	40.0	4.0				14.8	6.4	0.64	0.36	26	7	
	小麦秸	中央省帕尔提赞	15.0	5.3	1.1	27.6	45.4	5.6		2.1		14.5	4.8	0.48	0.25	24	7	26
	小麦秸	额尔登特、乌兰陶勒盖	24.6	7.2	0.5	26.5	36.0	1.7	5.1	2.2		12.9	5.5	0.55	0.34	32	8	

序号	草场类型/饲草料种类	采样地点	化学成分(%)									总能(MJ)	代谢能(MJ)	1 kg鲜草/干草				
			水分	粗蛋白	粗脂肪	粗纤维	无氮浸出物	粗灰分	总糖	淀粉	木质素			效能单位	燕麦单位	可消化蛋白(g)	胡萝卜素(mg)	维生素C(mg)
34	燕麦秸（碎）	中央省扎尔嘎朗特	15.9	10.4	2.9	21.0	43.0	6.8				14.9	5.7	0.57	0.41	30		
35	燕麦秸	中央省扎尔嘎朗特	15.8	6.3	1.3	30.2	39.8	6.6				14.3	5.7	0.57	0.32	21		
（四）草粉																		
36	禾草-杂类草-豆科-结实期	中央省扎尔嘎朗特	19.0	10.2	2.4	16.8	43.9	7.7				14.1	7.7	0.77	0.67	69	28	
37	多根葱-开花期	中央省扎尔嘎朗特	7.5	27.9	5.5	18.5	31.0	9.6				17.6	10.1	1.01	0.81	251	73	
38	荨麻-7月	中央省扎尔嘎朗特	9.3	9.2	3.5	17.8	45.7	14.5				14.8	7.2	0.72	0.60	72	94	
39	松针-3月	中央省扎尔嘎朗特	9.4	7.8	7.5	24.0	37.7	13.6				15.7	7.4	0.74	0.56	59	115	
40	豌豆-结实期	中央省扎尔嘎朗特	9.3	13.6	2.1	29.9	36.0	6.4				16.3	7.7	0.77	0.54	128	51	
41	燕麦-结实期	中央省扎尔嘎朗特	11.1	12.2	0.9	25.4	42.2	8.2				15.2	7.9	0.79	0.63	97		

四、多汁饲料

（一）青贮

序号	草场类型/饲草料种类	采样地点	化学成分（%）										1 kg 鲜草/干草					
			水分	粗蛋白	粗脂肪	粗纤维	无氮浸出物	粗灰分	总糖	淀粉	木质素	总能（MJ）	代谢能（MJ）	效能单位	燕麦单位	可消化蛋白（g）	胡萝卜素（mg）	维生素C（mg）
1	葵花	中央省阿塔尔	75.0	2.3	1.9	7.4	11.2	2.2	0.7	0.5		4.5	2.2	0.22	0.20	14	24	8
	葵花	中央省巴彦前达门	75.7	2.4	1.3	6.8	10.5	3.3	0.4	0.4		4.1	2.0	0.20	0.18	14	12	
	葵花	中央省巴特尔、乌兰陶勒盖	69.9	2.4	1.4	9.7	13.8	2.8	0.2	0.5		5.3	2.6	0.26	0.22	14	18	11
	葵花	中央省巴特尔、巴彦陶勒盖	72.1	3.2	1.4	7.2	13.8	2.3	0.8	0.9		5.1	2.3	0.23	0.21	19	19	
	葵花	中央省巴特尔、乌德勒格	76.2	2.9	0.7	7.0	10.3	2.9	0.8	0.9		4.0	2.1	0.21	0.19	17		
	葵花	中央省巴彦朝克图	73.3	3.2	2.3	6.6	11.8	2.8	0.6	0.5		4.9	2.5	0.25	0.23	19	20	38

序号	草场类型/饲草料种类	采样地点	化学成分（%）									总能（MJ）	代谢能（MJ）	1kg鲜草/干草				
			水分	粗蛋白	粗脂肪	粗纤维	无氮浸出物	粗灰分	总糖	淀粉	木质素			效能单位	燕麦单位	可消化蛋白（g）	胡萝卜素（mg）	维生素C（mg）
1	葵花	色楞格省西哈拉	77.7	2.0	0.9	7.8	9.1	2.5	0.3	0.4		3.8	1.8	0.18	0.15	13	16	
	葵花	色楞格省洪格尔	76.2	2.5	0.9	7.0	10.0	3.4				3.9	1.9	0.19	0.17	25	29	
	葵花	中央省扎尔嘎朗特	77.6	2.5	1.4	8.0	8.5	2.0	0.7	0.6		4.0	1.9	0.19	0.16	15	38	14
	葵花	色楞格省宗哈拉	73.0	2.8	0.7	7.7	10.6	5.2	0.2	0.5		4.2	2.1	0.21	0.18	16	32	10
	葵花	色楞格省额木干	70.2	1.9	1.3	7.7	15.9	3.0	0.3	2.1		5.1	2.5	0.25	0.23	11	17	23
	葵花	中央省诺霍日勒	75.8	3.4	0.8	6.0	11.5	2.5	0.3	0.4		4.2	2.1	0.21	0.19	20	19	7
	葵花	中央省乌科塔布尔	68.0	2.2	1.6	11.0	13.0	4.2				5.4	2.6	0.26	0.2	13	22	
	葵花	乌兰巴托、扎尔嘎朗特	71.9	2.4	1.2	8.2	13.3	3.0				4.8	2.4	0.24	0.21	14		
	葵花	额尔登特、乌兰陶勒盖	77.5	2.2	2.1	8.7	7.5	2.0				4.2	2.1	0.21	0.17	13		

序号	草场类型/饲草料种类	采样地点	水分	化学成分（%）								总能（MJ）	1 kg鲜草/干草					
				粗蛋白	粗脂肪	粗纤维	无氮浸出物	粗灰分	总糖	淀粉	木质素		代谢能（MJ）	效能单位	燕麦单位	可消化蛋白（g）	胡萝卜素（mg）	维生素C（mg）
	葵花-燕麦-大麦混合	中央省巴特苏木布尔	78.2	1.9	1.1	6.6	10.0	2.2	0.2	0.5		3.8	1.8	0.18	0.16	18	30	38
2	葵花-燕麦-大麦混合	中央省巴彦朝克图	59.2	3.7	1.3	11.7	21.5	2.6	0.9	1.2		7.2	3.5	0.35	0.29	21	30	
3	葵花-小麦	中央省色尔格楞	79.5	2.3	0.5	6.3	9.4	2.0				3.5	1.6	0.16	0.14	15		
4	葵花-燕麦	中央省乌科塔布尔	72.5	3.5	1.3	6.1	13.8	2.8				4.8	2.4	0.24	0.22	23	37	16
5	葵花-一年生禾草	中央省巴彦朝克图	64.9	2.3	1.5	8.8	19.8	2.7	6.0	7.0		6.2	3.0	0.30	0.27	15	38	
6	芜青	中央省巴彦达礤尼	70.8	2.3	1.6	10.9	11.9	2.5	1.2	0.6		5.2	3.1	0.31	0.26	17	12	12
7	燕麦	中央省宝日淖尔	77.2	3.4	0.7	7.8	8.9	2.0	0.5	1.1		4.0	2.0	0.20	0.17	20	23	
	燕麦	色楞格省西哈拉	69.8	3.1	1.7	9.2	13.1	3.1				5.3	2.6	0.26	0.22	18	10	12
8	燕麦-大麦混合	色楞格省阿拉坦布拉格	66.6	3.4	1.3	9.7	16.1	2.9	0.5	0.8		5.9	2.9	0.29	0.25	20		

序号	草场类型/饲草料种类	采样地点	化学成分（%）									1 kg鲜草/干草						
			水分	粗蛋白	粗脂肪	粗纤维	无氮浸出物	粗灰分	总糖	淀粉	木质素	总能（MJ）	代谢能（MJ）	效能单位	燕麦单位	可消化蛋白（g）	胡萝卜素（mg）	维生素C（mg）
9	玉米-芜青	色楞格省阿拉坦布拉格	76.5	2.6	0.9	6.2	4.0	2.8	0.3	2.6		2.8	2.2	0.22	0.20	14		
10	玉米-燕麦	色楞格省阿拉坦布拉格，黑然	61.9	3.5	1.7	8.3	21.7	2.9	0.5	0.5		6.8	2.6	0.26	0.23	19	34	
11	玉米-葵花-燕麦-豌豆混合	色楞格省阿拉坦布拉格	69.3	2.4	1.4	8.7	16.1	2.1	0.7	0.6		5.5	3.6	0.36	0.33	16		
12	秸秆青贮	中央省巴特苏木布尔	69.7	3.0	1.2	7.1	16.7	2.3	0.8	0.7		5.4	2.8	0.28	0.26	23		
（二）块根块茎类																		
	马铃薯	中央省巴特苏木布尔	78.1	2.6	0.1	0.5	17.8	0.9				3.9	2.6	0.26	0.28	20		
13	马铃薯	宗哈拉	80.7	3.1	0.1	0.4	14.9	0.8				3.5	2.1	0.21	0.24	24		
	马铃薯	鄂尔浑	75.6	2.2	0.2	0.5	20.3	1.2				4.3	2.7	0.27	0.31	17		
	马铃薯	扎尔嘎朗特	75.6	2.2	0.2	0.5	20.3	1.2				4.3	2.7	0.27	0.28	18		
	饲用甜菜	扎尔嘎朗特	88.9	1.9	0.3	1.1	6.5	1.3				1.9	0.7	0.07	0.08	13		
14	饲用甜菜	宗哈拉	88.8	2.0	0.2	1.1	6.4	1.3				1.9	0.8	0.08	0.09	14		
	饲用甜菜	扎尔嘎朗特	89.1	1.7	0.4	1.1	6.5	1.3				1.9	0.7	0.07	0.08	12		

序号	草场类型/饲草料种类	采样地点	水分	粗蛋白	粗脂肪	粗纤维	无氮浸出物	粗灰分	总糖	淀粉	木质素	总能(MJ)	代谢能(MJ)	效能单位	燕麦单位	可消化蛋白(g)	胡萝卜素(mg)	维生素C(mg)
15	胡萝卜	扎尔嘎朗特	86.3	1.6	0.4	1.3	9.3	1.1				2.4	1.6	0.16	0.15	11		
	胡萝卜	宗哈拉	89.5	1.0	0.2	0.8	7.7	0.8				2.1	1.2	0.12	0.12	7		
	胡萝卜	扎尔嘎朗特	83.1	2.3	0.6	1.7	10.9	1.4				3.0	1.9	0.19	0.18	15		
16	甜菜	扎尔嘎朗特	86.9	1.6	0.4	1.4	8.6	1.2				2.3	1.6	0.16	0.13	11		
	甜菜	宗哈拉	87.7	1.7	0.3	1.2	8.2	0.9				2.2	1.5	0.15	0.13	12		
	甜菜	鄂尔浑	86.4	1.6	0.3	1.7	8.8	1.2				2.3	1.5	0.15	0.14	11		
	甜菜	扎尔嘎朗特	86.6	1.6	0.6	1.4	8.8	1.0				2.4	1.5	0.15	0.14	11		
五、精饲料																		
1	大麦	扎尔嘎朗特	11.4	12.7	2.0	3.9	67.4	2.6				16.4	11.4	1.14	1.22	86		
	大麦	巴特苏木布尔	11.4	12.6	2.1	4.2	66.8	2.9				16.3	11.4	1.14	1.22	88		
	大麦	宗哈拉	13.6	13.8	1.7	3.0	65.4	2.5				16.0	11.4	1.14	1.21	97		
	大麦	英格图陶勒盖	11.6	14.6	1.9	6.2	63.2	2.5				16.4	11.3	1.13	1.22	102		
	大麦	图布希如勒呼	12.6	12.8	2.8	4.4	65.3	2.1				16.4	11.5	1.15	1.22	90		
	大麦	乌斜塔布尔	8.8	10.6	1.5	6.4	69.2	3.5	6.0	46.2		16.4	11.3	1.13	1.20	74		
2	糜子	乌斜塔布尔	12.1	14.5	2.7	10.1	56.1	4.5				16.2	9.4	0.94	0.96	109		
	糜子	扎尔嘎朗特	12.7	10.7	2.9	9.7	59.1	4.8				15.8	9.6	0.96	0.98	81	2	
	糜子	鄂尔浑	11.6	18.2	2.5	10.4	53.1	4.2				16.5	9.2	0.92	0.94	137		

序号	草场类型/饲草料种类	采样地点	化学成分（%）									1 kg鲜草/干草						
			水分	粗蛋白	粗脂肪	粗纤维	无氮浸出物	粗灰分	总糖	淀粉	木质素	总能（MJ）	代谢能（MJ）	效能单位	燕麦单位	可消化蛋白（g）	胡萝卜素（mg）	维生素C（mg）
3	豌豆	鄂尔浑	12.9	18.6	1.4	4.8	59.1	3.2				16.2	11.4	1.14	1.19	160		
	豌豆	宗哈拉	14.6	20.6	1.2	5.7	55.4	2.5				16.1	11.4	1.14	1.17	177		
	豌豆	巴特苏木布尔	11.5	15.5	1.8	5.3	62.1	3.8				16.3	11.6	1.16	1.22	134		
	豌豆	扎尔嘎朗特	15.7	19.5	1.1	4.5	55.6	2.6				15.7	11.1	1.11	1.16	168		
	豌豆	哈拉和林	9.7	18.5	1.7	3.8	62.3	3.7				16.7	12.0	1.20	1.25	162		
4	小麦	哈拉和林	12.9	11.7	1.7	2.6	65.9	3.6				15.5	11.5	1.15	1.17	115		
	小麦	巴特苏木布尔	13.7	12.5	2.0	3.3	66.0	2.5	3.9	42.1		16.0	11.5	1.15	1.13	108	0	21
	小麦	扎尔嘎朗特	11.2	13.9	2.3	1.7	68.7	2.2				16.6	12.1	1.21	1.22	120		
	小麦	宗哈拉	13.5	16.9	1.5	2.6	63.2	2.3	5.4	47.8		16.2	11.2	1.12	1.29	146	0	19
	小麦	英格图陶勒盖	12.0	15.5	2.1	2.0	66.4	2.0				16.6	12.0	1.20	1.20	134		
	小麦	鄂尔浑	10.9	17.3	2.0	2.9	64.3	2.6				16.7	12.0	1.20	1.22	149		
	小麦	图布希如勒呼	11.4	10.4	2.2	5.0	69.4	1.6				16.4	11.7	1.17	1.11	90		
	小麦	西部利亚种	17.1	10.2	1.3	1.7	60.8	8.9				13.9	10.3	1.03	1.05	88		
	小麦	布日嘎拉泰种	17.2	11.4	1.1	1.9	59.5	8.9				13.9	10.3	1.03	1.04	98		
	小麦	鄂尔浑种	17.7	11.0	1.3	1.3	59.8	8.9				13.9	10.2	1.02	1.03	95		

序号	草场类型/饲草料种类	采样地点	水分	粗蛋白	粗脂肪	粗纤维	无氮浸出物	粗灰分	总糖	淀粉	木质素	总能(MJ)	代谢能(MJ)	效能单位	燕麦单位	可消化蛋白(g)	胡萝卜素(mg)	维生素C(mg)
							化学成分(%)							1 kg 鲜草/干草				
	燕麦	鄂尔浑种	11.1	11.8	3.2	9.6	60.6	3.7				16.4	9.4	0.94	0.98	85		
	燕麦	巴特苏木布尔	9.7	12.0	3.4	6.3	64.8	3.8				16.7	9.8	0.98	1.01	79		
	燕麦	扎尔嘎朗特	8.8	7.9	2.6	10.0	66.6	4.1				16.4	9.2	0.92	0.95	59		
	燕麦	宗哈拉	14.9	13.3	3.2	9.9	54.9	3.8				15.8	9.1	0.91	0.91	101		
5	燕麦	鄂尔浑	12.2	14.3	3.2	11.3	54.9	3.5				16.3	9.5	0.95	0.95	111		
	燕麦	图布希如勒呼	10.4	11.8	4.4	12.7	57.3	3.4				16.9	9.6	0.96	0.98	90		
	燕麦	乌科塔拉	13.7	14.7	2.9	11.0	54.3	3.4				16.1	9.4	0.94	0.94	114		
	小麦麸皮	乌科塔拉	15.1	12.8	3.0	7.4	57.9	3.8				16.0	8.9	0.89	0.88	100		
	小麦麸皮	扎尔嘎朗特	11.6	13.8	2.4	7.5	61.2	3.5				16.3	8.8	0.88	0.92	110	6	29
	小麦麸皮	巴特苏木布尔	10.2	11.6	3.2	6.5	64.4	4.3				16.5	8.9	0.89	0.93	96		
6	小麦麸皮	哈拉和林	11.0	11.0	3.1	6.4	64.7	3.8				16.4	8.9	0.89	0.94	89		
	小麦麸皮	巴彦朗克图	21.2	13.2	2.8	6.9	52.5	3.4	8.7	22.7		14.7	7.9	0.79	0.81	102	0	24
	小麦麸皮	诺霍日勒	18.8	13.4	3.6	8.0	52.6	3.6	1.1	24.8		15.3	8.3	0.83	0.85	103	5	25
	小麦麸皮	乌兰巴托	17.9	13.5	3.1	9.3	52.2	4.0	3.9	22.8		15.3	8.1	0.81	0.83	104		
六、配合饲料																		
1	大麦15%, 燕麦15%, 豌豆8%, 芦苇50%, 肉骨粉6%, 多根葱4%, 盐2%		7.0	7.6	2.8	23.4	53.4	5.4				16.4	10.6	1.06	0.91	52		

序号	草场类型/饲草料种类	采样地点	化学成分（%）									总能（MJ）	代谢能（MJ）	1 kg鲜草/干草				
			水分	粗蛋白	粗脂肪	粗纤维	无氮浸出物	粗灰分	总糖	淀粉	木质素			效能单位	燕麦单位	可消化蛋白（g）	胡萝卜素（mg）	维生素C（mg）
2	大麦38%、多根葱4%、芦苇52%、肉骨粉4%、盐2%		7.8	6.6	1.6	21.7	53.1	9.2				15.4	8.9	0.89	0.75	51		
3	大麦40%、多根葱4%、芦苇50%、肉骨粉4%、盐2%		8.6	9.7	2.1	23.2	49.0	7.4				15.8	9.3	0.93	0.78	73		
4	大麦22%、多根葱8%、芦苇68%、盐2%		13.0	9.4	3.2	23.8	43.3	7.3				15.3	8.3	0.83	0.66	51		
5	大麦30%、秸秆68%、盐2%		8.7	5.6	2.9	25.1	49.0	8.7				15.3	8.7	0.87	0.69	44		
6	大麦30%、鲜芦苇68%、盐2%		11.1	8.6	1.5	28.6	44.1	6.1				15.4	8.2	0.82	0.61	65		
7	小麦20%、大麦12%、燕麦20%、肉骨粉5%、牧草40%、石灰2%、盐1%		7.9	9.8	2.7	20.4	53.1	6.0				16.3	9.3	0.93	0.80	68		

序号	草场类型/饲草料种类	采样地点	化学成分（%）									1 kg鲜草/干草						
			水分	粗蛋白	粗脂肪	粗纤维	无氮浸出物	粗灰分	总糖	淀粉	木质素	总能（MJ）	代谢能（MJ）	效能单位	燕麦单位	可消化蛋白（g）	胡萝卜素（mg）	维生素C（mg）
8	小麦48%、秸秆50%、盐2%		8.7	5.6	2.9	25.1	49.1	8.6				15.3	7.7	0.77	0.59	54		
9	小麦30%、牧草34%、秸秆34%、苏打2%		10.8	8.8	2.4	27.3	42.7	8.0				15.5	8.9	0.89	0.70	55		
10	小麦38%、芦苇60%、盐2%		8.9	7.5	1.1	22.9	49.8	9.8				15.4	6.9	0.69	0.52	50		
11	燕麦30%、牧草68%、盐2%		12.5	7.5	2.9	25.8	42.8	8.5				15.0	7.8	0.78	0.59	62		
12	燕麦30%、芦苇68%、盐2%		9.3	8.0	2.1	28.9	42.1	9.6				15.2	6.6	0.66	0.43	54		
13	麸皮25%、大麦25%、燕麦10%、小米20%、小麦10%、奶粉9%、盐1%		9.3	11.1	6.1	0.3	70.8	2.4				17.6	10.2	1.02	1.10	99		
14	麸皮30%、小麦10%、大麦10%、燕麦20%、豌豆10%、肉粉4%、牧草15%、盐1%		8.4	14.2	3.1	3.3	59.2	6.8				15.6	9.6	0.96	1.07	117		

序号	草场类型/饲草料种类	采样地点	化学成分（%）										1 kg 鲜草/干草					
			水分	粗蛋白	粗脂肪	粗纤维	无氮浸出物	粗灰分	总糖	淀粉	木质素	总能（MJ）	代谢能（MJ）	效能单位	燕麦单位	可消化蛋白（g）	胡萝卜素（mg）	维生素 C（mg）
15	麸皮 25%、小麦 20%、大麦 10%、燕麦 15%、肉粉 5%、牧草 22%、骨粉 2%、盐 1%		10.6	10.3	2.4	13.9	56.8	6.0				15.8	9.3	0.93	0.90	89		
16	麸皮 40%、小麦 10%、大麦 8%、燕麦 8%、牧草 30%、针叶粉 2%、石灰 1%、盐 1%		7.7	12.2	2.2	12.0	57.5	8.4				16.0	8.8	0.88	0.86	97		
17	麸皮 34%、小麦 14%、大麦 10%、燕麦 10%、秸秆 30%、盐 2%		12.4	11.1	1.6	18.3	49.2	7.4				15.1	8.7	0.87	0.76	95		
18	麸皮 30%、小麦 34%、秸秆 32%、骨灰粉 2%、盐 2%		8.2	12.2	2.0	19.9	50.5	7.2				16.1	9.3	0.93	0.81	90		
19	麸皮 29%、小麦 35%、秸秆 34%、盐 2%		10.5	7.6	1.7	16.6	57.6	6.0				15.5	10.3	1.03	0.95	90		

序号	草场类型/饲草料种类	采样地点	化学成分（%）										1 kg鲜草/干草						
			水分	粗蛋白	粗脂肪	粗纤维	无氮浸出物	粗灰分	总糖	淀粉	木质素	总能（MJ）	代谢能（MJ）	效能单位	燕麦单位	可消化蛋白（g）	胡萝卜素（mg）	维生素C（mg）
20	籽籽型颗粒料		19.5	11.2	2.1	7.6	56.0	3.6				14.7	8.6	0.86	0.88	88		
21	混合饲料粉		14.3	10.7	2.1	10.2	57.8	4.9				15.3	8.4	0.84	0.83	84		
22	籽粒、秸秆混合饲料		15.6	10.2	2.0	14.7	52.7	4.8				15.1	7.1	0.71	0.63	64		
23	发酵麸皮+燕麦		10.0	15.1	2.8	10.2	57.8	4.1				16.7	9.6	0.96	0.96	104		
24	发酵麸皮+啤酒渣		9.7	16.9	4.4	12.0	51.4	5.6				16.9	9.3	0.93	0.91	130		
七、动物源饲料																		
1	骆驼初乳		81.5	10.8	3.3		3.1	1.3				4.4	3.6	0.36	0.45	107		
2	骆驼奶		85.8	3.8	5.9		3.8	0.7				3.9	2.6	0.62	0.44	37		
3	马奶		85.7	3.0	2.3		8.2	0.8				3.1	2.4	0.24	0.28	27		
4	牛奶		87.0	4.0	4.8		3.4		0.8			3.5	2.9	0.29	0.41	38		
5	牦牛奶		80.7	5.3	7.9		5.2		0.9			5.3	4.6	0.46	0.56	47		
6	蒙藏杂种牛牛奶		84.2	4.0	5.8		5.1		0.9			4.2	3.5	0.35	0.44	38		
7	黄白花-蒙古牛杂种牛牛奶		86.4	3.7	4.6		4.6		0.7			3.5	3.0	0.30	0.41	35		

序号	草场类型/饲草料种类	采样地点	化学成分（%）									1 kg 鲜草/干草						
			水分	粗蛋白	粗脂肪	粗纤维	无氮浸出物	粗灰分	总糖	淀粉	木质素	总能（MJ）	代谢能（MJ）	效能单位	燕麦单位	可消化蛋白（g）	胡萝卜素（mg）	维生素C（mg）
8	绵羊奶																	
	- 泌乳初期		80.6	5.7	7.5		5.4		0.3			5.3	4.5	0.45	0.60	56		
	- 泌乳中期		81.7	5.4	7.0		5.1		0.8			5.0	4.4	0.44	0.60	53		
	- 泌乳后期		81.0	5.8	7.6		4.8		0.8			5.2	4.5	0.45	0.60	57		
9	肉粉																	
	- 牛源		16.4	73.2	6.7			3.7				19.4	7.2	0.72	0.96	522		
	- 绵羊源		11.9	78.4	6.2			3.5				21.2	12.9	1.29	1.12	630		
	- 山羊源		12.6	78.9	4.7			3.8				20.7	12.2	1.22	1.06	628		
10	肉 - 骨粉																	
	- 牛源		18.2	52.1	6.3			23.4				14.9	11.0	1.10	1.00	396		
	- 绵羊源		13.5	61.7	3.2			21.6				16.0	9.2	0.92	0.81	441		
	- 山羊源		12.9	63.3	2.2			21.6				16.0	8.8	0.88	0.78	462		

注：1. 苏联在饲料营养价值评定所用"燕麦单位"指标在蒙古国沿用至今。中等品质的 1 kg 燕麦 =0.6 个淀粉单位。

2. 饲料料营养价值评定时所用的"效能单位"，10 MJ=1 个效能单位。

表 25　放牧场植物的化学组成（绝干基础）

单位：%

序号	植物名、采样时间	粗蛋白	粗脂肪	粗纤维	无氮浸出物	粗灰分	NDF	ADF	木质素	半纤维素	纤维素	干物质消化率
一、	高山带											
1	杂类草 - 禾草，7 月 29 日	9.4	3.3	27.9	53.0	6.4	66.0	33.1	5.3			
2	小禾草 - 冷蒿，7 月 26 日	16.1	4.7	25.1	47.5	6.6	55.8	29.0	4.1			
3	寸草苔 - 早熟禾 - 冷蒿，7 月 24 日	8.6	3.4	31.5	48.1	8.4	58.4	35.7	5.1			
4	寸草苔 - 早熟禾 - 委陵菜，7 月 24 日	14.4	3.3	24.4	49.5	8.4	51.8	29.1	4.0			
二、	森林草原带											
5	早熟禾 - 苔草 - 雀麦，7 月 27 日	15.6	3.3	23.6	48.5	9.0	49.6	30.0	4.0			
6	早熟禾 - 羊草 - 冷蒿，7 月 28 日	15.7	3.7	21.0	51.2	8.4	42.2	29.0	4.7			
7	羊茅 - 冷蒿 - 杂类草，7 月 27 日	13.3	3.4	22.6	51.3	9.4	46.6	29.1	4.6			
8	冰草 - 寸草苔 - 杂类草，8 月 27 日	13.8	5.1	24.8	48.5	7.8	54.5	32.6	6.9			
9	苔草 - 早熟禾 - 雀麦，7 月 24 日	12.4	3.2	26.4	49.7	8.3	48.1	32.0	4.0			
10	禾草 - 冷蒿，7 月 30 日	9.9	2.9	25.0	55.5	6.7	66.9	32.1	5.3			
11	羊草 - 早熟禾 - 冷蒿，7 月 27 日	15.0	3.4	19.8	53.4	8.4	42.6	26.8	3.8			
12	针茅 - 冷蒿，7 月 31 日	10.0	4.4	26.0	51.1	7.9	52.5	32.3	5.4			
13	冷蒿，8 月 15—24 日	21.1	3.7	23.7	42.4	9.7	36.9	30.1	6.7			
14	狭叶锦鸡儿，8 月 24 日	23.4	4.5	20.2	44.9	7.0	28.4	22.6	6.7			
15	冰草，8 月 24 日	20.7	5.0	28.2	38.9	7.2	53.1	28.8	4.2			
16	西伯利亚针茅，8 月 3 日	14.8	3.6	31.1	44.4	6.1	65.2	36.6	4.0			

序号	植物名，采样时间	粗蛋白	粗脂肪	粗纤维	无氮浸出物	粗灰分	NDF	ADF	木质素	半纤维素	纤维素	干物质消化率
17	寸草苔，8月3日	14.1	3.4	21.8	50.3	10.4	52.4	28.2	4.4			
18	偃麦草，8月24日	19.2	5.1	25.3	42.2	8.2	53.5	30.6	5.0			
19	寸草苔，8月3—24日	16.7	3.4	21.5	50.7	7.7	55.7	27.0	3.6			
20	大针茅，8月15—20日	15.4	3.1	26.0	49.2	6.3	59.3	29.5	5.6			
21	矮葱，8月24日	24.3	6.1	13.9	42.6	13.1	21.4	19.9	3.1			
三、草原区												
22	冰草-羊草-冷蒿，7月3日	12.9	3.0	30.0	48.1	6.0	62.1	25.3	4.7			
23	冰草-羊草，7月7日	12.5	4.6	24.1	50.7	8.1	52.0	28.4	4.1			
24	羊草-冰草-冷蒿，7月2日	10.8	3.4	26.2	53.5	6.1	52.4	33.2	5.1			
25	羊草-冰草-苜蓿，7月3日	16.3	4.1	23.1	49.4	7.1	49.8	27.1	3.7			
26	披碱草-大针茅，7月	6.9	2.3	31.0	54.1	5.7	58.9	39.9	7.3				55.8
27	大针茅-苔草，8月	8.1	2.5	30.5	52.8	6.1	65.0	39.3	8.2				55.0
28	苔草-冰草-冷蒿，7月3日	11.7	3.4	27.6	51.3	6.0	59.0	31.8	4.6			
29	寸草苔-杂类草，7月12日	9.5	3.3	22.8	53.0	11.4	52.3	27.8	4.3			
30	寸草苔-冰草，7月18日	19.3	5.3	22.8	44.6	8.0	53.7	28.6	5.0			
石生针茅												
31	7月30日	8.6	3.1	25.8	55.8	6.7	70.3	32.7	4.3				78.7
	8月19日	7.3	4.1	30.0	54.2	4.4	76.5	37.7	6.5				56.4

序号	植物名，采样时间	粗蛋白	粗脂肪	粗纤维	无氮浸出物	粗灰分	NDF	ADF	木质素	半纤维素	纤维素	干物质消化率
32	冰草，7月30日	8.6	3.0	27.4	54.2	6.8	65.0	33.0	4.8			76.4
四、戈壁区												
33	冷蒿-戈壁针茅，7月	8.8	6.1	25.2	53.3	6.6	48.9	30.2	7.5			78.8
34	冷蒿-多根葱，7月	11.3	5.5	23.0	49.4	10.8	45.6	30.4	8.3			78.6
35	红沙-珍珠柴，8月	6.9	2.4	17.2	49.4	24.1	40.3	24.3	9.2			83.6
36	戈壁针茅，8月29—31日	9.4	4.0	29.9	49.0	7.7	62.9	35.2	6.5			74.7
37	戈壁针茅-假木贼，8月	10.6	4.2	53.1	24.9	7.2	47.1	29.9	6.4			79.0
38	戈壁针茅-珍珠柴，4月16日	9.0	2.5		72.6	15.9	22.2	15.0	5.5	7.3	9.4	
39	戈壁针茅-冰草-冷蒿，8月	8.1	5.5	52.0	24.7	9.7	51.1	31.0	8.3			78.1
	戈壁针茅-多根葱											
40	7月	13.8	6.1	26.1	47.4	6.6	54.9	29.7	6.7			79.2
	8月	8.8	7.0	26.5	50.4	7.3	53.2	31.4	8.1			74.8
41	戈壁针茅-多根葱-杂类草，8月19日	16.4	5.8	17.5	49.6	10.7	52.6	25.4	5.0			84.5
42	戈壁针茅-锦鸡儿，4月13日	4.4	3.3	24.9	58.7	8.7	45.7	26.4	5.3	19.3	21.2	56.0
43	多根葱-戈壁针茅，8月14日	18.6	7.0	19.6	45.5	9.3	48.2	26.4	5.3			82.9
44	针茅-冰草，8月	12.5	4.5	23.6	52.7	6.7	52.8	29.4	6.4			79.4
45	针茅-锦鸡儿，8月	11.3	2.5	29.5	50.5	6.2	64.3	36.6	6.7			73.5

序号	植物名、采样时间	粗蛋白	粗脂肪	粗纤维	无氮浸出物	粗灰分	NDF	ADF	木质素	半纤维素	纤维素	干物质消化率
46	冷蒿-开花期	12.5	4.8	23.1	47.9	11.7	20.2	13.6	3.0	6.6	10.6	77.8
	假木贼											
47	8月31日	8.4	2.4	9.0	49.0	31.2	11.7	7.7	1.2	4.0	6.5	85.4
	2月5日	4.3	2.5	15.8	56.0	21.4	47.3	30.5	15.6	16.7	14.9	41.8
	珍珠柴											
	7月31日	8.6	2.0	13.2	45.5	30.7	24.8	11.5	3.8	13.3	7.7	72.8
48	10月22日	4.7	3.1	12.0	52.4	27.8	34.5	18.5	7.3	16.1	11.1	67.7
	2月5日	5.5	3.1	14.1	54.8	22.5	45.1	25.1	12.0	20.0	13.1	58.2
	4月16日	9.0	2.6	21.2	50.4	16.8	37.5	21.2	9.2	16.3	11.9	33.7
49	旱蒿，7月31日	11.2	6.9	21.3	49.7	10.9	20.2	14.3	3.5	5.8	10.9	80.7
50	薯状菊蒿，10月20日	3.7	8.6	15.7	55.0	17.0	24.6	16.8	6.6	7.8	10.3	78.9
51	大苞鸢尾，7月30日	1.1	4.2	31.7	55.8	7.2	42.0	30.3	4.0	11.7	26.3	84.1
	戈壁针茅											
	7月29—31日	6.8	4.1	27.3	54.7	7.1	45.9	23.0	5.3	22.9	17.7	64.8
52	10月20日	1.7	5.3	25.5	60.0	7.5	57.8	29.4	5.9	28.5	23.4	57.4
	2月6日	2.9	4.1	22.9	62.8	7.3	58.9	30.2	5.0	27.7	25.1	62.5
	4月13日	1.3	3.7	21.4	65.1	8.5	51.7	26.6	2.7	25.0	24.0	

序号	植物名、采样时间	粗蛋白	粗脂肪	粗纤维	无氮浸出物	粗灰分	NDF	ADF	木质素	半纤维素	纤维素	干物质消化率
53	冰草，7月29日	7.1	3.1	29.7	54.7	5.4	42.4	23.0	3.6	19.5	19.3	55.6
54	梭梭											
	7月31日	6.6	1.8	15.5	48.3	27.8	14.6	7.7	1.9	6.9	5.7	70.3
	10月22日	2.2	2.6	20.4	54.4	20.4	31.6	19.3	6.9	12.3	12.4	49.6
	2月8日	3.6	2.5	19.1	48.4	26.4	42.9	24.9	8.3	18.0	16.6	38.5
	4月16日	6.2	2.6	16.5	49.6	25.1	34.6	19.1	6.2	15.5	12.9	49.6
55	矮锦鸡儿											
	7月29日	11.6	2.5	23.3	54.7	7.9	27.6	20.2	8.3	7.4	11.9	49.8
	10月20日	5.8	3.1	33.8	52.4	4.9	48.8	35.6	17.5	13.2	18.1	25.5
	2月7日	7.2	3.2	32.4	51.6	5.6	58.6	43.3	21.3	15.3	22.0	30.1
56	西伯利亚针茅，7月9—12日	15.3	2.8	33.0	41.0	7.9	66.7	38.1	4.3			
57	多根葱											
	7月19日	35.5	4.5	14.2	45.8	10.4	24.3	24.1	5.1			76.2
	8月12日	13.6	3.5	20.0	52.0	10.9	37.7	28.1	8.3			
	多根葱	20.6	6.0	16.0	45.8	11.6	29.9	26.4	4.8			90.2

序号	植物名、采样时间	粗蛋白	粗脂肪	粗纤维	无氮浸出物	粗灰分	NDF	ADF	木质素	半纤维素	纤维素	干物质消化率
58	蒙古葱											
	8月12日	15.5	2.8	19.3	51.2	11.2	33.1	26.0	5.3			79.2
	蒙古葱	20.4	5.6	9.9	44.4	19.7	20.8	15.0	2.2			91.8
59	猪毛菜											
	7月31日	8.5	3.0	6.0	40.5	42.0	9.3	5.3	1.9	4.1	3.4	82.0
	10月22日	5.8	3.0	7.0	35.7	48.5	10.7	9.2	4.0	4.5	5.2	70.8
	4月16日	10.0	3.1	16.5	50.3	20.1	36.2	20.4	8.6	15.7	11.9	43.7
60	红沙											
	7月31日	4.4	1.6	15.7	46.5	30.0	29.7	19.8	8.0	9.9	11.9	48.0
	10月22日	5.4	2.3	21.1	61.0	10.2	38.2	24.6	10.5	13.4	13.7	37.8
	4月16日	3.8	3.6	39.4	47.0	6.2	68.7	51.0	21.5	17.7	29.5	14.6
61	篦齿蒿, 10月20日	6.9	9.5	20.7	53.5	9.4	35.5	22.6	6.0	12.9	16.7	65.5
62	隐子草, 7月31日	7.8	2.4	23.2	53.1	13.5	34.7	16.4	3.1	18.2	13.4	61.6
63	细叶鸢尾, 10月22日	2.6	7.3	29.1	52.9	8.1	45.6	31.6	4.0	14.0	27.6	86.2
64	篦齿蒿, 7月30日	11.0	3.5	19.9	51.9	13.7	23.1	15.4	3.8	7.7	11.6	80.2

表 26 单种植物化学成分（绝干基础） 单位：%

序号	植物名	粗蛋白	粗脂肪	粗纤维	无氮浸出物	粗灰分
一、禾本科						
1	画眉草属					
	- 开花期	14.3	0.5	28.5	49.4	7.3
	- 枯草初期	7.7	1.4	28.5	55.9	7.1
2	早熟禾属					
	- 返青期	6.0	1.1	23.0	62.9	7.0
	- 开花期	8.6	0.8	27.6	55.1	7.9
	- 结实期	9.5	3.1	26.8	51.9	8.7
	- 枯草初期	4.9	1.5	34.3	51.8	7.5
	- 枯草期	2.9	1.2	35.1	50.3	10.5
3	羊茅属					
	- 拔节期	11.4	2.4	24.4	52.8	9.0
	- 抽穗期	12.7	2.8	27.8	48.6	8.0
	- 开花期	11.3	2.9	35.3	44.3	6.2
	- 结实期	10.5	2.4	32.6	50.5	4.0
	- 枯草初期	4.4	1.7	37.7	51.2	5.0
4	戈壁针茅					
	- 返青期	18.5	2.8	31.6	40.5	6.6
	- 分蘖期	12.4	3.6	30.3	50.6	3.1
	- 抽穗期	11.6	3.3	30.6	48.6	5.9
	- 开花期	19.6	5.2	24.5	44.0	6.7
	- 结实期	12.3	3.4	25.6	53.7	5.0
	- 枯草初期	10.3	3.4	24.7	53.9	7.7
	- 秋枯期	4.6	5.8	28.7	49.9	11.0
	- 冬枯期	2.5	3.3	36.4	45.7	12.1
	- 春枯期	2.2	2.7	34.8	52.3	8.0
5	菭草属					
	- 抽穗期	10.2	3.9	28.7	50.9	6.3
	- 开花期	10.0	3.9	29.3	48.0	8.8
	- 结实期	6.5	3.0	36.1	44.8	9.6
	- 枯草初期	5.1	4.0	40.3	40.7	9.8

序号	植物名	粗蛋白	粗脂肪	粗纤维	无氮浸出物	粗灰分
6	芨芨草					
	- 返青期	11.7	3.7	36.1	39.6	8.9
	- 结实期	12.0	3.7	31.4	45.1	7.8
	- 枯草初期	6.6	1.5	39.1	45.3	7.5
	- 冬枯期	4.1	1.8	45.7	41.1	7.1
	- 春枯期	3.2	1.2	46.0	43.0	6.6
7	糙隐子草					
	- 返青期	15.5	3.9	26.0	47.0	7.6
	- 分蘖期	11.1	2.6	32.6	47.4	6.3
	- 开花期	10.1	2.9	33.3	46.4	7.1
	- 结实期	8.5	2.2	24.7	56.0	8.6
	- 枯草初期	6.4	2.7	29.8	54.0	7.1
	- 枯草期	3.7	2.0	33.3	53.7	7.3
8	冰草					
	- 抽穗期	11.0	3.0	27.8	53.0	5.2
	- 开花期	12.6	3.6	32.2	45.0	6.6
	- 开花后期	14.4	3.4	31.1	46.1	5.0
	- 结实期	6.9	1.8	30.3	55.0	6.0
	- 枯草初期	4.7	1.4	34.2	51.9	7.8
	- 枯草期	1.5	2.3	48.6	40.1	7.5
9	沙生针茅					
	- 抽穗期	11.6	2.7	32.0	48.0	5.7
	- 开花期	15.9	3.8	29.9	41.3	9.1
	- 结实期	13.0	4.6	22.6	47.5	12.3
	- 枯草期	3.4	4.8	31.0	53.7	7.1
10	西伯利亚针茅					
	- 抽穗期	14.8	3.4	31.7	42.1	8.0
	- 结实期	6.7	0.4	43.5	43.8	5.6

序号	植物名	粗蛋白	粗脂肪	粗纤维	无氮浸出物	粗灰分
11	老芒麦					
	- 抽穗期	24.1	3.3	27.6	34.0	11.0
	- 开花期	18.6	2.5	32.4	40.6	5.9
	- 结实期	14.1	2.7	30.8	45.2	7.2
	- 枯草初期	5.1	1.0	34.6	51.2	8.1
12	假梯牧草					
	- 抽穗期	8.3	2.2	35.7	48.5	5.3
13	大针茅					
	- 拔节期	9.8	2.2	34.0	50.0	4.0
14	星星草					
	- 返青期	16.2	2.5	28.0	47.4	5.9
	- 分蘖期	13.5	2.0	27.4	51.6	5.5
	- 抽穗期	10.3	2.7	26.5	54.9	5.6
	- 开花期	7.9	2.2	24.9	59.8	5.2
	- 结实期	5.6	2.4	27.4	59.4	5.2
15	纤溚草					
	- 返青期	12.7	1.2	24.5	55.2	6.4
	- 抽穗期	12.0	3.9	28.7	51.0	6.2
	- 开花期	6.5	2.7	34.2	50.0	6.6
	- 结实期	5.1	4.1	40.3	40.7	9.8
	- 枯草期	3.2	1.7	36.0	52.5	7.6
16	芒剪股颖					
	- 结实期	11.3	2.9	28.4	53.8	3.6
17	克氏针茅					
	- 返青期	16.8	2.6	23.4	51.8	5.4
	- 分蘖期	15.6	3.5	24.5	50.4	6.0
	- 抽穗期	12.5	2.0	24.1	57.1	4.3
	- 开花期	10.5	3.2	27.7	54.1	4.5
	- 结实期	14.0	3.3	26.1	51.1	5.5
	- 枯草初期	9.0	3.7	24.7	56.6	6.0

序号	植物名	粗蛋白	粗脂肪	粗纤维	无氮浸出物	粗灰分
18	兴安蚤缀					
	- 返青期	14.9	3.6	32.6	43.6	5.3
	- 枯草初期	9.7	4.0	36.0	43.1	7.2
	- 枯草期	4.3	3.5	36.7	49.4	6.1
19	异燕麦					
	- 开花期	8.8	2.2	38.5	42.4	8.1
20	伊尔库特雀麦					
	- 开花期	15.4	2.5	33.7	41.2	7.2
二、豆科						
21	阿尔泰黄耆					
	- 开花期	15.2	4.8	21.0	52.9	6.1
22	蒙古岩黄芪					
	- 开花期	21.8	3.7	14.4	53.7	6.4
23	矮锦鸡儿					
	- 结实期	16.6	2.5	8.2	64.0	8.7
24	歪头菜					
	- 开花期	14.1	1.8	30.2	46.8	7.1
25	甘草					
	- 枯草期	3.6	4.3	38.9	42.6	10.6
26	披针叶黄华					
	- 开花期	17.7	2.1	26.1	48.8	5.3
三、莎草科						
27	三棱草					
	- 开花后期	15.0	4.1	29.4	44.8	6.7
28	柄状苔草					
	- 拔节期	13.8	2.1	25.6	51.5	7.0
	- 抽穗期	14.8	2.7	26.9	48.5	7.1
	- 开花期	13.6	2.2	28.1	48.4	7.7
	- 结实期	10.9	4.2	27.8	51.8	5.3
29	小粒苔草					
	- 结实期	12.3	4.1	23.5	53.9	6.2

序号	植物名	粗蛋白	粗脂肪	粗纤维	无氮浸出物	粗灰分
30	大穗苔草					
	- 结实期	4.8	2.3	28.3	53.2	11.4
31	沼泽荸荠					
	- 开花期	12.6	2.4	26.9	48.6	9.5
32	狭果苔草					
	- 结实期	10.2	2.4	24.5	57.3	5.6
33	无脉苔草					
	- 结实期	12.2	4.2	23.5	53.9	6.2
34	黑花苔草					
	- 枯草初期	8.7	4.8	27.1	54.1	5.9
35	直穗苔草					
	- 结实期	13.6	2.1	26.5	49.4	8.5
36	寸草苔					
	- 返青期	12.1	4.2	20.7	56.8	6.2
	- 开花期	11.3	2.4	22.9	53.5	9.9
	- 结实期	13.2	3.7	19.2	56.5	7.4
	- 枯草初期	13.1	3.6	21.7	53.3	8.3
四、杂类草						
37	阿尔泰紫菀					
	- 枯草初期	16.4	6.2	23.8	39.9	13.7
38	欧亚唐松草					
	- 返青期	12.0	3.6	14.6	63.1	6.7
	- 开花期	10.8	3.2	19.5	57.2	9.3
39	花旗杆属					
	- 枯草后期	15.3	1.3	24.8	44.9	13.7
40	矮大黄					
	- 枯叶	1.4	0.9	12.4	83.8	1.5
41	碱蒿					
	- 结实期	11.4	8.4	27.5	45.0	7.7
	- 枯草期	3.7	5.8	31.8	53.8	4.9

序号	植物名	粗蛋白	粗脂肪	粗纤维	无氮浸出物	粗灰分
42	三裂亚菊					
	- 返青期	6.6	6.1	14.6	64.0	8.7
	- 开花期	15.4	4.9	20.2	49.9	9.6
	- 枯草期	5.3	3.3	29.7	47.1	4.6
43	砂生桦					
	- 开花后期	10.6	0.6	20.2	64.8	3.8
44	银灰旋花					
	- 结实期	10.3	4.2	26.9	40.1	18.5
45	大苞鸢尾					
	- 开花期	18.3	3.3	34.5	36.7	7.2
	- 枯草期	3.8	5.2	38.5	46.4	6.1
46	蓝花白头翁					
	- 开花后期	15.2	5.8	21.4	52.3	5.3
47	白头翁					
	- 孕蕾期	13.9	4.2	13.8	60.0	8.1
48	北欧百里香					
	- 返青期	8.3	2.0	30.0	52.1	5.6
	- 开花期	12.3	2.9	28.6	45.5	11.7
	- 枯草期	6.4	2.1	32.6	50.7	8.2
49	戈壁短舌菊					
	- 返青期	16.2	6.3	18.0	49.7	9.8
	- 孕蕾期	13.7	2.7	23.2	52.4	8.0
	- 开花期	13.2	4.5	19.0	52.8	10.5
	- 未木质化枝条	11.2	3.3	16.2	58.3	11.0
	- 木质化枝条	5.7	1.2	28.8	60.0	4.3
50	戈壁苔草					
	- 开花初期	5.8	5.0	29.0	59.6	8.7
51	韭菜					
	- 孕蕾期	8.9	4.6	37.4	39.7	9.4
52	黄芩属					
	- 开花期	9.4	7.7	20.2	56.7	6.0

序号	植物名	粗蛋白	粗脂肪	粗纤维	无氮浸出物	粗灰分
53	鞭石头花					
	- 开花期	5.7	1.1	34.5	52.0	6.7
54	达乌里芯芭					
	- 开花期	15.1	2.4	19.4	53.8	9.3
55	假芸香					
	- 开花期	14.5	4.9	22.8	52.6	5.2
56	翼果霸王					
	- 开花期	23.5	3.8	14.9	34.2	23.6
57	瓣蕊唐松草					
	- 开花期	9.8	2.4	29.5	52.8	5.5
58	木地肤					
	- 开花初期	21.3	2.8	25.6	42.8	7.5
59	旱蝇子草					
	- 结实期	8.1	3.8	25.4	56.3	6.4
60	牻牛儿苗属					
	- 开花期	14.5	3.0	26.0	42.8	13.7
61	星毛委陵菜					
	- 返青期	11.3	5.3	24.2	47.9	11.3
62	狭叶青蒿					
	- 结实期	6.2	3.9	29.6	54.4	5.9
63	山韭					
	- 开花期	23.1	3.1	17.9	45.5	10.4
64	木本猪毛菜					
	- 开花期	10.9	2.1	22.0	54.6	10.4
	- 结实期	10.6	0.6	28.4	51.9	8.5
65	沙拐枣					
	- 开花期	6.3	2.3	28.1	58.4	4.9
66	蒙古虫实					
	- 开花期	11.1	3.5	24.2	52.2	9.0
67	多叶猪毛菜					
	- 枯草期	10.6	2.3	12.2	57.1	17.8

序号	植物名	粗蛋白	粗脂肪	粗纤维	无氮浸出物	粗灰分
68	菊蒿属					
	- 返青期	14.3	1.5	23.5	53.3	7.4
	- 结实期	7.5	6.7	27.9	51.1	6.8
	- 枯草期	5.6	6.6	31.6	52.8	3.4
69	黑蒿					
	- 开花期	11.4	6.6	25.4	47.7	8.9
70	杉叶藻					
	- 返青期	15.6	2.7	22.1	50.8	8.8
	- 开花初期	11.6	3.7	23.4	54.6	6.7
	- 开花期	10.9	4.5	33.8	55.3	6.5
	- 结实期	9.5	6.4	20.2	58.4	5.5
	- 枯草初期	4.5	3.1	27.1	59.2	6.1
	- 枯草期	4.2	3.3	26.2	60.3	6.0
71	老鹳草					
	- 开花期	6.6	1.7	22.7	62.8	7.2
	- 枯草初期	6.4	2.2	22.1	60.9	8.4
72	萦蒿					
	- 枯草初期	1.6	3.5	20.2	68.1	6.6
73	剪花火绒草					
	- 开花后期	6.3	1.8	27.9	57.5	6.5
74	戈壁藜					
	- 开花后期	8.0	1.3	14.4	57.6	18.7
75	大花霸王					
	- 开花期	15.3	4.9	21.5	51.2	7.1
76	柽柳					
	- 开花初期	11.0	0.3	18.8	58.3	12.5
77	西伯利亚滨藜					
	- 结实后期	8.1	2.5	30.5	44.9	14.0
78	密花地肤					
	- 枯草初期	14.9	3.3	19.0	51.2	11.6

序号	植物名	粗蛋白	粗脂肪	粗纤维	无氮浸出物	粗灰分
79	灌木藜					
	- 开花期	17.6	5.9	17.2	30.9	28.4
	- 枯草初期	20.6	3.9	10.1	43.8	21.6
80	菊蒿属					
	- 结实期	8.6	6.1	27.3	52.6	5.4
81	灌木蓼					
	- 开花期	12.2	2.1	30.8	49.1	5.8
82	猪毛菜					
	- 枯草初期	9.8	4.6	18.2	49.8	17.6
83	高山紫菀					
	- 开花期	12.7	8.6	23.4	43.0	12.3
84	山野火绒草					
	- 开花期	8.7	2.7	37.7	41.2	9.7
	- 结实期	7.6	1.8	32.2	52.1	6.3
85	家榆					
	- 叶子	12.1	3.0	18.6	57.1	9.2
86	短舌菊属					
	- 开花期	8.7	3.1	30.3	52.9	5.0
87	中亚紫菀木					
	- 孕蕾期	9.8	4.8	26.8	53.3	5.0
	- 结实期	11.0	3.6	22.2	54.0	9.2
88	细叶白头翁					
	- 开花期	14.5	0.4	22.3	55.7	7.1
89	短叶假木贼					
	- 结实期	5.3	2.0	19.3	42.9	30.5
90	裸果木					
	- 结实期后返青期	5.1	3.7	27.7	54.9	8.6
91	丝叶蒿					
	- 开花后期	21.1	11.0	14.9	45.6	7.5

序号	植物名	粗蛋白	粗脂肪	粗纤维	无氮浸出物	粗灰分
92	拳蓼					
	- 结实初期	14.6	2.0	36.2	41.4	5.9
93	红柴胡					
	- 开花期	9.1	1.8	29.3	55.4	4.4
94	岩败酱					
	- 开花期	8.7	3.1	30.3	52.9	5.0
95	杭爱蒿					
	- 孕蕾期	21.6	3.6	23.5	44.1	7.2
	- 结实期	17.8	3.8	26.2	43.9	8.3
96	绒藜属					
	- 结实期	17.1	1.9	34.9	36.4	9.7
97	匍根骆驼蓬					
	- 枯草初期	7.7	3.9	20.0	53.6	14.8
98	蒿叶猪毛菜					
	- 结实期	6.9	2.1	18.6	57.2	15.2
99	细裂叶蒿					
	- 结实期	12.7	6.3	30.5	43.0	7.5
	- 枯草期	7.7	5.6	37.1	42.7	6.9
100	掌叶毛茛					
	- 开花期	12.9	2.6	27.9	49.4	7.2
101	锥叶柴胡					
	- 开花期	9.1	1.8	29.3	55.4	4.4
102	双颖鸢尾					
	- 结实期	12.9	5.5	25.6	46.7	9.3
103	狭叶蓼					
	- 结实期	7.2	2.3	35.7	49.1	5.7
104	兴安虫实					
	- 结实期	8.0	2.3	29.5	53.7	6.5

序号	植物名	粗蛋白	粗脂肪	粗纤维	无氮浸出物	粗灰分
105	蒙古葱					
	- 返青期	18.6	6.0	13.2	49.9	12.3
	- 开花期	20.6	4.8	19.0	42.0	13.6
106	蒙古白头翁					
	- 开花期	14.0	1.0	13.3	64.6	7.1
	- 枯草初期	9.1	3.5	14.2	67.3	5.9
107	蓝花老鹳草					
	- 开花期	14.9	2.3	27.8	47.2	7.8
108	珠芽蓼					
	- 结实期	12.0	3.2	22.6	57.2	5.0
109	变蒿					
	- 结实期	8.9	5.6	32.6	48.0	4.9
110	盐角草属					
	- 结实期	21.0	2.2	15.5	41.0	20.3
111	大籽蒿					
	- 结实期	14.3	5.9	24.8	45.5	9.5
	- 枯草期	2.7	2.4	43.8	45.9	5.8
112	细叶鸢尾					
	- 结实期	9.7	5.7	34.6	45.2	4.8
113	猪毛菜属					
	- 结实期	15.1	4.6	14.4	30.3	35.6
	- 枯草初期	11.7	3.1	10.9	55.2	19.1
114	黄花白头翁					
	- 开花期	8.4	1.9	16.7	64.2	8.8
115	霸王					
	- 开花期	20.5	2.9	7.5	40.8	28.3
	- 结实期	16.8	3.4	10.5	40.3	20.0
	- 木质化枝条	6.5	1.3	23.1	54.6	14.5
	- 未木质化枝条	11.9	1.8	16.6	49.8	19.9

序号	植物名	粗蛋白	粗脂肪	粗纤维	无氮浸出物	粗灰分
116	碱地蒿					
	- 孕蕾期	5.8	5.0	29.0	59.6	8.7
117	矮葱					
	- 返青期	22.7	5.9	23.5	38.8	9.1
	- 开花期	16.5	3.3	24.4	47.6	8.2
	- 开花后期	19.0	1.9	43.9	38.3	5.0
118	砂韭					
	- 开花期	13.7	2.9	34.2	43.9	6.3
119	白茎盐生草					
	- 结实期	14.4	1.5	14.2	38.8	31.1
120	篦齿蒿					
	- 结实期	18.1	5.9	33.6	30.7	11.7
	- 枯草初期	3.1	7.8	29.0	54.4	5.7
	- 枯草期	4.8	4.1	18.9	56.9	15.3
121	地榆					
	- 开花期	13.6	1.6	37.2	41.5	6.1
122	大花蒿					
	- 结实期	14.1	3.5	25.4	32.9	24.1
	- 枯草期	7.6	3.0	23.5	58.3	7.6
123	猪毛蒿					
	- 结实期	7.7	6.9	27.1	51.8	6.5
	- 枯草期	2.7	2.4	43.2	45.9	5.8

表 27　放牧场、打草场植物氨基酸基酸含量（绝干基础）

单位：g/kg

序号	草场类型/饲用草料种类-生长期	采样地	粗蛋白	赖氨酸	组氨酸	精氨酸	天门冬氨酸	丝氨酸	甘氨酸	谷氨酸	苏氨酸	丙氨酸	脯氨酸	酪氨酸	蛋氨酸	缬氨酸	苯丙氨酸	亮氨酸	半胱氨酸
一、高山草原带																		
	羊茅																	
1	- 返青期	库苏古尔省阿拉格额尔德尼	138.6	3.9	1.2	3.5	8.1	4.4	2.5	11.1	2.9	12.7	2.5	1.0	1.4	5.6	7.1	13.8	5.2
	- 开花期		95.2	1.6	0.4	2.4	1.2	3.1	1.9	3.3	2.4	6.4	0.9	0.7	0.7	1.2	0.9	3.12	1.2
	- 结实期		118.0	3.1	0.9	1.9	8.7	5.2	2.7	10.0	1.7	8.1	1.1	1.7	1.1	3.4	5.4	12.6	3.1
	- 枯草期		54.7	1.7	0.5	1.1	2.7	1.7	1.2	3.4	1.1	3.4	1.0	0.6	0.7	1.7	1.6	3.9	2.2
	羊茅																	
2	- 返青期	库苏古尔省仁钦隆勃	148.9	5.8	2.6	6.7	17.2	8.7	8.7	18.6	3.2	11.0	3.2	4.9	2.0	7.8	6.4	12.5	4.0
	- 开花期		138.3	5.3	2.5	6.4	19.1	8.1	7.0	18.5	4.7	12.1	2.8	3.3	2.2	7.3	7.3	14.0	5.6
	- 结实期		96.9	2.8	0.7	2.6	3.2	1.9	2.8	4.7	2.0	3.0	4.1	3.2	2.0	1.9	3.0	5.1	3.0
	- 秋枯期		115.3	2.6	1.1	2.5	3.6	2.8	1.9	5.7	3.3	4.2	1.9	2.5	2.1	3.8	5.3	7.1	3.6
	- 春枯期		64.7	2.0	0.6	2.0	2.9	2.2	1.9	3.9	2.0	2.8	1.4	1.5	1.5	2.6	3.6	5.1	1.9
	羊茅 - 早熟禾																	
3	- 开花期	巴彦洪戈尔省嘎鲁特	121.1	7.0	7.3	5.3	6.8	5.5	3.0	11.1	5.3	10.3	2.5	2.0	1.5	7.5	6.8	7.5	2.2
	- 结实期		88.4	3.7	4.7	4.3	5.5	4.5	2.4	9.0	4.1	8.2	2.0	1.4	1.2	6.2	5.5	6.2	1.8
	蒿草 - 杂类草																	
	- 结实期	后杭爱省图布希如勒呼	127.0	4.9	5.3	6.5	9.4	5.3	4.3	11.0	2.2	10.0	2.2	4.3	2.8	6.5	4.9	14.9	1.2

序号	草场类型/饲草料种类-生长期	采样地	粗蛋白	赖氨酸	组氨酸	精氨酸	天门冬氨酸	丝氨酸	甘氨酸	谷氨酸	苏氨酸	丙氨酸	脯氨酸	酪氨酸	蛋氨酸	缬氨酸	苯丙氨酸	亮氨酸	半胱氨酸
4	莎草 -返青期	库苏古尔省阿拉格额尔尼、额尔赫淖尔附近	56.0	1.3	1.1	1.3	6.2	1.5	1.8	7.9	7.1	7.5	1.5	1.1	0.1	1.7	1.1		1.3
	-开花期		106.0	1.7	2.2	1.9	8.1	4.9	3.4	7.1	6.9	3.4	1.7	3.2				6.0	
	-结实期		80.0	1.8	1.1	1.4	8.1	2.0	1.8	10.0	1.4	8.0	1.1	2.0	0.9	2.2	3.5	7.0	1.4
	-枯草期		57.0	1.8	0.6	1.8	3.5	2.2	1.5	3.2	1.3	2.7	1.0	1.1	1.1	3.2	2.4	4.0	1.7
5	莎草-杂类草 -返青期	库苏古尔省仁钦隆勃、浩敦高勒	165.0	5.9	2.2	2.9	15.4	6.4	4.0	13.0	3.8	6.9	1.7	2.6	2.6	9.2	7.3	14.9	5.0
	-开花期		104.0	6.1	1.2	2.3	11.7	1.5	2.8	12.5	4.5	9.6	1.0	2.0	1.7	7.4	5.3	13.7	3.8
	-结实期		125.0	4.0	1.3	3.4	9.0	4.0	3.87	5.9	2.5	6.5	1.5	2.7	1.3	4.0	4.0	6.8	3.6
	-枯草期		114.6	2.5	0.9	2.5	7.0	4.6	2.9	4.3	2.5	4.7	1.1	1.0	1.1	2.6	2.7	5.5	3.5
	莎草-杂类草 -开花期	巴彦洪戈尔省嘎鲁特	120.0	7.1	7.3	5.3					5.1				1.5	7.5	6.8	7.7	2.2
	-结实期		93.0	4.6	5.6	4.6	7.6	4.7	2.0	10.0	3.0	8.0	1.6	3.6	1.6	5.6	5.3	8.6	1.0
6	羊草 -返青期	库苏古尔省仁钦隆勃、伊赫图和阿日	145.0	5.1	1.9	5.7	18.5	7.5	5.3	16.8	4.3	15.9	1.9	4.1	1.7	8.9	9.3	8.5	3.9
	-开花期		147.0	5.3	5.8	7.3	21.5	9.1	5.0	18.0	4.0	14.2	3.3	5.0	2.0	8.3	6.6	15.4	5.0
	-结实期		75.0	2.4	0.9	2.4	3.9	2.2	2.4	5.3	1.7	2.6	0.9	2.4	1.7	2.6	3.1	4.4	2.2
	-秋枯期		71.0	1.6	0.6	1.3	2.9	2.2	2.1	3.7	1.4	2.1	0.6	2.2	1.6	2.1	2.7	2.9	1.6
	-春枯期		58.0	1.3	0.5	1.5	2.4	2.0	1.7	3.1	1.0	2.4	0.6	1.3	1.5	2.7	2.0	3.6	1.9

序号	草场类型/饲草料种类-生长期	采样地	粗蛋白	赖氨酸	组氨酸	精氨酸	天门冬氨酸	丝氨酸	甘氨酸	谷氨酸	苏氨酸	丙氨酸	脯氨酸	酪氨酸	蛋氨酸	缬氨酸	苯丙氨酸	亮氨酸	半胱氨酸
	羊草-小禾草																		
7	- 返青期	库苏古尔省阿拉格额尔德尼、阿日朱尔藤	50.0	1.3	0.4	1.3	3.6	0.9	1.1	5.9	1.6	4.8	0.2	1.3	0.4	4.6	3.4	6.6	2.8
	- 开花期		50.0	1.3	2.0	1.6									0.4	4.6	3.6	4.3	
	- 结实期		129.0	4.4	1.7	2.9	8.7	1.5	2.5	12.0	5.0	7.9	2.3	3.4	2.3	4.0	5.8	15.2	4.0
	- 枯草期		69.0	2.3	0.9	2.1	4.7	2.8	2.1	4.8	1.5	2.9	0.7	1.4	1.2	2.5	3.8	5.3	2.8
	针茅-隐子草-杂类草																		
8	- 返青期	库苏古尔省仁钦隆勃、呼尔钦塔拉	144.0	4.5	1.7	5.8	12.7	7.6	9.3	17.6	1.7	13.0	3.6	4.2	3.9	8.8	9.0	18.7	5.6
	- 开花期		141.0	5.5	2.6	3.9	19.9	6.4	7.3	17.7	3.1	15.5	1.5	2.4	2.8	8.6	7.3	18.4	6.6
	- 结实期		120.0	3.7	1.4	2.4	5.8	2.6	2.2	4.9	3.7	6.2	2.4	2.6	0.8	4.9	6.0	7.4	3.7
	- 枯草期		38.0	0.8	0.4	0.6	1.6	0.6	0.8	1.4	1.0	1.7	0.5	0.4	0.1	1.3	1.7	2.9	0.9
9	杂类草 - 开花期	后杭爱省图布希如勒呼	106.0	3.6	2.6	5.6	9.9	6.3	4.9	11.3	3.6	10.3	1.9	3.3	2.9	6.9	5.6	10.6	1.3
10	杂类草 - 针茅 - 开花期	后杭爱省图布希如勒呼	97.0	3.7	3.9	5.3	7.2	5.1	2.9	8.3	2.4			4.1	2.2	7.0	4.7	9.3	1.0
	二、森林草原带																		
11	冷蒿-小禾草 - 开花期	布尔干省乌兰陶勒盖图、CAA	151.0	7.0	5.8	7.2	6.9	9.5	5.5	15.2	8.6	12.0		6.4	3.0	5.8	8.0	14.6	2.2

序号	草场类型/饲草料种类-生长期	采样地	粗蛋白	赖氨酸	组氨酸	精氨酸	天门冬氨酸	丝氨酸	甘氨酸	谷氨酸	苏氨酸	丙氨酸	脯氨酸	酪氨酸	蛋氨酸	缬氨酸	苯丙氨酸	亮氨酸	半胱氨酸
12	冷蒿-小禾草-针茅 -返青期	布尔干省乌兰陶勒盖图	110.0	1.5	2.2	4.7	2.9	0.4	0.6	1.3	1.1	2.4		0.4	0.6	0.9	3.3	5.8	
	-结实期		141.0	4.2	3.4	12.0	6.1	1.7	1.7	2.4	2.6	3.4		0.9	0.9	1.3	6.1	6.3	
	-枯草初期		56.0	1.7	1.2	2.6	1.6	0.6	0.5	0.2	0.2	1.7		0.6	0.6	1.7	2.9	3.3	
13	羊茅 -开花初期	布尔干省乌兰陶勒盖图	95.0	2.6	7.2	12.0	6.3	2.1	2.1	2.4	2.4	4.0		1.3	0.9	0.9	5.7	7.4	
	-开花期		109.0	3.0	10.0	13.5	7.0	1.9	1.9	2.7	2.7	3.8		1.5	1.0	1.0	7.9	8.3	
	-结实期		97.0	4.3	5.6	16.4	3.9	4.3	4.1	1.7	1.7	1.3		1.3	1.5	1.3	7.4	7.6	
	-枯草初期		35.0	3.7	4.9	10.6	4.4	1.6	0.6	3.3	0.5	2.3		1.1	1.1	1.3	2.5	5.5	
	-枯草期		31.0	0.9	2.2	2.6	2.9	0.6	0.5	0.7	0.6	1.3		0.5	0.4	0.2	1.9	1.6	
14	小禾草-冷蒿-结实期	中央省巴特苏木布尔	133.0	5.8	4.7	6.7	8.7	4.9	6.0	15.4	4.4	9.4		5.40	1.67	3.34	4.71	14.8	1.8
15	苔草 -开花期	中央省帕尔提赞	112.0	4.9	4.0	5.6	7.3	4.1	5.1	12.9	3.7	7.9		4.59	1.41	2.81	3.97	12.4	1.5
16	苔草-禾草-杂类草 -结实期	中央省巴特苏木布尔	165.0	7.2	5.9	8.3	10.8	6.1	7.5	11.9	5.5	11.6		6.77	2.08	4.14	5.80	17.3	2.3

序号	草场类型/饲草料种类-生长期	采样地	粗蛋白	赖氨酸	组氨酸	精氨酸	天门冬氨酸	丝氨酸	甘氨酸	谷氨酸	苏氨酸	丙氨酸	脯氨酸	酪氨酸	蛋氨酸	缬氨酸	苯丙氨酸	亮氨酸	半胱氨酸
17	莎草-羊草 -返青期	布尔干省鄂尔浑、色林阿达格	142.9	4.4	2.8	4.7	8.1	4.4	4.2	11.2	4.4	11.4	2.5	3.9	3.0	8.4	8.9	13.1	5.8
	-开花期		134.3	1.1	1.7	0.9	14.6	3.5	3.2	12.8	2.9	6.8	1.4	2.3	2.9	2.6	3.2	7.1	1.4
	-枯草期		58.6	2.3	0.4	2.3	7.9	3.0	1.9	5.8	1.1	4.4	0.1	0.8	1.2	4.3	4.8	1.9	4.6
18	莎草-杂类草 -返青期	巴特苏木布尔、准查勒	89.9	3.3	2.2	3.6	4.7	2.5	1.6	5.6	1.1	5.3	0.5	1.1	0.8	3.6	3.0	6.4	1.4
	-开花期		102.7	4.4	3.1	5.1	7.0	3.6	3.1	7.8	2.6	8.0	0.9	2.9	1.9	3.1	3.4	9.7	1.9
	-结实期		98.7	4.1	3.9	5.2	7.6	3.7	5.0	9.8	3.7	6.5	0.8	2.8	2.1	3.0	4.1	9.6	1.7
	-枯草初期		76.1	3.9	3.2	4.6	6.0	3.3	4.1	10.5	3.0	6.4		3.8	1.7	2.3	3.2	11.0	1.3
	-秋枯期		47.3	2.3	1.8	2.7	3.4	2.0	2.4	6.1	1.8	3.7	2.1	0.7	1.2	1.8	5.8	2.1	0.7
	-春枯期		36.4	1.0	0.6	0.9	1.3	0.9	1.0	2.0	0.5	1.6	0.4	0.6	0.4	0.8	0.8		0.4
	莎草-杂类草	中央省巴特苏木布尔	137.0	6.0	4.9	6.9	9.0	5.0	6.2	15.8	4.6	9.6		5.6	1.7	3.4	4.8	15.2	1.9
19	禾草-豆科-杂类草 -开花期	中央省帕尔提赞、凉干陶勒盖前后	121.0	5.3	4.3	6.1	7.9	4.4	5.5	14.0	4.0	8.5		4.9	1.5	3.0	4.2	13.4	1.7
20	禾草-锦鸡儿 -开花期	色楞格省凉木干、哈拉拉谷地	139.8	6.5	5.3	7.5	9.8	5.5	6.8	17.2	5.0	10.5		6.1	2.8	3.7	5.2	16.6	2.1

序号	草场类型/饲草料种类-生长期	采样地	粗蛋白	赖氨酸	组氨酸	精氨酸	天门冬氨酸	丝氨酸	甘氨酸	谷氨酸	苏氨酸	丙氨酸	脯氨酸	酪氨酸	蛋氨酸	缬氨酸	苯丙氨酸	亮氨酸	半胱氨酸
21	禾草-针茅-苔草-开花期	色楞格省西哈拉、巴彦高勒	99.6	4.3	3.5	5.0	6.5	3.6	4.5	11.5	3.3	7.0		4.0	1.2	2.5	3.5	11.0	1.4
22	禾草-苜蓿-杂类草-开花期	布尔干省乌兰陶勒盖	151.0	7.0	5.7	7.1	6.8	9.5	5.5	15.1	8.5	12.0		6.3	3.0	5.8	8.0	14.6	2.2
	禾草-杂类草-结实期	中央省巴特苏木布尔、浑查勒	159.0	6.9	5.6	8.0	10.4	5.8	7.2	18.4	5.3	11.2		6.5	2.0	3.9	5.6	17.7	2.2
	禾草-杂类草-开花期	帕尔提赞、木哈林阿木	150.1	6.5	5.3	7.6	9.9	5.5	6.8	17.4	5.0	10.6		6.1	1.8	3.7	5.3	16.7	2.1
	禾草-杂类草-结实期	中央省帕尔提赞、钠林高勒	188.1	8.2	6.7	9.5	12.4	6.9	8.5	21.8	6.3	13.3		7.7	2.3	4.7	6.6	20.9	6.7
23	禾草-杂类草-返青期	布尔干省鄂尔浑、莫盖图	57.5	2.3	1.7	2.3	10.9	12.0	1.4	11.2	1.1	8.9	1.7	2.5	1.1	4.3	4.8	14.3	4.6
	-结实期		142.2	4.5	2.7	5.5	12.8	5.9	4.5	7.3	3.2	10.3	2.9	3.2	3.4	5.9	8.0	12.3	5.9
	-春枯期		53.3	1.2	0.1	0.6	5.0	0.7	0.5	6.0	1.4	5.3	0.2	0.7	0.5	3.1	1.7	7.8	1.0
	禾草-杂类草-返青期	中央省帕尔苏木布尔、索格诺格尔	94.4	1.9	1.3	3.6	6.3	2.7	1.3	0.4	2.2	5.5	0.5	1.1	3.8	3.8	2.5	6.1	0.5
	-开花期		124.5	5.8	4.9	6.6	9.1	4.9	6.2	15.3	4.5	9.5	2.9	5.3	2.0	3.3	4.9	14.9	2.0
	-结实期		94.9	3.5	2.8	5.1	7.4	3.8	3.5	10.7	3.3	8.2	1.5	3.0	2.0	2.0	4.1	8.9	1.2

序号	草场类型/饲草饲料种类-生长期	采样地	粗蛋白	赖氨酸	组氨酸	精氨酸	天门冬氨酸	丝氨酸	甘氨酸	谷氨酸	苏氨酸	丙氨酸	脯氨酸	酪氨酸	蛋氨酸	缬氨酸	苯丙氨酸	亮氨酸	半胱氨酸
23	- 枯草初期	中央省巴特苏木布尔、索格尔诺格尔	68.6	3.2	4.6	3.8	4.8	2.7	3.3	8.6	2.4	5.2		3.0	1.4	1.9	2.6	8.3	1.0
	- 秋枯期		60.4	2.8	2.2	3.2	5.6	2.2	2.9	7.3	2.1	4.5		2.0	1.2	1.6	2.2	7.1	0.8
	- 春枯期		37.1	1.5	1.8	3.0	4.5	2.1	1.9	5.9	1.3	4.1	0.2	1.4	0.9	2.2	1.8	5.1	0.5
24	羊草 - 麦茇草 - 结实期	达尔罕省洪格尔、哈拉高勒	138.0	5.7	4.6	6.6	8.6	4.8	5.9	15.1	4.4	9.2		5.3	1.6	3.2	4.6	14.5	1.8
25	羊草 - 针茅 - 锦鸡儿 - 结实期	色楞格省阿拉坦布拉格、巴彦布拉格	107.4	3.4	2.8	3.9	5.1	2.9	3.5	9.1	3.8	8.1		4.7	1.4	2.8	4.0	12.7	1.1
26	羊草 - 针茅 - 返青期	布尔干省鄂尔浑、扎尔嘎朗特阿木	149.2	3.7	1.2	2.0	10.8	3.4	2.2	11.1	2.7	8.5	1.3	3.2	1.0	6.3	4.2	10.6	3.0
	- 开花期		113.4	3.7	1.3	3.9	19.6	3.7	2.5	7.8	3.7	8.3	2.5	2.5	3.2	6.0	7.8	9.0	2.5
	- 结实期		158.5	4.7	1.6	3.2	12.8	3.5	2.8	15.1	2.5	8.7	1.6	2.8	1.5	5.4	3.8	11.6	3.8
	- 春枯期		64.6	1.3	0.1	2.5	3.5	1.7	1.4	5.3	0.8	3.7	0.1	0.1	0.4	3.6	2.9	5.7	1.2
27	羊草 - 杂类草 - 结实期	中央省巴特苏木布尔、布尔嘎拉泰	109.7	4.8	3.9	5.5	7.2	4.0	5.0	12.7	3.6	7.7		4.5	0.3	2.7	3.8	12.2	1.5
	羊草 - 杂类草 - 开花期	色楞格省西哈拉、额尔和特	181.0	7.9	6.4	9.1	11.9	6.6	8.2	20.9	6.0	12.8		7.4	2.2	4.5	6.4	20.1	2.5

序号	草场类型/饲草料种类-生长期	采样地	粗蛋白	赖氨酸	组氨酸	精氨酸	天门冬氨酸	丝氨酸	甘氨酸	谷氨酸	苏氨酸	丙氨酸	脯氨酸	酪氨酸	蛋氨酸	缬氨酸	苯丙氨酸	亮氨酸	半胱氨酸
27	羊草-杂类草-结实期	中央省巴特苏木布尔、八百牛基地	158.0	6.9	5.6	8.0	10.4	5.8	7.2	18.3	5.3	11.1		6.4	1.9	3.9	5.6	17.6	2.2
	羊草-杂类草-结实期	宗哈拉、阿吉奈阿木	156.1	6.8	5.5	7.9	10.2	5.7	7.1	18.1	5.2	11.0		6.4	1.9	3.9	5.5	17.3	2.2
	羊草-杂类草-开花期	色楞格省淖木干CAA	157.4	7.3	6.0	7.4	7.1	9.8	5.7	15.8	8.9	10.6		6.6	3.1	6.0	8.3	15.2	2.3
	羊草-杂类草 -返青期	中央省巴特苏木布尔、巴彦高勒	79.1	3.2	4.4	3.4	3.4	4.6	3.4	9.0	2.0	7.6	4.4	3.2	4.6	4.8	2.5	14.8	3.0
	-开花期		121.7	6.3	5.0	7.1	9.2	5.2	6.3	16.4	4.7	9.7		5.8	1.8	3.4	5.0	15.6	1.8
	-结实期		117.0	5.5	4.6	6.8	10.1	5.7	5.7	6.6	4.1	9.0		4.1	1.9	5.9	4.1	13.0	1.3
	-秋枯期		52.9	3.6	2.3	3.2	4.2	2.4	2.9	7.4	2.1	4.6		2.5	0.8	1.6	2.3	7.1	0.9
	-春枯期		45.3	2.5	2.5	3.7	4.7	3.9	3.0	5.7	1.7	7.1	1.6	2.4	2.4	5.0	2.5	6.5	0.2
28	针茅-冷蒿-旱熟禾 -返青期	中央省巴特苏木布尔、乌兰陶勒盖	89.6	2.6	3.1	4.2	7.2	3.1	2.7	6.4	3.1	8.1	0.9	1.8	1.6	4.2	3.1	10.2	0.5
	-开花期		119.1	5.5	5.0	7.4	10.3	5.8	5.2	14.5	4.5	9.7	5.0	5.0	2.3	4.7	6.0	13.4	2.1
	-结实期		105.3	4.2	3.5	5.0	7.4	4.0	3.5	10.1	3.7	6.2	1.1	3.3	1.7	4.2	4.6	10.7	1.3
	-秋枯期		60.3	3.0	2.5	3.6	4.7	2.6	3.2	8.2	2.3	5.0		2.9	0.8	1.8	2.5	7.9	0.9
	-春枯期		50.6	2.4	2.6	3.8	5.4	2.9	2.8	7.3	2.4	4.2	0.1	1.8	0.6	2.2	2.4	7.0	0.6

序号	草场类型/饲草饲料种类-生长期	采样地	粗蛋白	赖氨酸	组氨酸	精氨酸	天门冬氨酸	丝氨酸	甘氨酸	谷氨酸	苏氨酸	丙氨酸	脯氨酸	酪氨酸	蛋氨酸	缬氨酸	苯丙氨酸	亮氨酸	半胱氨酸
29	针茅-羊草-结实期	色楞格省阿拉坦布拉格、乌兰布日嘎苏	141.7	6.2	5.0	7.1	9.3	5.2	6.4	16.4	4.7	10.1		5.8	1.7	3.5	5.0	15.7	2.0
30	针茅-羊草-锦鸡儿-结实期	达尔罕省洪格尔CAA	139.5	6.1	4.9	7.0	9.1	5.1	6.3	16.1	4.7	9.8		5.7	1.7	3.5	4.9	15.5	1.9
31	针茅-杂类草-开花期	色楞格省乌科塔布尔	105.9	1.6	4.0	6.4	10.0	1.6	6.4	15.5	1.6	8.8		4.8	0.7	1.6	2.4	14.9	1.6
32	杂类草-豆科-开花期	淳木干CAA、哈拉谷地	139.8	6.5	5.3	7.5	9.8	5.5	6.8	17.2	5.0	10.5		6.1	2.8	3.7	5.2	16.6	2.1
33	杂类草-豆科-禾草-结实期	中央省宝日淖尔	140.3	6.1	5.0	7.1	9.2	5.1	6.4	16.2	4.7	9.9		5.7	1.7	3.5	4.9	15.9	1.9
34	杂类草-小禾草-羊草 -返青期	中央省巴特苏木布尔	77.8	4.8	6.4	18.6	7.3	2.0	2.0	3.3	3.3	4.6		1.5	1.1	0.8	6.6	8.6	
	-开花期		72.7	1.5	2.2	4.7	2.9	1.1	0.9	1.1	1.1	1.5		0.9	0.9	1.1	1.8	5.9	
	-结实期		74.0	2.8	2.0	8.4	10.0	1.4	1.2	2.6	2.6	2.8		0.8	0.6	0.4	4.6	6.6	
	-秋枯期		36.6	1.1	3.0	7.1	1.1	1.5	1.5	0.8	0.8	1.1		0.6	1.1	1.3	3.9	4.4	
	-春枯期		125.0	3.5	14.5	10.0	6.5	1.0	2.5	3.0	3.0	3.5		3.5	1.5	1.0	7.5	6.5	

序号	草场类型/饲草料种类-生长期	采样地	粗蛋白	赖氨酸	组氨酸	精氨酸	天门冬氨酸	丝氨酸	甘氨酸	谷氨酸	苏氨酸	丙氨酸	脯氨酸	酪氨酸	蛋氨酸	缬氨酸	苯丙氨酸	亮氨酸	半胱氨酸
35	杂类草-苔草-禾草-结实期	色楞格省阿拉坦布拉格	147.7	6.4	5.2	7.4	9.7	5.7	6.7	17.0	4.9	10.4		6.0	2.7	3.7	5.2	16.4	2.0
36	杂类草-苔草-结实期	中央省宝日淖尔、塞林高勒	172.0	7.5	6.1	8.7	11.3	6.3	7.8	19.9	5.7	12.1		7.0	2.1	4.3	6.1	19.1	2.4
37	冷蒿-禾草-苔草-结实期	中央省巴特木布尔、泽查勒	141.0	6.1	5.0	7.1	9.2	5.2	6.4	16.3	5.6	9.9		5.7	1.7	3.5	5.0	15.7	2.0
37	杂类草-禾草-苔草-结实期	中央省宝日淖尔	211.0	9.2	7.5	10.7	13.9	7.8	9.6	24.4	7.1	14.9		8.6	2.6	5.3	7.4	23.5	2.9
38	杂类草-禾草-开花期	中央省扎尔嘎朗特、亚鹏阿木	141.0	5.1	5.4	6.0	6.4	8.9	5.1	14.1	7.9	9.5		5.9	2.8	5.4	7.5	13.6	2.0
38	杂类草-禾草-开花期	中央省扎尔嘎朗特、都刚白查	143.0	6.6	5.4	6.7	6.4	9.0	5.2	14.3	8.0	9.6		5.9	2.8	5.4	7.5	13.7	2.0
39	杂类草-禾草-豆科-结实期	色楞格省宗哈拉、沙日陶勒盖	167.5	7.3	5.9	8.5	11.0	6.2	7.6	19.4	5.6	11.8		6.8	2.1	4.2	5.9	18.6	2.3

序号	草场类型/饲草料种类-生长期	采样地	粗蛋白	赖氨酸	组氨酸	精氨酸	天门冬氨酸	丝氨酸	甘氨酸	谷氨酸	苏氨酸	丙氨酸	胱氨酸	酪氨酸	蛋氨酸	缬氨酸	苯丙氨酸	亮氨酸	半胱氨酸
40	杂类草-禾草-苔草-结实期	色楞格省宗哈拉、乌兰毕鲁特	156.2	6.8	5.5	7.9	10.3	5.7	7.1	18.1	5.2	11.2		6.4	1.9	3.9	5.5	17.4	2.2
	杂类草-禾草-苔草-结实期	宗哈拉省呼和毕鲁特	216.1	9.4	7.7	10.9	14.2	7.9	9.8	25.0	7.2	15.3		8.8	2.7	5.4	7.6	24.0	3.0
41	杂类草-针茅-返青期	色楞格省宗哈拉、呼和毕鲁特	107.4	2.9	1.8	13.2	2.7	1.8	1.9	2.7	2.7	2.1	0.8					9.6	
	-开花初期		105.1	2.6	1.6	7.8	3.5	0.9	0.7	2.2	2.2	2.6	0.7		0.5	0.3	2.4	7.3	
	-开花期		103.4	6.1	3.0	7.6	4.4	1.1	1.0	1.6	1.6	1.6	2.3		0.8	0.6	5.0	4.4	
	-结实期		92.9	3.1	1.9	4.6	2.8	0.4	0.4	1.7	0.8	3.1	0.8		0.8	1.1	3.3	5.7	
	-秋枯期		74.2	1.0	1.3	3.3	1.9	0.3	0.3	1.0	1.0	1.0	0.6		0.6	0.7	2.2	2.8	
	-春枯期		58.6	0.5	5.0	5.5	2.5	1.2	1.2	0.5	0.4	0.5	0.9		0.6	0.5	0.9	1.7	
三、草原区																			
42	冷蒿-小禾草-针茅-返青期	中央省扎玛尔	110.7	5.8	5.8	12.6	4.0	4.2	4.2	9.6	4.0	7.2		2.4	3.0	2.0	6.0	7.8	
	-开花期		156.0	4.4	5.8	12.6	6.6	3.4	3.4	6.4	0.8	3.2		2.8	5.2	2.4	3.8	5.2	
	-结实期		100.0	6.4	6.9	10.3	9.8	1.6	1.6	6.2	9.6	3.2	9.3	5.0	3.5	2.2	6.7	12.5	
	-枯草初期		115.3	1.5	1.1	1.6	2.5	0.3	0.3	3.2	6.2	0.8	1.1	0.6	0.8	0.5	1.0	1.8	5.2

序号	草场类型/饲草料种类-生长期	采样地	粗蛋白	赖氨酸	组氨酸	精氨酸	天门冬氨酸	丝氨酸	甘氨酸	谷氨酸	苏氨酸	丙氨酸	脯氨酸	酪氨酸	蛋氨酸	缬氨酸	苯丙氨酸	亮氨酸	半胱氨酸
42	-秋枯期	中央省扎玛尔	32.5	0.6	0.7	0.6	1.0	0.2	0.5	6.8	3.0	0.5	0.6	0.5	0.5	0.2	0.7	1.7	
	-冬枯期		23.8	0.6	0.5	0.3	0.6	0.1	0.2	3.7	2.0	2.5	0.3	0.5	0.3	0.1	0.5	1.0	0.5
43	早熟禾																		
	-拔节期	中央省扎玛尔	235.6	1.5	2.2	9.3	10.4	11.1	8.9	15.6	6.2	8.0	4.2	8.0	3.3	2.2	15.0	17.0	
	-开花期		206.0	5.8	0.4	12.6	5.4	0.2	3.0	3.6	2.4	2.8	7.6	3.6	3.3	2.0	6.0	4.0	
	-结实期		122.7	7.0	7.4	10.2	12.2	0.2	2.4	5.0	2.2	5.4	5.4	4.4	3.3	2.0	5.2	9.6	
	-枯草初期		137.3	0.8	0.6	0.5	1.1	0.1	0.1	8.1	2.7	0.5	0.5	0.6	0.5	0.1	1.1	1.5	
	-秋枯期		32.5	0.3	0.8	1.2	1.7	0.3	0.5	11.7	0.5	0.7	0.6	0.7	0.7	0.5	1.1	1.8	
	-冬枯期		100.0	2.0	1.5	3.5	2.0	0.5	1.0	16.5	1.0	1.0	1.5	1.5	0.5	1.0	1.5	3.5	
44	西伯利亚羊茅																		
	-抽穗期	中央省扎玛尔	227.5	5.5	3.6	16.0	8.9	2.4	1.9	5.5	2.2	3.4		5.1	7.0	1.9	5.7	11.2	8.9
	-开花期		225.0	8.2	7.3	0.9	10.1	2.5	3.8	7.1	3.0	4.8		5.1	2.3	3.2	5.7	11.3	
	-结实期		200.0	10.6	7.1	8.8	9.7	2.6	2.0	8.4	2.4	5.5	6.0	3.7	4.5	2.8	11.1	15.3	
	-枯草初期		150.8	6.1	5.5	8.8	7.8	1.6	3.3	4.9	2.3	3.5	6.2	2.2	1.3	2.0	3.2	8.9	3.3
	-秋枯期		55.0	0.6	1.1	1.0	1.1	0.2	0.3	7.2	2.3	0.3	0.6	0.3	0.5	0.2	0.6	1.3	2.7
	-冬枯期		42.1	0.6	0.6	1.8	1.1	0.1	0.2	6.6	3.2	0.3	0.6	0.5	0.3	0.2	0.4	0.9	0.3

序号	草场类型/饲草料种类-生长期	采样地	粗蛋白	赖氨酸	组氨酸	精氨酸	天门冬氨酸	丝氨酸	甘氨酸	谷氨酸	苏氨酸	丙氨酸	脯氨酸	酪氨酸	蛋氨酸	缬氨酸	苯丙氨酸	亮氨酸	半胱氨酸
45	西伯利亚羊茅																		
	- 抽穗期		107.4	9.0	13.4	17.6	14.1	4.4	3.1	6.9	5.0	6.1		5.6	6.3	4.2	8.0	13.8	
	- 开花期		105.1	4.1	7.1	2.0	9.9	2.4	2.8	4.8	1.5	3.9		5.0	2.8	2.4	4.3	9.7	
	- 结实期	中央省扎玛尔	103.4	4.7	7.8	8.6	9.8	12.8	2.5	5.7	0.2	4.0	9.3	3.0	2.3	2.7	6.1	9.8	
	- 枯草初期		77.8	1.7	1.4	2.3	2.7	0.4	2.3	1.4	6.8	1.1	0.7	1.1	0.7	0.4	1.9	2.8	
	- 秋枯期		69.7	1.1	1.1	2.1	1.8	0.3	0.3	11.1	5.1	0.9	1.1	0.9	0.5	0.5	0.9	2.1	
	- 冬枯期		77.2	0.7	0.6	0.7	1.2	0.5	0.2	5.7	2.0	0.6	0.7	0.5	0.6	0.3	0.6	1.2	
46	小禾草																		
	- 分蘖期		88.6	5.6	5.4	9.5	5.2	2.5	4.5	7.5	3.6	5.2	8.6	3.1	4.3	1.8	5.9	8.1	
	- 开花期		135.0	7.2	4.7	15.7	11.7	3.2	3.7	7.2	3.0	4.5	9.5	6.7	5.5	1.7	9.5	13.0	
	- 结实期	中央省巴彦温朱勒	92.9	0.4	5.9	9.0	9.5	2.2	2.2	7.0	3.3	5.3	8.1	3.9	0.6	3.9	5.7	10.6	3.3
	- 枯草初期		87.4	1.8	1.6	2.7	2.6	0.3	0.7	17.4	5.3	1.3	1.6	0.3	0.9	0.5	1.6	3.9	0.7
	- 秋枯期		96.9	1.2	1.0	2.0	2.1	0.4	0.6	11.0	5.3	0.7	0.7	0.9	1.4	0.4	1.8	2.1	1.2
	- 冬枯期		49.4	0.5	0.3	1.1	0.7	0.2	1.0	3.4	1.6	0.2	0.3	0.1	0.2	0.1	0.3	0.7	
47	线叶菊																		
	- 分蘖期		130.6	14.1	15.8	7.5	16.6	5.8	4.1	13.3	3.3	7.7		12.5	8.3	5.6	14.7	21.9	
	- 开花期	中央省扎玛尔	195.1	9.87	2.0	3.5	16.4	3.5	6.8	6.0	3.3	6.8		7.4	8.2	4.4	8.2	16.2	
	- 结实期		234.5	3.8	6.3	1.0	7.3	1.2	2.1	5.0	2.9	3.7	2.9	2.7	2.7	13.4	5.6	7.3	2.5

序号	草场类型/饲草料种类-生长期	采样地	粗蛋白	赖氨酸	组氨酸	精氨酸	天门冬氨酸	丝氨酸	甘氨酸	谷氨酸	苏氨酸	丙氨酸	脯氨酸	酪氨酸	蛋氨酸	缬氨酸	苯丙氨酸	亮氨酸	半胱氨酸
47	- 枯草初期	中央省扎玛尔	83.0	2.5	2.9	0.9	4.9	1.1	0.9	2.5	2.4	2.5	4.2	1.6	2.0	1.4	3.6	3.6	2.9
	- 秋枯期		63.0	1.9	2.1	0.3	2.4	0.6	0.6	1.4	0.8	1.2	2.2	1.6	1.7	1.1	1.6	2.2	1.2
	- 冬枯期		34.7	0.9	1.7	0.2	1.7	0.5	0.3	1.3	0.6	0.8	1.4	0.3	0.9	0.5	1.1	2.1	0.5
隐子草 - 针茅																			
48	- 结实期	中央省巴彦温朱勒	241.0	3.5	4.0	8.8	6.7	2.1	3.3	4.4	1.7	3.1	6.5	3.9		1.2	3.9	7.9	4.0
	- 枯草初期		128.9	0.8	0.8	1.3	1.6	0.4	0.2	10.8	0.2	0.5	0.6	0.5		0.4	0.8	1.2	0.5
	- 冬枯期		39.8	0.6	0.4	0.8	0.6	0.2	0.3	5.7	0.2	0.3	0.3	0.2		0.1	0.3	0.7	0.3
	- 春枯期		40.5	0.3	0.3	0.3	0.4	0.8	0.2	4.2	0.1	2.3	0.1	0.2		0.1	0.2	0.7	
锦鸡儿																			
49	- 返青期	苏赫巴托省图门朗克图	68.5		0.8		6.1	1.8	2.1	4.9		8.6	1.2	1.4					
	- 开花期		149.1		2.6		12.1	4.7	4.4	14.0		16.0	3.2	4.2					
	- 结实期		138.9		2.9		11.1	4.5	3.1	11.4		10.4	2.1	3.3					
	- 秋枯期		110.8		1.5		10.3	3.1	2.3	8.4		7.0	1.3	2.2					
羊草 - 锦鸡儿																			
50	- 返青期	苏赫巴托省图门朗克图	113.3	4.8	2.3	4.8	6.5	2.8	4.6	10.3	2.5	8.1	2.3	2.0	2.5	5.7	7.3	12.0	3.3
	- 开花期		140.8	4.4	3.4	6.1	14.0	3.8	3.6	12.4	3.8	9.8	4.6	2.4	3.0	5.7	7.5	12.8	4.4
	- 结实期		119.5	5.1	2.8	3.7	11.7	3.0	2.6	13.2	1.8	6.6	2.0	2.0	2.4	5.1	6.1	10.5	4.3
	- 秋枯期		92.2	3.2	1.6	3.5	7.6	2.3	2.0	9.2	2.9	6.7	1.9	1.6	1.6	4.3	5.4	8.6	4.2
	- 冬枯期		56.1		0.7		6.4	1.9	1.3	6.9	4.5	1.1	3.9						

序号	草场类型/饲草料种类-生长期	采样地	粗蛋白	赖氨酸	组氨酸	精氨酸	天门冬氨酸	丝氨酸	甘氨酸	谷氨酸	苏氨酸	丙氨酸	脯氨酸	酪氨酸	蛋氨酸	缬氨酸	苯丙氨酸	亮氨酸	半胱氨酸
	羊草草场																		
51	-开花期	苏赫巴托省图门朝克图	113.5		2.4		13.2	8.2	5.3	13.5	9.9	8.4	2.9						
	-结实期		150.5	5.2	3.1	3.5	13.5	8.3	3.5	12.0	3.3	7.9	11.7	4.0	2.2	7.0	2.9	18.7	4.8
	-秋枯期		85.0	1.1	1.9	1.6	5.2	5.4	3.9	5.0	1.2	6.7	0.8	2.4	1.5	4.5	3.8	7.9	0.8
	-春枯期		56.3	0.6	0.3	1.2	6.2	3.3	1.8	7.6	0.7	5.0	0.3	1.3	0.3	2.2	2.0	6.5	1.4
	针茅-隐子草																		
52	-开花期	苏赫巴托省图门朝克图	150.5		1.1		10.1	2.3	3.0	11.5		9.9	1.8	1.1					
	-结实期		157.8		2.3		12.9	4.4	4.9	14.5		6.3	2.1	2.8					
	-秋枯期		102.9		0.5		3.0	2.0	2.1	4.5		5.7	0.2	1.2					
	-春枯期		43.1		0.3		2.4	1.0	1.3	2.9		2.9	0.5	0.8					
	针茅-隐子草																		
53	-开花期	中央省巴彦温朱勒	114.0	7.0	4.8	6.4	8.8	4.2	3.0	9.0	5.8	10.0	2.6	1.4	2.8	6.8	3.8	10.8	0.8
	-结实期		95.4	5.4	3.4	4.7	9.3	2.6	2.6	7.5	2.1	9.6	1.0	2.3	1.9	4.7	3.0	8.4	1.0
	针茅-锦鸡儿																		
54	-开花期	苏赫巴托省图门朝克图	99.6		1.6		10.5	6.8	4.9	12.0		18.0	3.7	4.5					
	-结实期		108.6		2.2		9.4	4.9	4.1	12.0		11.0	2.2	3.6					
	-秋枯期		67.0		1.0		3.4	1.5	2.1	4.5		7.5	0.8	1.2					

序号	草场类型/饲草料种类-生长期	采样地	粗蛋白	赖氨酸	组氨酸	精氨酸	天门冬氨酸	丝氨酸	甘氨酸	谷氨酸	苏氨酸	丙氨酸	脯氨酸	酪氨酸	蛋氨酸	缬氨酸	苯丙氨酸	亮氨酸	半胱氨酸
55	针茅-羊草-锦鸡儿	苏赫巴托省图门朗克图																	
	-开花期		136.4	5.9	2.9	5.5	10.0	5.3	4.4	9.5	4.9	10.4	2.9	4.2	3.4	7.2	8.3	14.9	4.6
	-结实期		134.1	5.3	2.8	4.2	13.2	4.6	4.2	12.6	3.8	11.6	3.4	3.2	2.4	5.5	6.5	12.0	5.1
	-秋枯期		80.6	4.1	0.7	2.3	5.6	2.4	2.9	6.0	2.5	6.7	1.0	2.0	1.4	3.4	4.2	7.5	2.4
	-春枯期		87.2	1.3	1.0	1.4	4.8	2.6	2.3	6.5	1.3	5.6	1.0	1.5	0.9	2.9	3.1	5.8	2.0
四、戈壁区																			
56	猪毛菜属	南戈壁省汗洪格尔																	
	-返青期		88.7	8.1	6.0	12.2	14.8	8.0	5.2	13.3	5.2	14.3	3.1	2.6	3.1	9.6	6.2	6.2	3.1
	-开花期		172.0	10.9	8.3	11.1	16.9	10.4	4.6	17.9	4.6	20.7	3.2	3.7	2.3	12.3	5.5	20.0	3.0
	-结实期		168.7	8.8	6.5	10.0	12.7	6.1	2.2	12.7	2.8	13.1	5.1	7.2	1.8	11.7	3.9	16.0	1.4
	-枯草初期		102.2	5.4	4.3	6.2	8.1	4.5	5.7	14.3	4.1	8.7		5.0	1.5	3.7	4.3	13.8	1.7
	猪毛菜属	巴彦洪格尔省巴彦戈壁																	
	-返青期		223.1	9.6	7.4	8.8	10.7	3.0	4.9	10.4	1.9	9.3	0.8	2.7	2.4	6.0	2.7	16.5	3.0
	-开花期		207.7	7.0	5.4	8.2	12.3	5.0	2.2	8.9	3.6	10.5	1.3	2.2	4.3	7.0	5.2	12.5	3.4
57	梭梭	南戈壁省布尔干																	
	-结实期		129.7	6.6	5.3	7.4	9.7	4.8	6.8	17.2	4.8	10.4		6.1	1.7	3.8	5.3	16.6	2.1

序号	草场类型/饲草料种类-生长期	采样地	粗蛋白	赖氨酸	组氨酸	精氨酸	天门冬氨酸	丝氨酸	甘氨酸	谷氨酸	苏氨酸	丙氨酸	脯氨酸	酪氨酸	蛋氨酸	缬氨酸	苯丙氨酸	亮氨酸	半胱氨酸
	戈壁针茅																		
58	- 开花期	南戈壁省汗洪格尔	154.6	5.6	5.1	6.9	11.0	6.7	4.9	12.6	3.9	9.3	3.6	4.4	3.6	8.0	3.9	10.1	2.6
	- 结实期		126.7	5.3	5.7	8.6	8.6	5.3	3.8	10.1	4.2	9.3	2.7	3.1	2.7	8.4	5.1	12.4	3.1
59	多根葱-假木贼 - 开花期	巴彦洪格尔省巴彦戈壁	264.9	8.0	7.2	8.0	13.2	4.1	4.4	13.2	3.2	9.0	2.3	4.1	3.1	5.1	3.6	15.0	1.5
60	驼绒藜-蒿 - 开花期	巴彦洪格尔省巴彦戈壁	162.1	8.1	6.6	9.3	12.1	6.8	8.3	21.3	6.1	13.0		7.4	2.3	4.6	6.6	20.4	2.5
61	锦鸡儿-杂类草	巴彦洪格尔省																	
	- 返青期	博格多	156.2	7.3	5.9	8.4	10.8	6.1	7.6	19.2	5.6	11.7		6.8	2.0	4.1	5.9	18.5	2.3
	- 开花期		201.8	9.4	7.5	11.0	14.2	8.0	9.8	24.8	7.1	15.1		20.2	2.5	5.5	7.3	23.8	2.9
62	蒙古针茅-薯状菊蒿 - 结实期	南戈壁省布尔干	185.6	8.8	7.2	10.0	13.1	7.2	9.0	22.9	6.7	13.9		8.2	2.5	5.1	6.9	22.1	2.8

五、草场部分优势植物

(一)禾草

序号	草场类型/饲草料种类-生长期	采样地	粗蛋白	赖氨酸	组氨酸	精氨酸	天门冬氨酸	丝氨酸	甘氨酸	谷氨酸	苏氨酸	丙氨酸	脯氨酸	酪氨酸	蛋氨酸	缬氨酸	苯丙氨酸	亮氨酸	半胱氨酸
	羊茅																		
63	- 返青期	中央省扎尔嘎朗特	163.0	1.3	1.5	1.7	6.7	2.1	2.1	7.6	0.8	5.4	0.6	3.0	0.4	2.6	2.8	9.3	0.8
	- 开花期		82.0	1.8	3.6	2.4	10.2	2.4	3.4	12.3	2.2	5.5	1.0	0.8	1.4	4.5	5.3	9.6	1.4

序号	草场类型/饲草料种类-生长期	采样地	粗蛋白	赖氨酸	组氨酸	精氨酸	天门冬氨酸	丝氨酸	甘氨酸	谷氨酸	苏氨酸	丙氨酸	脯氨酸	酪氨酸	蛋氨酸	缬氨酸	苯丙氨酸	亮氨酸	半胱氨酸
	早熟禾																		
64	- 返青期	苏赫巴托省图门朝克图	129.0	1.5	1.6	1.5	8.7	2.5	1.7	9.5	0.9	7.1	1.1	1.5	0.9	3.3	5.7	13.1	1.5
	- 分蘖期		118.8	3.0	6.2	4.0	8.0	3.9	3.8	3.1	3.8	7.1	0.2		0.8	0.8		3.8	
	- 开花期		107.0	2.0	4.0	4.6	3.4	9.7	9.7	2.6	2.0	6.2	2.8	2.8	13.0	10.4	9.5	5.1	0.5
	- 结实期		100.7	4.8	1.2	4.3	5.5	4.8	4.8	9.5	9.5	3.8	1.6	3.6	9.5	7.2	2.4	9.1	
	- 秋枯期		80.9	1.5	2.1	0.6	3.5	0.9	0.9	3.1	1.5	2.0	1.5	1.1	0.4	0.5	0.7	1.1	
	- 春枯期		45.7	0.4	0.7	0.4	1.7	0.4	0.4	2.4	2.4	0.9	0.1	0.3	0.4	0.2	0.6	0.8	
	戈壁针茅																		
65	- 分蘖期	南戈壁省汗洪格尔	81.7	7.4	6.4	4.3	17.3	3.6	4.5	14.7	1.6	11.0	3.1	1.9	1.6	5.7	5.5	18.2	2.6
	- 结实期		132.9	8.3	6.5	1.5	19.2	5.5	3.1	16.5	2.5	10.3	1.3	2.5	1.7	6.7	8.5	19.2	4.3
	- 枯草初期		71.0	1.8	1.1	0.7	5.6	1.5	0.7	2.8	0.5	3.2	0.3	0.6	0.2	1.4	1.5	8.9	0.3
	苔草																		
66	- 开花期	苏赫巴托省图门朝克图	56.2	9.0	3.4	7.0	13.2	4.2	3.0	12.0	6.0	4.0	1.8	3.4	3.0	4.2	7.5	5.9	
	- 结实期		66.0	5.2	3.3	2.8	4.4	5.4	5.0	7.4	6.0	1.6	0.2	7.5	5.0	4.6	3.9	3.8	0.2
	- 秋枯期		66.1	1.5	0.3	0.9	1.4	0.8	0.8	2.3	2.0	0.8	0.2	0.4	0.3	0.3	0.5	2.2	0.2
	- 冬枯期		42.5	0.4	0.3	0.9	2.2	0.5	0.3	2.6	2.0	1.1	0.1	0.6	0.2	0.3	0.2	0.7	
	披碱草																		
67	- 开花期	中央省巴特苏木布尔	92.1	0.8	1.0	0.8	4.0	1.6	1.2	3.2	0.9	2.4	0.7	0.4	0.5	1.9	2.0	4.8	0.7

序号	草场类型/饲草料种类-生长期	采样地	粗蛋白	赖氨酸	组氨酸	精氨酸	天门冬氨酸	丝氨酸	甘氨酸	谷氨酸	苏氨酸	丙氨酸	脯氨酸	酪氨酸	蛋氨酸	缬氨酸	苯丙氨酸	亮氨酸	半胱氨酸
68	糙隐子草 -结实期	中央省巴特苏木布尔	142.0	3.1	3.5	3.7	10.7	3.2	3.7	13.3	2.2	9.8	2.1	4.1	3.9	5.6	7.3	13.3	3.0
	-秋枯期		78.3	1.1	2.6	1.4	4.9	2.6	2.1	5.3	1.7	4.8	0.8	2.2	0.9	2.6	3.0	6.5	2.9
69	草地旱熟禾 -拔节期	中央省巴特苏木布尔	98.6	2.1	3.2	4.1	7.1	3.2	2.7	6.3	2.1	5.4	2.1	2.1	2.1	4.1	3.8	9.0	2.1
	-抽穗期		116.8	4.1	5.2	4.1	7.1	2.4	3.5	7.1	3.3	5.5	1.6	2.4	2.7	3.5	2.7	8.2	2.7
	-开花期		109.9	3.6	4.7	5.2	5.2	4.1	2.6	5.7	3.1	4.9	1.3	1.8	2.3	2.6	2.0	7.8	2.3
	-结实期		113.6	3.4	4.7	5.6	7.2	3.8	4.3	11.1	3.6	7.2	0.9	3.4	0.9	2.7	3.6	2.5	1.8
70	冰草 -开花期	中央省巴特苏木布尔	159.5	2.3	3.1	1.9	7.3	2.1	1.3	23.9	8.7	5.2	1.5	1.1	1.1	4.0	5.4	11.8	0.7
	-结实期		168.6	2.9	2.2	3.4	7.5	2.0	1.3	9.5	2.5	8.6	0.6	2.7	1.8	7.5	6.6	12.5	1.5
	-枯草初期		49.2	1.0	1.1	2.1	4.1	0.5	0.8	3.2	2.6	4.1	0.2	0.5	0.1	2.5	1.1	3.7	0.2
71	隐子草 -开花期	苏赫巴托省图门朝克图	90.6	1.3	8.6	8.6	7.1	6.4	5.6	16.9	16.4	3.6	0.3	4.1	6.0	7.5	11.3	6.2	0.1
	-结实期		94.3	4.0	4.0	6.8	10.7	5.5	4.8	7.9	9.2	12.9	3.5	4.4	0.7	3.7	5.5	6.1	0.1
	-秋枯期		39.9	1.9	0.7	1.8	0.9	0.7	0.7	4.2	4.2	1.5	0.1	0.5	0.7	0.6	0.6	1.6	
	-冬枯期		31.6	0.4	0.2		0.6	3.6	3.6	0.2	0.2	10.9	0.1	0.6	0.4	0.4	1.4	0.6	0.4

序号	草场类型/饲草料种类-生长期	采样地	粗蛋白	赖氨酸	组氨酸	精氨酸	天门冬氨酸	丝氨酸	甘氨酸	谷氨酸	苏氨酸	丙氨酸	脯氨酸	酪氨酸	蛋氨酸	缬氨酸	苯丙氨酸	亮氨酸	半胱氨酸
71	隐子草																		
	- 分蘖期	南戈壁省汗洪格尔	143.9	9.5	4.1	12.4	16.8	5.1	7.3	17.6	6.8	11.2	0.7	5.6	2.6	2.6	6.5	21.7	1.7
	- 结实期		162.3	5.4	5.0	9.0	12.4	6.8	7.6	18.2	7.2	11.0	0.8	3.4	1.8	1.8	9.4	17.4	1.0
	- 枯草初期		46.9	1.6	0.3	1.8	2.5	0.9	1.7	6.3	2.1	2.5		0.7	0.4	0.4	1.4	3.2	
72	羊草																		
	- 分蘖期	苏赫巴托省图门朝克图	164.8	3.9	6.2	6.5	4.4	4.0	3.6	14.6		6.8	0.8		5.6	7.9		6.2	
	- 开花期		146.7	5.3	6.7	8.6	8.6	6.0	6.0	16.0		14.8	8.0	13.3	16.6	7.6	9.8	6.6	0.3
	- 结实期		134.6	5.2	6.5	6.5	16.7	7.8	6.9	15.3		3.7	0.4	8.5	6.9	12.5	4.6	6.5	3.2
	- 秋枯期		97.1	2.1	0.8	1.2	0.9	0.4	0.7	9.2		1.5	0.1	0.5	0.7	0.8	0.7	2.3	
	- 冬枯期		38.8	0.8	0.7	0.7	0.8	0.4	0.4	0.8		1.5	0.1	0.4	0.5	0.7	0.5	1.4	
	羊草																		
	- 返青期	肯特省达尔罕	125.3	4.4	2.7	4.1	11.1	3.0	4.1	11.6	3.0	8.3		3.7	2.0	4.4	7.4	14.3	2.7
	- 开花期		129.3	4.9	3.6	5.1	9.4	4.3	3.8	11.6	3.2	8.6	1.0	4.7	1.9	5.8	4.5	13.1	4.7
	- 结实期		139.2	4.8	3.5	5.0	8.8	4.0	4.4	12.9	3.3	8.2	1.0	5.9	1.9	3.8	4.6	12.8	2.1
	- 秋枯期		84.7	3.2	2.7	1.7	6.8	2.9	2.7	8.0	2.1	6.2	1.1	2.4	0.8	2.7	2.9	9.2	1.1
	- 春枯期		75.9	3.8	3.1	4.4	6.9	3.2	3.9	10.1	2.8	6.1		3.6	1.1	2.1	3.1	9.5	1.2

序号	草场类型/饲草料种类-生长期		采样地	粗蛋白	赖氨酸	组氨酸	精氨酸	天门冬氨酸	丝氨酸	甘氨酸	谷氨酸	苏氨酸	丙氨酸	脯氨酸	酪氨酸	蛋氨酸	缬氨酸	苯丙氨酸	亮氨酸	半胱氨酸
73	针茅	- 返青期	苏赫巴托省图门朝克图	143.7	6.9	5.6	6.8	13.1	4.6	3.7	13.1	4.0	7.5	4.0	3.7	3.1	6.5	4.0	14.6	1.5
		- 开花期		119.6	4.9	4.5	6.0	7.4	4.9	3.8	9.0	2.4	7.4	2.2	2.4	2.4	4.5	3.3	11.2	0.9
		- 结实期		93.7	5.8	4.4	6.4	8.4	4.6	5.5	12.9	3.5	8.4	2.0	4.4	1.5	4.6	3.5	12.7	0.8
		- 秋枯期		92.1	2.8	2.2	3.2	4.1	2.3	2.9	7.4	2.0	4.4		2.6	0.7	1.6	2.2	7.1	0.2
		- 春枯期		45.1	1.5	0.1	2.0	3.2	2.0	1.3	2.9	1.2	3.0	0.6	1.1	0.7	2.0	1.2	3.0	2.4
	针茅	- 分蘖期	苏赫巴托省图门朝克图	124.9	4.3	4.1	7.3	16.1	2.4	4.3	13.7	12.2	7.0	0.9		8.7	7.3	3.6	4.6	2.4
		- 开花期		125.3	15.3	7.0	15.3	24.2	8.7	7.0	15.4	10.9	12.3	2.2	6.5	10.9	8.7	27.6	6.5	6.5
		- 结实期		82.5	13.4	6.8	3.4	17.7	6.0	11.0	11.1	10.0	3.2	1.0	7.4	8.8	6.0	4.0	5.4	0.8
		- 秋枯期		79.6	1.5	0.8	1.2	3.0	0.5	0.5	4.5	2.7	1.7	0.1	0.5	0.4	0.4	0.6	0.6	0.5
		- 冬枯期		35.8	1.3	0.7	1.1	2.7	0.9	0.9	2.4	2.4	1.3	0.1	0.4	0.3	0.3	0.6	0.4	0.3
74	大针茅	- 返青期	色楞格省奈热木达勒	75.4	4.1	3.1	4.5	6.9	3.9	3.7	6.3	2.5	4.7	1.3	2.5	1.3	3.5	1.5	5.9	0.6
		- 开花期		80.6	2.6	2.8	2.2	7.8	2.0	2.0	7.0	1.6	5.6	1.2	2.0	1.6	6.8	4.2	9.2	3.4
		- 结实期		137.1	4.5	2.7	4.7	11.0	4.0	4.1	12.4	3.8	12.0	1.9	4.7	2.1	5.1	5.1	12.4	2.9
		- 秋枯期		69.0	3.6	2.8	3.1	5.0	4.8	2.7	6.9	2.0	4.3	0.8	2.9	1.2	1.6	4.3	8.8	1.4
		- 春枯期		79.7	4.1		4.7	6.0	3.5	2.8	6.9	2.4	4.8	1.7	2.4	1.3	4.3	2.8	6.8	0.8

序号	草场类型/饲草料种类 - 生长期	采样地	粗蛋白	赖氨酸	组氨酸	精氨酸	天门冬氨酸	丝氨酸	甘氨酸	谷氨酸	苏氨酸	丙氨酸	脯氨酸	酪氨酸	蛋氨酸	缬氨酸	苯丙氨酸	亮氨酸	半胱氨酸
(二) 豆科																		
75	山野豌豆 - 结实期	布尔干省鄂尔浑	75.0	5.0	4.3	4.3	7.9	15.0	8.6	6.1	15.4	4.0	12.9	22.0	4.3	2.2	9.0	5.9	1.5
76	披针叶黄华 - 返青期	布尔干省鄂尔浑	141.0	4.2	3.2	5.5	7.2	3.6	2.3	5.2	1.6	4.5	0.6	2.3	1.9	4.5	3.2	9.5	1.9
	- 开花期		183.7	7.6	6.3	9.1	11.2	8.6	7.4	18.1	5.6	14.2	1.0	6.3	3.3	4.8	5.6	19.3	3.0
	- 结实期		156.9	2.7	3.3	4.6	11.0	2.4	1.8	6.7	3.0	6.1	0.9	1.8	1.5	3.0	3.0	11.6	1.5
77	珠芽蓼 - 开花期	中央省巴特苏木布尔	165.5	8.1	6.7	9.4	12.5	7.0	8.4	21.9	6.4	13.1		7.7	3.7	4.7	6.7	20.9	2.7
	- 结实期		115.3	5.7	4.6	6.6	8.6	4.9	6.0	15.2	4.3	9.2		5.4	2.5	3.4	4.6	14.7	2.0
78	黄花苜蓿 - 返青期	布尔干省鄂尔浑	177.5	2.8	2.5	1.1	14.9	3.3	3.1	13.5	1.9	9.5	1.6	2.8	2.5	3.3	2.8	15.2	3.6
	- 结实期		182.4	3.2	2.2	1.2	6.6	4.0	2.8	18.4	3.0	11.4	2.0	3.4	4.2	5.6	2.4	19.6	3.4
(三) 苔草																		
79	柄状苔草 - 返青期	色楞格省奈杰热木达勒	110.9	2.5	2.7	1.1	6.8	1.3	2.7	7.8	1.8	5.5	1.3	1.8	1.3	5.2	5.9	13.7	2.9
	- 开花期		106.9	4.2	2.9	4.2	8.9	2.9	2.2	10.4	3.1	5.1	1.5	2.0	1.7	6.6	4.0	11.1	1.7
	- 结实期		87.3	5.5	7.1	6.2	8.0	3.6	3.9	6.2	2.3	5.2	2.5	3.6	2.3	6.4	3.9	8.0	1.8

序号	草场类型/饲草料种类-生长期	采样地	粗蛋白	赖氨酸	组氨酸	精氨酸	天门冬氨酸	丝氨酸	甘氨酸	谷氨酸	苏氨酸	丙氨酸	脯氨酸	酪氨酸	蛋氨酸	缬氨酸	苯丙氨酸	亮氨酸	半胱氨酸
80	寸草苔	中央省巴特苏木布尔																	
	-返青期		109.9	2.6	0.2	2.3	13.3	1.8	2.6	14.4	1.0	10.7	1.0	3.9	0.7	4.7	5.5	14.1	4.1
	-结实期		89.7	3.4	2.2	3.4	8.0	1.7	3.0	8.5	2.1	5.9	0.7	1.5	1.1	2.6	3.4	6.8	1.7
（四）其他植物																			
81	冷蒿	中央省扎尔朗特																	
	-返青期		130.0	2.7	7.5	2.5	12.7	2.0	2.5	13.5	1.5	11.7	1.5	1.5	1.0	4.0	5.2	11.5	3.7
	-开花期		150.6	8.4	6.4	7.6	13.8	4.6	3.7	12.5	3.4	10.6	3.2	3.9	3.2	10.6	4.6	13.0	1.2
	-结实期		121.6	4.8	3.6	5.9	11.2	3.6	4.1	12.8	3.4	10.0	2.0	3.9	1.8	5.2	2.7	12.8	2.5
	-秋枯期		102.7	5.0	4.2	5.9	7.2	4.3	5.3	13.5	3.9	8.3		4.9	1.4	2.9	4.0	12.9	1.4
	-冬枯期		71.2	2.7	2.6	3.8	6.5	2.6	2.1	6.9	1.4	4.0	0.9	1.9	1.5	4.4	3.1	6.9	1.0
	冷蒿	南戈壁省布尔干																	
	-开花期		129.0	8.3	5.2	7.0	15.6	9.6	10.1	20.0	0.5	12.2	0.5	6.5	3.3	7.5	10.6	25.2	2.8
	-结实期		141.0	7.5	2.9	6.3	15.6	7.5	8.9	15.6	0.8	11.0	0.8	5.4	1.4	2.1	2.2	7.8	2.2
	-枯草期		59.0	2.5	1.2	1.0	5.6	2.8	3.3	6.5		3.9		0.7	0.4	1.0	1.2	7.1	
82	旱蒿	南戈壁省布尔干																	
	-返青期		192.0	7.8	8.4	4.9	21.1	4.7	3.5	18.9	4.7	9.4	4.7	4.3	3.0	7.5	8.0	19.5	3.5
	-结实期		97.0	5.5	11.2	8.0	24.1	7.1	5.5	17.5	3.5	12.4	3.5	7.8	1.9	9.7	6.5	21.7	0.6

序号	草场类型/饲草料种类-生长期	采样地	粗蛋白	赖氨酸	组氨酸	精氨酸	天门冬氨酸	丝氨酸	甘氨酸	谷氨酸	苏氨酸	丙氨酸	脯氨酸	酪氨酸	蛋氨酸	缬氨酸	苯丙氨酸	亮氨酸	半胱氨酸
	珍珠柴																		
83	- 返青期	南戈壁省布尔干	134.0	7.2	3.6	6.8	8.3	2.3	13.6	6.5	7.7	3.1	6.2	4.4	2.6	4.7	7.1	4.7	4.7
	- 开花期		114.0	7.0	6.2	8.7	6.7	2.8	12.0	6.2	5.7	9.5	7.5	4.4	2.5	7.2	9.8	9.8	6.0
	- 枯草初期		86.0	3.2	3.3	2.7	5.6	0.3	3.0	3.4	1.1	5.4	0.4	0.3	0.1	1.1	1.9	6.2	0.6
	红沙																		
84	- 返青期	南戈壁省布尔干	194.0	3.6	9.1	9.1	4.9	5.9	7.2	9.4	5.5	6.4	4.0	7.2	2.3	4.8	4.0	7.4	2.3
	- 开花期		187.0	4.3	6.5	10.5	9.7	9.1	7.8	8.1	8.9	7.8	5.6	7.5	3.5	6.7	6.4	6.2	3.7
	- 枯草初期		74.0	2.4	5.7	3.8	8.3	2.0	1.6	9.4	1.6	4.2	1.4	2.0	0.7	1.2	0.9	7.9	1.2
	多根葱																		
85	- 分蘖期	南戈壁省布尔干	253.0	5.9	7.3	2.3	17.1	4.1	2.9	13.1	3.8	9.7	2.8	5.8	3.6	6.7	9.3	15.3	1.6
	- 开花期		297.0	6.1	6.5	3.4	14.7	6.3	4.2	15.1	4.2	6.7	1.7	3.6	2.7	4.9	7.5	12.8	2.7
	- 枯草初期		162.4	1.8	2.4	0.7	5.9	1.4	1.1	6.9	2.1	3.1	0.7	0.4	0.2	1.8	1.3	5.6	0.3
	驼绒藜																		
86	- 返青期	南戈壁省布尔干	147.0	4.2	7.6	11.9	2.0	8.1	9.6	19.1	9.4	11.4	2.9	6.9	4.7	9.4	5.2	6.5	0.7
	- 结实期		96.0	3.2	4.2	9.5	9.2	3.1	6.7	16.0	4.8	10.0	2.4	1.8	1.6	5.0	6.1	5.3	0.7
87	狭叶锦鸡儿 - 结实期	中央省巴彦温都勒	133.0	5.8	3.9	2.7	4.4	5.4	5.5	15.1	4.1	9.9	3.4	3.0	3.2	5.5	7.5	17.4	7.0

211

序号	草场类型/饲草料种类-生长期	采样地	粗蛋白	赖氨酸	组氨酸	精氨酸	天门冬氨酸	丝氨酸	甘氨酸	谷氨酸	苏氨酸	丙氨酸	脯氨酸	酪氨酸	蛋氨酸	缬氨酸	苯丙氨酸	亮氨酸	半胱氨酸
88	矮锦鸡儿-开花期	中央省巴彦温朱勒	154.9	5.4	3.8	3.2	13.8	5.0	5.6	15.6	2.6	10.4	3.8	4.0	3.4	5.6	6.0	15.4	3.6
89	多刺锦鸡儿-开花期	中央省巴彦温朱勒	158.3	6.5	8.3	9.8	9.2	4.6	2.7	10.0	5.0	8.6	1.9	2.9	3.8	6.1	4.6	9.4	1.3
90	矮锦鸡儿 -开花期	中央省巴彦温朱勒	167.4	7.5	5.7	7.7	13.4	9.2	5.0	14.7	2.8	8.5	3.3	5.0	3.0	5.0	6.8	13.9	1.3
	-结实期		160.1	6.6	6.0	8.2	11.3	7.0	4.3	13.4	2.5	8.4	3.2	2.7	2.9	5.6	4.8	15.2	1.2
	-枯草初期		88.0	2.1	2.1	0.8	4.1	2.7	4.1	4.6	1.1	6.2	1.2	0.9	0.4	3.2	2.4	7.9	2.3
91	变蒿-开花期	中央省巴彦温朱勒	161.6	2.7	7.9	6.5	12.8	7.6	3.5	4.6	9.3	13.1		7.4	12.0	6.8	8.4	21.3	7.1
六、打草场放牧场																			
92	杂类草-林缘草打草场	中央省扎尔嘎朗特	66.0	3.3	2.7	3.8	4.9	2.8	3.4	8.7	2.5	5.3		3.1	1.4	1.9	2.7	8.3	1.1
93	杂类草-豆科	中央省乌科塔布尔	89.0	4.4	3.6	5.1	6.6	3.7	4.6	11.7	3.4	7.1		4.1	1.9	2.5	3.6	11.2	1.4
94	杂类草-禾草	中央省扎尔嘎朗特	82.0	4.1	3.3	4.7	6.1	3.4	4.2	10.8	3.1	6.6		3.8	1.8	2.3	3.3	10.3	1.3
95	冰草	中央省巴彦朝克图	105.0	5.2	4.3	6.1	7.8	4.4	5.4	13.8	4.0	8.4		5.5	2.3	3.0	4.2	13.3	1.7

序号	草场类型/饲草料种类-生长期	采样地	粗蛋白	赖氨酸	组氨酸	精氨酸	天门冬氨酸	丝氨酸	甘氨酸	谷氨酸	苏氨酸	丙氨酸	脯氨酸	酪氨酸	蛋氨酸	缬氨酸	苯丙氨酸	亮氨酸	半胱氨酸
96	禾草	色楞格省洪格尔	77	3.8	3.1	4.5	5.8	3.2	4.0	10.2	3.0	6.2		3.6	1.7	2.2	3.1	9.8	1.2
	禾草	中央省巴彦朝克图	78	3.8	3.2	4.5	5.8	3.3	4.0	10.5	3.0	6.0		3.6	1.6	2.5	3.2	9.8	1.3
97	披碱草-针茅-杂类草	色楞格省西哈拉	126	6.3	5.1	7.3	9.4	5.3	7.0	16.6	4.8	11.0		5.9	2.7	3.6	5.0	16.0	2.0
98	禾草-杂类草	色楞格省洪格尔	118	5.9	4.7	6.8	8.8	5.0	6.1	15.5	4.5	9.4		5.5	2.5	3.3	4.7	14.9	3.8
	禾草-杂类草	色楞格省淖木干	109	5.4	4.4	6.3	8.1	4.6	5.6	14.3	4.5	8.7		5.1	2.3	3.1	4.4	13.7	1.7
	禾草-杂类草	中央省巴彦朝克图	127	6.3	5.1	7.3	9.5	5.3	6.5	16.7	6.3	11.0		5.9	2.7	3.6	5.1	16.0	2.0
	禾草-杂类草	中央省巴彦前达穆尼	109	5.4	4.4	6.3	8.1	4.6	5.6	14.3	4.2	8.7		7.1	2.3	3.1	4.4	13.8	1.7
	禾草-杂类草	中央省宝立淖尔	118	5.9	4.8	6.8	8.8	4.9	6.1	15.5	4.5	9.5		5.5	2.5	3.4	4.7	14.9	1.9
	禾草-杂类草	中央省诺霍日乐	68	3.4	4.8	3.9	5.1	2.9	3.5	9.0	2.6	5.5		3.2	1.5	1.9	2.7	8.6	1.1
	禾草-杂类草	中央省乌科楞布尔	74	3.7	3.0	4.3	5.5	3.1	3.8	9.7	2.8	5.9		3.4	1.6	2.1	3.0	9.3	1.9
	禾草-杂类草	中央省色尔格楞	65	3.2	3.6	3.8	4.9	2.7	3.4	8.6	2.5	5.2		3.0	1.7	1.9	2.6	8.3	

序号	草场类型/饲草料种类-生长期	采样地	粗蛋白	赖氨酸	组氨酸	精氨酸	天门冬氨酸	丝氨酸	甘氨酸	谷氨酸	苏氨酸	丙氨酸	脯氨酸	酪氨酸	蛋氨酸	缬氨酸	苯丙氨酸	亮氨酸	半胱氨酸
99	针茅	乌兰巴托	68	3.4	2.8	3.9	5.1	8.0	4.5	8.9	2.6	5.5		3.2	1.5	3.3	2.7	8.6	1.1
	针茅-禾草-杂类草	扎尔嘎朗特	110	5.5	4.5	6.4	8.3	4.6	5.7	14.5	4.2	8.9		5.1	2.4	3.1	4.4	14.0	1.8
		色楞格省西哈拉	148	7.4	6.0	8.5	11.1	6.2	7.7	19.5	5.7	11.9		6.9	3.2	4.2	6.0	18.7	2.4
		中央省阿塔尔	103	5.1	4.2	5.9	7.7	4.3	5.3	13.5	3.9	8.3		4.8	2.2	2.9	4.1	13.0	1.6
七、栽培草																		
101	燕麦鲜草-结实期	中央省巴彦朝克图	98	4.7	4.0	5.6	7.3	4.1	5.1	12.9	3.7	7.9		4.6	2.1	2.8	3.9	12.4	1.6
	燕麦草-结实期	中央省阿塔尔	100	5.0	4.0	5.8	7.4	4.2	5.2	13.1	3.8	8.0		4.6	2.1	2.8	4.0	12.6	1.6
	燕麦草	中央省诺霍日勒	137	6.8	5.6	7.9	12.0	5.7	7.1	18.0	5.2	11.0		6.4	2.9	3.9	5.5	14.3	2.2
八、秸秆																		
102	小麦秸-结实期	巴彦朝克图	103	5.1	4.2	5.9	7.7	4.3	5.3	13.6	3.9	8.3		4.8	2.2	2.9	4.1	13.0	1.7
	小麦秸-结实期	宝日淖尔	46	2.3	1.4	2.6	3.4	1.9	3.4	6.0	1.7	3.6		2.1	1.0	3.3	1.8	5.8	0.7
	小麦秸-结实期	扎尔嘎朗特	69	3.4	2.8	4.0	5.2	2.9	3.6	9.1	2.6	5.5		3.2	1.5	2.0	2.8	8.7	1.1
	小麦秸-结实期	宗哈拉	94	4.7	3.8	5.4	7.0	3.9	4.9	12.4	3.6	7.5		4.4	2.0	2.7	3.8	11.9	1.5

序号	草场类型/饲草料种类-生长期	采样地	粗蛋白	赖氨酸	组氨酸	精氨酸	天门冬氨酸	丝氨酸	甘氨酸	谷氨酸	苏氨酸	丙氨酸	脯氨酸	酪氨酸	蛋氨酸	缬氨酸	苯丙氨酸	亮氨酸	半胱氨酸
102	小麦秸-结实期	西哈拉	62	3.1	2.5	3.6	4.7	2.1	3.2	8.2	2.4	5.0		2.9	1.3	1.8	2.5	7.9	1.0
	小麦秸-结实期	淖木干	82	4.1	3.3	4.7	6.1	3.4	4.2	10.8	3.1	6.6		3.8	1.8	2.3	3.3	10.3	1.3
	小麦秸-结实期	乌科塔布尔	66	3.3	2.7	3.8	4.9	2.8	3.4	8.7	2.5	5.3		3.1	1.4	1.9	2.7	8.3	1.1
九、青贮																			
103	葵花全株-青贮	巴彦朝克图	119	5.9	4.8	6.8	8.9	5.0	6.1	15.6	4.5	9.5		5.5	2.5	3.4	4.8	15.0	1.9
	葵花全株-青贮	阿塔尔	91	0.1	3.7	5.2	6.8	3.8	4.7	11.9	3.5	7.3		4.2	2.0	2.6	3.7	11.5	1.5
	葵花全株-青贮	巴彦前达镭尼	98	4.9	3.9	5.6	7.3	4.1	5.1	12.9	3.7	7.8		4.6	2.1	2.8	3.9	12.4	1.6
	葵花全株-青贮	诺霍日勒	140	7.0	5.7	8.1	10.4	5.9	7.2	18.4	5.3	11.2		6.5	3.0	4.0	5.6	17.7	2.5
	葵花全株-青贮	乌科塔布尔	81	4.0	3.3	4.8	6.0	3.4	4.2	10.7	2.6	6.5		3.8	1.7	2.1	3.2	10.2	1.3
	葵花全株-青贮	崇哈拉	100	5.0	4.3	5.8	7.6	4.2	5.1	13.2	3.8	8.0		4.7	2.2	2.8	4.5	12.7	1.5
	葵花全株-青贮	西哈拉	89	4.4	3.6	5.1	6.7	3.7	6.4	11.7	3.4	7.2		3.9	1.9	2.5	3.6	11.3	1.4

序号	草场类型/饲草料种类-生长期	采样地	粗蛋白	赖氨酸	组氨酸	精氨酸	天门冬氨酸	丝氨酸	甘氨酸	谷氨酸	苏氨酸	丙氨酸	脯氨酸	酪氨酸	蛋氨酸	缬氨酸	苯丙氨酸	亮氨酸	半胱氨酸
103	葵花全株青贮	洪格尔	110	5.5	4.5	6.4	8.2	4.6	5.7	14.5	4.2	8.7		5.1	2.4	3.1	4.4	14.0	1.8
	葵花全株青贮	淖木干	64	3.2	2.6	3.7	4.7	2.7	3.3	8.3	2.4	5.1		3.0	1.4	1.8	2.5	8.8	1.0
104	葵花-小麦青贮	色尔格楞	110	5.5	4.5	6.4	8.2	4.6	5.7	15.5	4.2	8.8		5.1	2.4	3.1	4.4	13.9	1.8
105	葵花-燕麦青贮	乌科塔布尔	126	6.3	5.1	7.2	9.4	5.3	6.5	16.5	4.8	11.0		5.8	2.7	3.6	5.1	15.9	2.0
106	葵花-一年生禾草青贮	巴彦朝克图	89	4.4	3.6	5.2	6.7	3.7	4.6	11.8	3.4	7.2		4.2	1.9	2.6	3.6	1.3	1.4
	一年生禾草青贮	巴彦朝克图	134	6.6	5.4	7.7	10.0	5.6	6.9	17.6	5.1	10.7		6.2	2.9	3.8	5.4	16.9	2.1
107	一年生草青贮	宝日淖尔	150	7.4	6.1	8.6	11.2	6.3	7.7	19.7	5.7	12.0		7.0	3.2	4.3	6.0	18.9	2.4
108	燕麦青贮	宝日淖尔	104	4.2	5.1	6.0	7.7	4.3	5.6	13.6	4.0	8.3		4.8	2.2	2.9	4.2	13.1	1.7
109	芜青青贮	宝日淖尔	78	3.9	3.2	4.5	5.8	3.2	4.0	10.3	3.0	6.3		3.6	1.7	2.2	3.1	9.8	1.2
十、精饲料																			
110	大麦属	乌科塔布尔	116	5.8	4.7	6.7	8.7	4.9	6.0	15.3	4.4	9.4		5.4	2.5	3.3	4.7	14.7	

序号	草场类型/饲草料种类-生长期	采样地	粗蛋白	赖氨酸	组氨酸	精氨酸	天门冬氨酸	丝氨酸	甘氨酸	谷氨酸	苏氨酸	丙氨酸	脯氨酸	酪氨酸	蛋氨酸	缬氨酸	苯丙氨酸	亮氨酸	半胱氨酸
111	小麦	乌科塔布尔	124	6.2	5.0	7.2	9.3	5.2	6.4	16.3	4.7	10.0		5.8	2.6	3.5	5.0	15.7	2.0
112	小米	乌科塔布尔	106	4.2	5.2	2.8		6.5	4.2		5.8				0.7	4.6	4.7	9.3	0.7
113	豌豆	乌科塔布尔	114	7.2	4.9	8.3		4.3	3.7		2.3				1.1	3.9	5.3	10.2	1.6
114	燕麦	乌科塔布尔	90	4.2	2.5	6.1	9.0	3.4	4.0	15.4	3.9			3.7	2.0	5.1	5.0	11.7	2.3
115	玉米	乌科塔布尔	110	2.9	2.1	4.8		5.1	2.7		1.8				0.9	5.1	4.2	9.3	1.1
116	小麦麸皮	乌科塔布尔	165	8.2	6.7	9.5	12.3	6.9	6.5	21.7	6.3	13.2		7.7	3.5	4.7	6.6	20.8	2.6
十一、配合饲料																			
117	粉状配合饲料		135	6.7	5.5	7.8	10.1	5.7	7.0	17.8	5.2	10.8		6.3	2.9	3.8	5.4	17.0	2.2
118	颗粒配合饲料		169	8.4	6.9	9.7	12.6	7.1	8.7	22.2	4.5	13.6		7.8	3.6	4.8	6.8	21.3	2.7
119	秸秆混合饲料		92	4.5	3.7	5.3	6.8	3.8	4.7	12.0	3.5	7.3		4.3	2.0	2.7	3.7	11.6	1.5

表 28　各类饲料的维生素含量

序号	草场类型 / 饲草料种类	样本数量（个）	风干基础			绝干基础	
			干物质（%）	胡萝卜素（mg/kg）	维生素C（mg/kg）	胡萝卜素（mg/kg）	维生素C（mg/kg）
一、打草场牧草							
（一）森林草原带							
1	杂类草	5	82.6	26.2	40.1	31.7	48.5
2	杂类草 - 雀麦属	2	79.2	78.6		99.2	
3	杂类草 - 禾草	4	77.0	17.5	39.7	22.7	51.5
4	杂类草 - 禾草 - 豆科	4	82.1	53.2	23.3	64.8	28.4
5	早熟禾 - 杂类草	2	73.0	21.4	106.4	29.3	145.7
6	禾草 - 豆科 - 杂类草	2	71.0	76.7		108.0	
7	冰草	2	89.0	37.0	31.3	41.6	35.1
8	冰草 - 杂类草	1	81.8	89.7		109.7	
9	披碱草 - 针茅 - 杂类草	2	88.0	56.5	45.8	64.2	52.0
10	苔草 - 杂类草	1	78.0	41.4	57.9	53.0	74.2
11	禾草	6	79.0	44.1	39.5	55.8	50.0
12	禾草 - 杂类草	21	80.5	61.4	55.3	80.5	68.2
13	针茅 - 禾草 - 杂类草	1	86.2	7.0	26.0	8.1	30.2
14	苜蓿 - 杂类草 - 禾草	1	70.1	108.5	66.9	154.8	95.4
（二）草原区							
15	杂类草 - 禾草	1	85.0	20.1	34.6	23.6	40.7
16	针茅 - 早熟禾	1	81.8	16.0	89.1	19.6	108.9
17	针茅 - 早熟禾 - 隐子草	2	82.3	65.8	47.4	80.0	57.6
18	针茅 - 隐子草	2	87.3	36.3	41.9	41.6	48.0
19	针茅 - 羊草	1	81.9	59.6	318.6	72.8	389.0
20	针茅 - 锦鸡儿 - 杂类草						
	-7月	1	70.3	155.3	470.6	220.9	669.4
	-8月	1	74.7	90.6	427.6	121.3	572.4
	-10月	1	88.4	67.0	36.8	75.8	41.6

序号	草场类型/饲草料种类	样本数量（个）	风干基础			绝干基础	
			干物质（%）	胡萝卜素（mg/kg）	维生素C（mg/kg）	胡萝卜素（mg/kg）	维生素C（mg/kg）
21	针茅-羊草-锦鸡儿						
	-7月	2	70.9	114.2	639.8	161.1	902.4
	-8月	3	79.5	82.9	496.8	104.2	624.9
	-10月	1	88.9	18.0	44.8	20.2	50.4
	-9—10月	3	83.8	5.5	20.9	6.6	24.9
22	禾草-杂类草	3	88.2	15.7	50.4	17.8	57.1
二、青绿饲料（栽培作物）							
23	燕麦	4	85.3	32.5	37.5	38.1	44.0
24	小麦	9	83.5	19.6	39.6	23.5	47.4
25	燕麦+豌豆	2	68.7	70.5	494.6	102.6	719.9
26	苜蓿+披碱草+雀麦						
	-未施肥	2	47.4	187.5	405.0	396.0	854.4
	-磷钾肥	2	44.3	211.1	480.7	476.5	1 085.1
	-氮磷钾肥	2	42.7	218.9	605.2	512.6	1 417.3
三、青贮饲料							
27	葵花	25	26.0	68.4	71.9	263.1	276.5
28	葵花+禾草	2	21.8	30.0	100.5	137.6	461.0
29	葵花+燕麦	2	27.5	37.0	96.0	134.5	349.1
30	葵花+小麦	2	20.5	33.5	122.0	163.4	595.1
31	禾草	3	30.7	64.2	108.0	209.1	351.8
32	禾草+葵花	3	40.8	41.8	130.9	102.4	320.8
33	芜青	4	27.1	64.7	110.1	238.7	406.3
34	秸秆青贮	4	32.5	53.6	117.0	164.9	360.0
35	燕麦	3	26.3	41.5	42.6	157.8	162.0
36	燕麦+大麦	2	33.4	106.2	360.0	317.9	1 077.8
37	黑麦+葵花	4	29.8	80.6	131.7	270.5	441.9

序号	草场类型/饲草料种类	样本数量（个）	风干基础			绝干基础	
			干物质（%）	胡萝卜素（mg/kg）	维生素C（mg/kg）	胡萝卜素（mg/kg）	维生素C（mg/kg）
38	玉米+葵花+燕麦+大麦	2	30.7	80.1	179.0	260.9	583.1
39	玉米+芜青	3	23.5	83.3	145.5	354.5	619.1
40	玉米+燕麦	4	38.1	89.0	166.8	233.6	437.8
41	杂类草青贮-开花期	2	58.8	85.0	664.6	144.5	1 130.0
42	燕麦+豌豆青贮-结实期	2	57.8	45.4	549.1	78.5	950.0
四、富含维生素的自配料							
43	大麦+燕麦+豌豆（鲜草粉）	2	86.0	144.0	267.4	167.4	310.9
44	豌豆鲜草粉	2	88.1	193.4	208.4	219.5	236.5
45	山葱草饼	2	45.0	40.1	285.1	89.1	633.6
46	狭叶荨麻粉	5	88.2	168.7	300.0	191.4	340.1
47	狭叶荨麻草饼	3	64.1	88.4	309.1	137.9	482.2
48	松树叶粉	15	89.8	92.4	189.4	102.9	210.9
49	鲜芦苇草粉	2	90.2	68.9	166.9	76.4	185.0
50	多根葱粉	2	94.0	79.0	288.4	84.0	306.8
51	多根葱草饼	2	50.0	57.5	259.0	115.0	518.0
52	饲料酵母	2	90.5	31.5	182.6	34.8	201.8
53	禾草-杂类草鲜草粉	3	89.2	155.7	109.3	174.5	122.5
54	禾草-杂类草鲜草颗粒	2	87.1	151.0	211.0	173.4	242.2
55	禾草-豆科鲜草粉	6	79.6	136.7	167.3	171.7	210.2
56	禾草-豆科鲜草颗粒	2	77.8	142.9	177.0	183.7	227.5
57	燕麦鲜草粉	2	84.7	176.5	186.4	208.4	220.0

序号	草场类型 / 饲草料种类	样本数量（个）	风干基础			绝干基础	
			干物质（%）	胡萝卜素（mg/kg）	维生素C（mg/kg）	胡萝卜素（mg/kg）	维生素C（mg/kg）
58	燕麦鲜草颗粒	2	90.5	177.7	186.5	196.4	206.1
59	燕麦＋豌豆鲜草粉	2	87.4	221.9	283.7	253.9	324.6
60	苜蓿草饼	2	45.0	69.8	220.1	155.1	409.1
61	苜蓿（花期）	2	74.7	67.2	198.1	90.0	399.1
五、精饲料							
62	大麦	2	89.5		50.8		56.7
63	糜子	2	89.5	1.9	31.9	2.1	35.6
64	豌豆	2	88.6		44.0		49.7
65	小麦	6	72.7	2.3	31.4	3.2	43.2
66	小麦麸皮	8	83.4	3.2	23.3	3.8	27.9
67	燕麦	2	91.0	1.4	45.0	1.5	49.5
68	小米	2	89.7	2.0	3.6	2.2	4.0
69	玉米	2	88.9	2.0	5.3	2.2	6.0
六、配合饲料							
70	颗粒料	18	85.3	6.9	33.9	8.1	39.7
71	粉状	9	86.3	3.0	28.1	3.5	32.6
72	颗粒＋粉状混合	3	84.0	3.0	22.3	3.6	26.5
73	0～5日龄雏鸡料		87.4	10.3	24.7	11.8	28.3
74	6～30日龄鸡饲料		86.7	9.6	33.6	11.1	38.8
75	90～150日龄鸡饲料		87.8	3.0	35.5	3.4	40.4
76	210日龄以上蛋鸡料		88.7	8.5	64.9	9.6	73.2
77	蛋鸡料		85.8	4.7	25.7	5.5	30.0

表 29 放牧场各类饲草矿物质含量（绝干基础）

序号	草场类型/饲草料种类-生长期	采样点	常量元素（g/kg）							微量元素（mg/kg）						
			钙 Ca	磷 P	钾 K	钠 Na	氯 Cl	镁 Mg	硫 S	铜 Cu	锌 Zn	钴 Co	碘 I	锰 Mn	钼 Mo	铁 Fe
一、牧场鲜草																
（一）高山带																
1	杂类草-开花期	后杭爱省图布希如勒呼	2.20	1.10	11.60	0.80	1.40	2.80	0.30	1.90		0.04	0.06	20.80	1.40	184.00
	杂类草-结实期	库苏古尔省塔里亚朗、阿尔布拉格	8.80	2.00	13.40	0.20			0.20	7.90	32.00	0.05	0.01	102.00		
	杂类草-结实期	库苏古尔省阿尔善图、伊和阿斯嘎图	2.30	1.80	13.70	0.10			0.10	8.30	11.20	0.06	0.01	45.00		
	-春枯期		2.80	0.60	2.80	0.03			1.10	1.60	13.80	0.05	0.04	40.00		
2	杂类草-羊茅	库苏古尔省塔里亚朗、宝日高勒	6.80	1.70	9.40	0.10			0.80	3.70	28.50	0.05	0.02	58.00		
	杂类草-羊茅 -结实期	库苏古尔省阿尔善图、大阿其谷地	5.90	1.00	7.80	0.10			0.80	3.60	18.60	0.05	0.01	51.00		
	-春枯期		3.80	0.60	3.20	0.03			0.90	1.60	16.00	0.03	0.04	28.00		
	杂类草-羊茅 -结实期	库苏古尔省乌兰乌拉、陶木	6.60	2.70	15.70	0.20			0.50	10.60	45.90	0.04	0.03	80.00		

序号	草场类型/饲草料种类-生长期	采样点	常量元素（g/kg）							微量元素（mg/kg）						
			钙 Ca	磷 P	钾 K	钠 Na	氯 Cl	镁 Mg	硫 S	铜 Cu	锌 Zn	钴 Co	碘 I	锰 Mn	钼 Mo	铁 Fe
3	杂类草-豆科															
	- 结实期	库苏古尔省塔里亚朗、查干楚鲁特	11.40	1.40	11.50	0.20			0.20	12.20	10.40	0.05	0.03	72.00	0.60	
	- 春枯期		6.90	0.50	2.20	0.30			0.80	5.60	14.60	0.03	0.01	50.00	1.80	
	杂类草-禾草															
	- 孕蕾期	库苏古尔省塔里亚朗、查干楚鲁特								8.50	59.80			98.20		
	- 开花期									16.20	25.30			187.20		
	- 结实期		6.20	0.80	6.20	2.20	2.50	3.40		4.50	48.30			30.30	1.10	147.00
	- 枯草初期		6.20	1.30	3.80	0.80	2.10	6.40		4.20	1.30			45.70	0.80	73.00
	- 枯草期		5.70	0.90	3.50	0.30	0.70	5.90		2.30	0.50			13.20		67.00
4	杂类草-禾草															
	- 结实期	库苏古尔省塔里亚朗、塔本陶勒盖	10.00	1.70	13.00	0.80			0.10	8.60	11.80	0.04	0.01	116.00		
	- 春枯期		5.90	0.70	2.50	0.10			0.90	5.50	17.90	0.03	59.00			
	杂类草-禾草															
	- 结实期	库苏古尔省和乌拉、小阿其合地	13.30	1.60	12.50	0.20			0.10	6.50	8.30	0.05	0.01	66.00		
	- 春枯期		4.40	0.60	3.20	0.10			0.80	7.30	17.30	0.04	0.02	40.00		
	杂类草-禾草															
	- 结实期	库苏古尔省和乌拉、洪格尔达瓦	9.90	1.80	10.40	0.10			0.10	5.60	12.60	0.03	0.01	50.00		
	- 春枯期		6.90	0.40	3.40	0.10			0.90	7.30	19.40	0.03	0.03	19.00		

序号	草场类型/饲草料种类-生长期	采样点	常量元素（g/kg）									微量元素（mg/kg）				
			钙 Ca	磷 P	钾 K	钠 Na	氯 Cl	镁 Mg	硫 S	铜 Cu	锌 Zn	钴 Co	碘 I	锰 Mn	钼 Mo	铁 Fe
5	杂类草-禾草-豆科-结实期	库苏古尔省乌兰乌拉	6.80	2.90	16.90	0.20			0.20	6.60	55.30	0.04	0.09	68.00		
6	杂类草-隐子草 -结实期	库苏古尔省塔里亚朗	7.90	2.20	13.00	0.20			0.10	8.20	34.60	0.04	0.01	90.00		
	-春枯期		4.50	0.80	1.80	0.10			0.70	4.60	11.80	0.03	0.20	159.00		
7	杂类草-薹类 -结实期	库苏古尔省伊和乌拉、大都兰北	8.60	2.00	12.40	0.20			0.20	14.20	15.80	0.05		78.00		
	-春枯期		2.70	0.70	3.50	0.10			0.80	3.60	11.70	0.04	0.03	31.00		
	羊茅 -返青期	库苏古尔省嘎拉朱特、阿拉格额尔德尼	5.80	1.40	3.40	0.30	0.40	1.00	0.30	17.30	14.40	0.05	0.12	16.80	0.30	432.00
	-开花期		7.10	1.20	5.50	0.50	1.20	1.30	0.40	10.90	15.60	0.22	0.08	44.40	0.50	233.00
	-结实期		6.60	1.10	17.20	0.30	0.30	1.50	0.50	3.00	17.00	0.05	0.06	50.40	1.10	357.00
	-秋枯期		2.50	0.80	20.00	0.10	0.80	0.40	0.80	2.80	17.80	0.03	0.04	18.00	0.20	236.00
8	羊茅 -返青期	库苏古尔省浩格日高、仁钦隆勃	5.60	1.70	3.10	0.30	0.30	1.00	1.10	10.70	13.90	0.20	0.02	38.30	0.60	758.00
	-开花期		4.60	1.20	1.50	1.70	1.30	2.20	1.50	2.00		0.08	0.10	25.40	0.40	200.00
	-结实期		2.40	1.30	2.40		0.20	0.90	0.30	3.50	13.90	0.05	0.15	17.10	0.90	158.00
	-秋枯期		6.70	0.40	1.10	0.30	0.80	1.00	1.40	1.20	11.60	0.06	0.04	8.40	0.90	387.00
	-春枯期		3.80	1.10	1.30		0.10	0.10	1.00	2.60	19.90		0.04	20.40	0.30	299.00

序号	草场类型/饲草料种类-生长期	采样点	常量元素（g/kg）									微量元素（mg/kg）				
			钙 Ca	磷 P	钾 K	钠 Na	氯 Cl	镁 Mg	硫 S	铜 Cu	锌 Zn	钴 Co	碘 I	锰 Mn	钼 Mo	铁 Fe
9	羊茅-杂类草-结实期	库苏古尔省塔里亚朗、阿尔布拉格	6.90	0.50	2.30	0.10			0.80	6.40	43.40	0.05	0.01	116.00		
10	羊茅-早熟禾-杂类草 - 开花期	巴彦洪格尔省嘎拉朱特	2.90	1.30	15.30	0.60	0.80	1.40	1.30	5.30	27.80	0.28	0.04	12.60	0.30	406.00
	- 结实期		3.80	1.20	15.70	0.60	0.70	5.80	0.60	6.10			0.07	53.70	1.60	419.00
11	羊茅-苔草-结实期	库苏古尔省乌兰乌拉	1.90	1.30	3.20	0.20			0.20	5.40	9.20	0.04	0.04	24.00		
12	羊茅-针茅-结实期	库苏古尔省乌兰乌拉	3.90	2.00	11.60	0.20				4.40	20.40			62.00		
13	羊茅-春枯期	库苏古尔省乌兰乌拉	6.50	0.80	2.60	0.50			0.90	0.50	2.10	0.05	0.01	77.00		
14	嵩草-杂类草 - 结实期	后杭爱省图布希如勒呼	2.50	1.30	7.50	0.50	1.70	5.60	0.30	10.70	15.50	0.05	0.08	81.90	1.40	410.00
	嵩草-杂类草 - 结实期	希如勒呼	1.70	2.00	9.90	1.00			0.20	3.60		0.04	0.05	60.00		
15	嵩草-羊茅 - 返青期	后杭爱省图布希如勒呼	5.70	0.60	2.90	0.20			0.30	0.50	4.20	0.05	0.08	46.50		
	- 结实期		4.20	1.40	11.40	0.10			0.90	2.20	19.90	0.04	0.15	37.00		

序号	草场类型/饲草料种类-生长期	采样点	常量元素（g/kg） 钙 Ca	磷 P	钾 K	钠 Na	氯 Cl	镁 Mg	硫 S	微量元素（mg/kg） 铜 Cu	锌 Zn	钴 Co	碘 I	锰 Mn	钼 Mo	铁 Fe
16	百里香-羊茅-返青期	库苏古尔省乌兰青拉	4.60	0.40	2.20	0.20			0.40	0.50	2.70	0.05	0.05	20.00		
17	苔草 -返青期	库苏古尔省阿拉格额尔德尼、额日和勒淖尔	5.40	0.60	1.20		0.50	0.90	0.80	8.30	27.80	0.09	0.09	19.50	0.60	380.00
	-开花期		9.90	1.60	6.80	0.50	0.40	1.60	0.40	7.50	14.40	0.08	0.08	32.10	0.60	457.00
	-结实期		7.50	1.40	3.30		0.30	1.30	0.30	5.60	13.30	0.07	0.16	53.50	0.80	544.00
	-秋枯期		8.30	0.70	4.50	0.30	0.30	1.50	0.40	1.10	11.40	0.07	0.05	27.40	0.70	253.00
	苔草 -返青期	库苏古尔省乌兰青拉	5.60	0.80	3.20	0.40		1.00	0.20	0.50	2.40	0.05	0.04	116.00		
	-结实期		3.70	2.00	11.40	0.20			0.40	4.70	18.80	0.38	0.06	76.60		
18	苔草-杂类草 -返青期	库苏古尔省仁钦隆勃、浩敦高勒	5.60	1.70	3.10		0.30	1.00	1.10	10.70	13.90	0.10	0.02	38.30	0.60	758.00
	-开花期		8.30	2.50	10.60	0.40	1.10	2.60	2.30	8.10	17.30	0.33	0.07	68.90	1.00	592.00
	-结实期		7.50	1.90	3.10		0.20	3.10	0.20	7.00	10.90		0.08	77.30	2.00	690.00
	-春枯期		8.10	1.20	1.70	1.80	0.10	0.50	1.20	1.40		0.05	0.01	31.80	2.10	592.00
	苔草-杂类草 -开花期	库苏古尔省陶松臣格勒	12.70	2.30	14.30	0.30	1.20	2.00	0.30	16.40	22.20	0.13	0.08	45.90	0.40	202.00

序号	草场类型/饲草料种类-生长期	采样点	常量元素（g/kg）							微量元素（mg/kg）						
			钙 Ca	磷 P	钾 K	钠 Na	氯 Cl	镁 Mg	硫 S	铜 Cu	锌 Zn	钴 Co	碘 I	锰 Mn	钼 Mo	铁 Fe
18	苔草-杂类草 -结实期	库苏古尔省塔里亚朗、朱勒格特	4.40	2.50	10.70	0.10			0.50	7.30	15.00	0.04	0.04	36.00		
	-春枯期		8.20	1.60	2.60	0.20			0.90	3.60	14.60	0.03	0.12	90.00		
	苔草-杂类草 -开花期	巴彦洪格尔省嘎勒特	5.40	2.70	9.00	0.50	1.00	2.40	1.90	4.60	30.40	0.10	0.09	74.00	0.20	617.00
	-结实期		1.70	0.80	3.70	0.80	0.60	0.70	0.60	5.20		0.09	0.04	9.10	0.20	529.00
19	苔草-蒿草 -结实期	库苏古尔省乌兰乌拉	2.80	1.20	5.60	0.10			0.70	1.70	10.60	0.04	0.02	37.00		
20	苔草-禾草 -结实期	库苏古尔省乌兰乌拉	4.50	2.00	9.80	0.40			0.30	0.70	44.00	0.04	0.11	20.00		
21	剪股颖-蒿草 苔草 -返青期	库苏古尔省乌兰乌拉	14.00	0.60	2.50	0.40			0.40	0.50	4.50	0.04	0.09	102.00		
22	禾草-杂类草 -抽穗期	科布多省布尔干、音德尔								3.20	62.20	0.50		23.20	0.30	
	-开花期									9.30	61.10	1.00		38.50	0.60	
	-结实期									6.40	19.30	0.30		42.30	1.70	

序号	草场类型/饲草料种类-生长期	采样点	常量元素（g/kg）								微量元素（mg/kg）						
			钙 Ca	磷 P	钾 K	钠 Na	氯 Cl	镁 Mg	硫 S	铜 Cu	锌 Zn	钴 Co	碘 I	锰 Mn	钼 Mo	铁 Fe
23	赖草属															
	-返青期	库苏古尔省仁钦隆勃、伊贺图很阿日	2.00	1.00	4.00		0.30	0.80	0.20	19.60	14.90		0.07	27.90	0.50	651.00
	-开花期		5.30	2.00	8.50	0.30	1.30	1.10	0.70	5.10	13.40	0.03	0.12	27.90	0.40	373.00
	-结实期		2.40	0.70	7.60		0.20	1.20	0.40	4.40	13.60	0.10	0.10	31.80	0.70	489.00
	-秋枯期		3.00	0.50	3.50	0.30	0.90	0.70	0.60	2.10	15.80	0.03	0.06	17.90	0.60	441.00
	-春枯期		4.40	0.50	1.30		0.20	0.40	0.30	4.30	16.70	0.01	0.05	26.10	0.30	426.00
	赖草属 -结实期	库苏古尔省乌兰乌拉、陶木	2.90	1.70	10.00	0.10			0.10	2.70	13.50	0.05	0.01	52.00		
24	赖草属-小禾草															
	-返青期	库苏古尔省阿拉格额尔德尼、阿日珠日赫	3.70	0.90	3.20	0.40	3.80	0.90	0.30	11.70	13.30	0.05	0.04	18.90	0.60	516.00
	-开花期		5.30	1.40	6.30	0.40	1.10	1.40	0.60	5.80	16.10	0.06	0.08	64.00	0.20	336.00
	-结实期		3.70	0.90	5.70		0.30		0.80	4.20	19.30	0.03	0.12	38.70	1.00	327.00
	-春枯期		3.80	0.60	1.10	0.40	0.10	0.90	0.90	2.50	17.70	0.03	0.09	41.10	0.20	207.00
25	针茅															
	-返青期	库苏古尔省仁钦隆勃、伊贺图很阿日	3.20	1.20	2.80	0.20	0.60	0.90	0.30	14.10	17.40	0.02	0.05	34.80	0.50	660.00
	-开花期		5.00	2.20	10.20	0.50	1.40	1.30	0.60	7.80	14.10	0.09	0.12	22.80	0.60	510.00
	-结实期		2.40	0.70	7.40		0.20	1.20	0.50	4.30	13.00	0.07	0.09	32.60	0.60	478.00
	-秋枯期		2.90	0.50	3.50	0.40	1.00	0.80	0.60	1.90	15.20	0.03	0.06	17.40	0.60	435.00
	-春枯期		3.80	0.40	1.10		0.20	0.30	0.30	3.70	14.10	0.01	0.04	22.80	0.30	370.00

序号	草场类型/饲草料种类-生长期	采样点	常量元素（g/kg）							微量元素（mg/kg）						
			钙 Ca	磷 P	钾 K	钠 Na	氯 Cl	镁 Mg	硫 S	铜 Cu	锌 Zn	钴 Co	碘 I	锰 Mn	钼 Mo	铁 Fe
26	针茅-杂类草 -返青期	库苏古尔省陶松臣格勒	5.40	1.10	2.20	0.40	0.40	1.00	0.20	5.40	24.40	0.07	0.07	23.30	0.40	672.00
	-开花期		8.60	2.00	11.20	0.50	1.30	1.60	0.40	14.40	11.10	0.14	0.07	32.20	0.40	173.00
	-结实期		7.30	1.20	3.80	0.20	0.30	1.10	0.60	5.20	17.80	0.05	0.05	42.20	0.50	378.00
	-秋枯期		6.80	0.40	3.50	0.20	0.80	0.90	0.40	2.80	11.10	0.04	0.04	13.30	1.00	500.00
	-春枯期		7.80	0.80	1.10	0.20	0.30	0.30	1.00	2.20	13.30	0.03	0.03	17.80	0.40	195.00
27	针茅-羊茅 -结实期	库苏古尔省乌兰乌拉	2.40	1.30	9.40	0.10			0.20	1.70	18.40	0.04	0.02	27.00		
	-春枯期		3.20	0.60	2.80	0.20			0.60	0.50	3.40	0.05	0.04	41.00		
28	针茅-隐子草 -返青期	库苏古尔省陶松青格勒	3.60	1.10	1.60		0.30	0.80	0.10	6.50	6.90		0.07	26.50	0.10	657.00
	-开花期		8.30	1.70	12.10	0.60	1.10	1.50	0.50	10.90	20.10	0.10	0.07	34.20	0.50	591.00
	-结实期		7.30	1.10	2.80		0.30	2.40	0.40	5.30			0.06	49.50	0.60	640.00
	-枯草期		7.60	0.80	1.10	0.20	0.20	0.30	1.00	2.30	13.30	0.03	0.03	16.90	0.40	192.00
29	针茅-隐子草-杂类草 -返青期	库苏古尔省仁钦隆勃、呼尔铁塔拉	3.80	0.60	1.10		0.40	0.70	0.20	15.40	19.60	0.05	0.05	27.20	0.20	481.00
	-开花期		6.60	1.20	6.80	0.60	1.40	1.60	0.40	6.30	16.20	0.31	0.05	50.00	0.40	370.00
	-结实期		4.70	0.70	7.50		0.20	2.10	0.80	6.20	14.50		0.06	76.60	1.30	77.00
	-秋枯期		7.40	0.80	7.00	0.60	0.80	0.90	0.60	1.70	12.00	0.05	0.05	41.30	1.30	440.00
	-春枯期		4.70	0.70	1.10		0.20	0.40	1.00	1.10	15.20	0.03	0.02	15.20	0.40	220.00

序号	草场类型/饲草料种类-生长期	采样点	常量元素（g/kg）							微量元素（mg/kg）						
			钙 Ca	磷 P	钾 K	钠 Na	氯 Cl	镁 Mg	硫 S	铜 Cu	锌 Zn	钴 Co	碘 I	锰 Mn	钼 Mo	铁 Fe
（二）森林草原带																
	杂类草															
	- 结实期	后杭爱省巴特曾格勒	5.10	2.40	8.20	0.10			0.60	5.30	11.10		0.04	46.00		
	- 枯草期		3.90	2.80	8.80	0.10			1.40	6.00	10.40	0.05	0.04	41.00		
	- 春枯期		4.70	0.50	3.50	0.10			0.10	5.40	9.60	0.03	0.01	38.00		
	杂类草															
	- 返青期	后杭爱省哈沙特、淖木干	5.30	1.10	2.00	0.20			0.70	15.90	8.20	0.03	0.01	32.00		
	- 结实期		8.20	3.00	9.70	0.20			1.20	12.00	8.70	0.04	0.07	77.00		
30	杂类草															
	- 结实期	后杭爱省海尔汗	8.70	1.30	15.80	0.10			0.70	2.20	13.70	0.05	0.03	76.00		
	杂类草															
	- 结实期	布尔干省赛罕	7.00	1.50	11.40	0.10			0.60	11.70	20.30	0.05	0.04	37.50		
	- 春枯期		5.10	0.50	2.10	0.10			0.80	8.20	18.80	0.03	0.06	43.00		
	杂类草															
	- 结实期	布尔干省呼塔格	5.70	1.30	13.50	0.30			0.70	9.60	37.90	0.03	0.02	62.00		
	- 春枯期		5.90	0.80	3.00	0.10			0.10	9.00	21.40	0.05	0.02	87.00		

序号	草场类型/饲草料种类-生长期	采样点	常量元素（g/kg）							微量元素（mg/kg）						
			Ca	P	K	Na	Cl	Mg	S	Cu	Zn	Co	I	Mn	Mo	Fe
	杂类草-结实期		5.50	3.00	9.90	0.10			0.60	3.50	16.10			18.00		
30	杂类草-结实期	色楞格省鄂尔浑图勒	5.80	0.90	5.80	0.30		2.10		2.10				26.00	0.90	69.00
	-枯草初期		5.80	0.30	5.80	2.30		2.30		3.00				49.10	2.00	167.00
	-枯草期		2.00	0.10	3.00	0.10		0.10		1.20				4.00	0.40	40.00
	杂类草-结实期	中央省巴特苏木布尔	8.60	2.10	5.50	2.40		5.20		3.80	1.70			33.80	1.70	339.00
	-枯草初期		7.00	0.70	13.10	0.70		7.60		2.50				74.50	2.00	228.00
	-枯草期		5.00	1.00	3.50	0.50		1.00		2.00	3.00			25.00	0.50	
	杂类草-开花期	色楞格、伊如汗德盖特	11.00	3.10	11.00	1.00			0.60	3.30	26.30	0.02	0.05	42.00		
31	杂类草-羊茅-结实期	色楞格、伊如汗德盖特	7.00	0.60	6.80	0.80		2.10		2.10				67.90	0.80	138.00
	-枯草初期		6.80	0.10	3.50	0.30		0.80		1.50				15.90	0.50	106.00

序号	草场类型/饲草料种类-生长期	采样点	常量元素（g/kg）							微量元素（mg/kg）						
			钙 Ca	磷 P	钾 K	钠 Na	氯 Cl	镁 Mg	硫 S	铜 Cu	锌 Zn	钴 Co	碘 I	锰 Mn	钼 Mo	铁 Fe
32	杂类草-禾草															
	- 结实期	色楞格、伊如汗德盖特	6.70	1.70	5.40	0.90		1.50		3.30				29.30	0.90	150.00
	- 枯草初期		5.70	0.70	5.90	1.20		1.10		2.40				22.90	0.70	142.00
	- 枯草期		4.90	0.90	3.30	0.40		0.40		3.50				17.80	0.10	104.00
	杂类草-禾草	后杭爱省巴特曾格勒														
	- 结实期		6.50	2.00	10.40	0.10			0.40	6.30	17.90	0.06	0.06	49.00		
	- 春枯期		4.40	1.10	3.50	0.10			0.10	1.60	16.70	0.04	0.01	42.00		
	杂类草-禾草	后杭爱省乌力吉特														
	- 结实期		8.30	2.60	10.90	0.20			0.20	14.20	22.90	0.05	0.07	53.00		
	- 春枯期		4.10	1.00	3.50	0.10			0.10	9.00	17.40	0.04	0.01	35.00		
	杂类草-禾草	布尔干省赛罕														
	- 春枯期		2.50	0.30	2.80	0.10			0.60	2.60	13.70	0.03	0.04	31.00		
	杂类草-禾草	色楞格省鄂尔浑														
	- 春枯期		5.40	1.20	2.10	0.10			0.10	16.40	15.40	0.02	0.04	32.00		
	杂类草-禾草	色楞格省鄂尔浑图勒														
	- 结实期		2.70	2.10	10.50	0.10			0.70	8.20	15.70	0.05	0.02	56.00		
	- 春枯期		1.70	0.40	3.20	0.10			0.60	4.50	13.00	0.05	0.04	49.00		

序号	草场类型/饲草料种类-生长期	采样点	常量元素（g/kg）							微量元素（mg/kg）						
			钙 Ca	磷 P	钾 K	钠 Na	氯 Cl	镁 Mg	硫 S	铜 Cu	锌 Zn	钴 Co	碘 I	锰 Mn	钼 Mo	铁 Fe
32	杂类草 - 禾草															
	- 开花期	色楞格省查干陶勒盖	4.00	1.60	8.00	0.10			0.10	1.80	16.20	0.03	0.04	41.00		
	- 结实期		4.90	1.20	7.70	0.20			0.70	5.60	24.40	0.04	0.04	79.00		
	杂类草 - 禾草															
	- 开花期	色楞格省乌尔特阿木、宗哈拉	9.50	1.90	10.90	3.60		2.80	1.70							
	- 结实期		7.70	5.40	12.70	3.80		1.80	2.50							
	- 枯草初期		6.30	1.10	6.30	3.50		1.80	1.70							
	- 枯草期		5.80	0.90	1.20	1.70		1.30	1.20							
	杂类草 - 禾草															
	- 返青期	乌兰巴托、扎尔嘎朗特	4.40	1.30	3.10	0.30	8.20	0.90	1.40	4.40		2.80		79.70		
	- 开花期		4.70	3.00	16.30	0.60	7.90	1.50	1.90	12.90		0.91		63.90		
	- 结实期		6.80	2.60	13.50	0.30	7.80	1.30	1.70	11.00		0.62		56.50		
	- 枯草初期		5.00	1.60	4.10	0.40	8.30	1.10	1.60	5.50		0.78		45.00		
	- 冬枯期		6.10	1.20	2.60	0.40	8.20	0.90	1.60	5.70		1.00	0.01	42.00		
	- 春枯期		6.50	1.20	0.70	02.0	7.90	1.10	1.10	4.80		2.10		38.20		
	杂类草 - 禾草															
	- 结实期	色楞格省查干诺尔	4.50	2.70	11.70	0.30			0.80	4.60	15.90	0.04	0.04	51.00		
	- 春枯期		2.80	0.90	3.80				0.10	10.20	22.10	0.06	0.01	53.00		

序号	草场类型/饲料种类-生长期	采样点	常量元素（g/kg）							微量元素（mg/kg）						
			钙 Ca	磷 P	钾 K	钠 Na	氯 Cl	镁 Mg	硫 S	铜 Cu	锌 Zn	钴 Co	碘 I	锰 Mn	钼 Mo	铁 Fe
32	杂类草-禾草-开花期	色楞格省呼德日、都刚洪格尔	6.50	0.60	5.00	5.40	0.70	1.60	0.10	1.50	27.20	0.01		14.70	1.10	135.00
	杂类草-禾草-结实期 豆科	色楞格省崇哈拉	9.70	4.40	8.80	2.90		2.70		5.00				29.40		441.00
33	杂类草-禾草-开花期 癞草属	色楞格省叶热	5.60	3.60		0.10			2.70	1.20	26.20	0.02	0.04	11.00		
34	杂类草-禾草 -结实期	色楞格省查干诺尔	5.20	2.60	15.20	0.20			0.30	5.50	34.50	0.05	0.02	81.00		
	-春枯期		3.10	0.50	2.60				0.10	1.60	20.70	0.06	0.03	47.00		
35	杂类草-苔草-禾草	色楞格省呼德日、查干草甸	5.50	0.90	5.00	5.50	0.80	3.10	0.10	2.30	28.00	0.03		25.90	0.90	115.00
36	杂类草-针茅-开花期	色楞格省呼德日、查干诺尔、登吉	3.60	1.90	13.30	0.10	1.80	1.20	0.60	1.20	12.40	0.05	0.01	46.60	0.30	170.00
37	早熟禾-杂类草-结实期	色楞格省呼德日、查干诺尔、登吉	5.60	0.60	5.60	1.70		1.00		1.70				38.50	2.70	27.00

序号	草场类型/饲草料种类-生长期	采样点	常量元素（g/kg）							微量元素（mg/kg）						
			钙 Ca	磷 P	钾 K	钠 Na	氯 Cl	镁 Mg	硫 S	铜 Cu	锌 Zn	钴 Co	碘 I	锰 Mn	钼 Mo	铁 Fe
38	荛草-早熟禾-杂类草	色楞格省呼德日、查干诺尔、登吉														
	- 结实期		6.60	3.40	7.00	3.20		2.60		3.80				45.60	3.40	65.00
	- 枯草初期		6.60	3.20	6.60	1.40		2.50		3.60				45.40	1.40	65.00
	- 枯草期		4.30	0.50	4.60	0.90		0.50		2.60				4.50	0.50	45.00
39	茇茇草-杂类草	色楞格省呼德日、查干诺尔、登吉														
	- 结实期		6.00	0.50	6.00	0.50		2.50		2.30				17.80	0.50	59.00
	- 枯草初期		5.60	0.30	5.40	0.60		1.10		3.20				21.90	0.50	165.00
	- 枯草期		2.40	0.50	2.90	0.50		0.90		3.80				14.60	0.20	245.00
40	小禾草-杂类草 - 枯草初期	色楞格省呼德日、查干诺尔、登吉	5.70	0.60		0.30		1.10		1.70		0.50		4.00	1.70	114.00
41	小禾草-杂类草	色楞格省呼德日、查干诺尔、登吉														
	- 结实期		6.30	1.20	6.30	1.50		2.70		3.70				31.50	1.90	418.00
	- 枯草初期		5.60	2.00	4.40	1.10		2.30		3.60	4.10			58.00	2.00	328.00
	- 枯草期		4.90	1.10	3.50	0.80		0.60		3.00				39.00	0.50	93.00

序号	草场类型/饲草料种类-生长期	采样点	常量元素（g/kg）							微量元素（mg/kg）						
			钙 Ca	磷 P	钾 K	钠 Na	氯 Cl	镁 Mg	硫 S	铜 Cu	锌 Zn	钴 Co	碘 I	锰 Mn	钼 Mo	铁 Fe
42	赖草-针茅 -返青期	布尔干省鄂尔浑、巴润毛盖图	8.10	2.10	3.80	1.40	0.30	0.70	0.80	13.30	11.10	0.05	0.03	31.10	0.60	278.00
	-开花期		6.00	1.70	2.80	0.40	0.50	0.70	0.40	6.90	13.30	0.05	0.04	42.20	0.30	289.00
	-结实期		6.20	0.90	2.80		0.20	1.70	0.50	6.90	12.20	0.02	0.05	26.70	0.60	378.00
	-春枯期		4.20	0.60	0.40		0.20	0.80	1.30	2.70	21.00		0.03	20.00	0.40	235.00
	赖草-杂类草 -结实期	布尔干省呼塔格	3.40	2.00	12.60	0.30			0.30	13.20	22.00	0.03	0.03	66.00		
	-春枯期		4.50	0.20	3.80	0.10			0.20	3.60	12.00	0.05	0.11	120.00		
	苔草-杂类草 -结实期	色楞格省布尔嘎拉泰	6.80	1.60	8.10				0.70	5.60	17.60	0.06	0.11	45.00		
	-春枯期		4.20	1.00	3.90	0.20			0.40	5.60	7.10	0.04	0.01	42.00		
	苔草-杂类草 -结实期	色楞格省宗布伦、查齐草甸	5.20	2.30	10.30	0.20	3.00		0.30	2.60	22.00	0.03	0.11	133.00		
	-春枯期		3.10	1.30	3.00	0.10			0.10	1.60	26.40	0.02	0.05	58.00		
43	苔草-杂类草 -结实期	色楞格省宗布伦、查齐草甸	9.50	1.80	9.50	4.70		3.60		3.60				65.00	1.80	279.00
	-枯草初期		7.70	0.80	7.30	1.80		3.70		2.30				76.90	1.50	385.00
	-枯草期		7.00	1.00	5.60	1.00		1.00		2.80				48.20	1.00	483.00

序号	草场类型/饲草料种类-生长期	采样点	常量元素（g/kg）							微量元素（mg/kg）						
			钙 Ca	磷 P	钾 K	钠 Na	氯 Cl	镁 Mg	硫 S	铜 Cu	锌 Zn	钴 Co	碘 I	锰 Mn	钼 Mo	铁 Fe
	苔草-杂类草-禾草-开花期	色楞格省呼德日、那林泽迪	3.90	2.90	2.60	0.10	1.00	1.20	0.50	0.80	10.70	0.03	0.03	42.80	0.40	223.00
	苔草-杂类草-禾草-开花期	色楞格省呼德日、布尔嘎拉泰	4.80	2.60	1.70	1.10	0.90	0.90	1.70	2.30	19.50	0.05	0.02	31.70	0.40	593.00
44	苔草-杂类草-禾草-开花期	色楞格省呼德日、查干毛都阳坡	4.10	3.30	2.40	0.10	1.00	1.50	1.40	1.60	10.80	0.05	0.01	39.80	0.40	267.00
	苔草-禾草-杂类草-开花期	色楞格省呼德日、乌雅勒嘎、色润哪地	8.20	0.70	3.50	2.70	0.80	2.00		3.30	26.00	0.01		48.10	1.40	267.00
	苔草-禾草-杂类草-开花期	色楞格省呼德日、乌雅勒嘎、敦达达瓦	11.70	0.20	6.40	0.30	2.50	3.80	2.10	4.30		0.11	0.01	83.10	1.40	539.00
46	苔草-禾草-杂类草-开花期	色楞格省呼德日、乌雅勒嘎、沙巴尔泰道布	7.20	2.20	2.80	1.20	0.90	1.30	0.30	3.00	14.10	0.03		52.90	0.60	235.00

序号	草场类型/饲草料种类-生长期	采样点	常量元素（g/kg）							微量元素（mg/kg）						
			钙 Ca	磷 P	钾 K	钠 Na	氯 Cl	镁 Mg	硫 S	铜 Cu	锌 Zn	钴 Co	碘 I	锰 Mn	钼 Mo	铁 Fe
47	莎草-豆科-杂类草-开花期	色楞格省呼德日、乌雅勒嘎、巴达尔呼道布	9.00	3.00	2.90		1.00	1.30	0.40	2.50	19.50	0.05	0.01	24.40	0.20	112.00
48	剪股颖属-杂类草 - 结实期	中央省巴特苏木布尔、索格诺格尔	10.30	0.30	6.00	3.00		2.30		3.00				31.00	1.00	104.00
	- 枯草初期		4.40	0.20	2.00	1.60		2.50		0.70				84.00	0.40	210.00
49	禾草-豆科-杂类草-开花期	色楞格省呼德日、查干诺尔	6.80	1.30	2.30	3.00	0.80	1.90	0.10	1.70	41.90	0.02		27.80	1.90	196.00
	禾草-豆科-杂类草-开花期	色楞格省呼德日、霍车	8.40	1.10	2.40	5.50	0.90	1.90	0.30	2.60	35.40	0.01		21.20	1.60	164.00
50	禾草-豆科-杂类草-开花期	色楞格省呼德日河	6.30	1.20	3.70	2.70	0.60	2.90	0.10	2.30	58.10	0.01		21.10	1.40	175.00
	禾草-杂类草-开花期	色楞格省呼德日、查干草甸	6.30	1.30	2.30		0.90	1.60	0.10	1.70	37.20	0.01		19.40	2.70	126.00
51	禾草-杂类草-开花期	色楞格省呼德日河下游	6.90	1.20	5.00	5.50	0.80	1.70	0.10	2.20	36.00			21.70	3.10	288.00

序号	草场类型/饲草料种类-生长期	采样点	常量元素（g/kg）							微量元素（mg/kg）							
			钙 Ca	磷 P	钾 K	钠 Na	氯 Cl	镁 Mg	硫 S	铜 Cu	锌 Zn	钴 Co	碘 I	锰 Mn	钼 Mo	铁 Fe
	禾草-杂类草-开花期	色楞格省呼德日、商都1986年	5.70	2.80	3.50	2.80	0.60	1.60	0.10	1.90	45.20	0.01		18.60	3.60	340.00
	禾草-杂类草-开花期	色楞格省呼德日、商都1987年	6.30	3.00	2.00	0.10	0.90	1.00	1.80	0.80	14.40	0.05	0.01	29.70	0.30	312.00
51	禾草-杂类草-结实期	后杭爱省巴特曾格勒	6.70	1.50	9.50	0.10			0.30	7.60	13.00	0.06	0.05	41.00		
	-春枯期		5.90	0.70	2.90	0.20			0.20	6.30	14.00	0.04	0.03	44.00		
	禾草-杂类草-结实期	后杭爱省乌力吉特	8.10	1.30	10.60	0.20			0.60	4.60	18.30	0.04	0.03	23.00		
	-春枯期		4.20	0.70	2.60	0.10			0.40	6.50	15.90	0.03	0.03	37.00		
	禾草-杂类草-结实期	后杭爱省海尔汗	4.60	1.30	10.20	0.10			0.60	3.60	20.70	0.05	0.04	72.50		
	-春枯期		4.40	1.10	2.50	0.10			0.30	5.80	15.30	0.04	0.03	31.30		
	禾草-杂类草-结实期	布尔干省赛罕	3.70	1.00	5.00	0.10			0.50	4.30	13.10	0.04	0.02	42.00		
	-春枯期		5.60	0.80	2.80	0.10			0.10	4.10	16.50	0.04	0.03	50.00		

序号	草场类型/饲草料种类-生长期	采样点	常量元素（g/kg）							微量元素（mg/kg）						
			钙 Ca	磷 P	钾 K	钠 Na	氯 Cl	镁 Mg	硫 S	铜 Cu	锌 Zn	钴 Co	碘 I	锰 Mn	钼 Mo	铁 Fe
51	禾草-杂类草-结实期	布尔干省巴彦诺尔	8.30	1.90	9.80	0.10			0.90	4.40	29.90	0.07	0.05	83.00		
	禾草-杂类草-春枯期		3.00	0.50	2.50	0.20			0.30	4.00	4.90	0.02	0.04	28.00		
	禾草-杂类草-结实期	布尔干省呼塔格温都尔	7.20	2.30	11.20	0.20			0.30	8.60	29.80	0.06	0.05	63.00		
	禾草-杂类草-春枯期		4.20	0.50	2.70	0.10			0.10	2.60	18.50	0.06	0.02	40.00		
	禾草-杂类草-结实期	色楞格省布尔嘎拉泰	5.10	2.10	8.70	0.20			0.60	7.30	8.80	0.04	0.03	36.50		
	禾草-杂类草-春枯期	色楞格省鄂尔浑	3.80	0.50	2.10	0.10			0.10	2.60	11.20	0.03	0.01	52.00		
	禾草-杂类草-结实期	色楞格省查干陶勒盖	2.50	1.30	4.20	0.20		1.40	0.50	4.10	7.20	0.05	0.04	18.50		
	禾草-杂类草-枯草期		2.70	0.70	3.00	0.10		1.10	0.30	3.60	15.90	0.04	0.02	39.00		
	禾草-杂类草-春枯期	色楞格省查干诺尔	3.40	1.00	2.9	0.10		0.50	0.20	6.40	33.70	0.03	0.03	60.00		
	禾草-杂类草-结实期	色楞格省宗哈拉、乌尔特阿木	8.40	0.70	8.40	0.90				2.90				31.70	0.70	35.00
	禾草-杂类草-枯草初期		6.30	0.40	4.70	0.20				6.10				30.50	1.50	71.00
	禾草-杂类草-枯草期		3.90	0.90	3.00	0.40				1.60				7.80		78.00

序号	草场类型/饲草料种类-生长期	采样点	常量元素（g/kg）							微量元素（mg/kg）						
			钙 Ca	磷 P	钾 K	钠 Na	氯 Cl	镁 Mg	硫 S	铜 Cu	锌 Zn	钴 Co	碘 I	锰 Mn	钼 Mo	铁 Fe
52	禾草-杂类草苔草-结实期	中央省巴特苏木布尔、索格诺格尔	6.40	1.40	2.00	5.30		2.50		1.40				52.90	1.40	106.00
	-枯草初期		5.80	0.60	2.60	3.00		2.80		1.70				30.60	0.70	116.00
	-枯草期		3.70	0.10	3.00	1.50		1.50		1.50				5.00	0.50	40.00
53	禾草-杂类草-豆科-结实期	色楞格省查干诺尔、昂戈尔海	4.10	3.60	2.00	0.10			0.90	11.80	19.70	0.05	0.02	50.00		
	-枯草期		3.90	0.70	2.60				0.10	1.60	17.90	0.03	0.03	30.00		
54	禾草-苔草-杂类草-开花期	色楞格省呼德日、乌雅勒嘎霍车	8.60	2.50	3.00	0.10	0.90	1.40	0.50	3.10	20.90	0.05	0.01	31.50	0.30	233.00
	禾草-苔草-杂类草-开花期	色楞格省呼德日、色润阶地	9.50	2.60	2.80	0.10	1.00	1.20	0.60	2.80	19.80	0.10	0.02	39.50	0.30	186.00
55	禾草-苔草-豆科-开花期	色楞格省呼德日、干其毛都阳坡	6.80	2.30	3.00	2.90	0.70	1.70	0.40	1.80	42.50	0.01		26.40	1.10	161.00

序号	草场类型/饲草料种类-生长期	采样点	常量元素（g/kg）							微量元素（mg/kg）						
			钙 Ca	磷 P	钾 K	钠 Na	氯 Cl	镁 Mg	硫 S	铜 Cu	锌 Zn	钴 Co	碘 I	锰 Mn	钼 Mo	铁 Fe
56	禾草-锦鸡儿 - 结实期	色楞格省宗哈拉	4.40	1.80	14.30	0.20			0.80	3.60	15.00	0.05	0.03	40.00		
	- 春枯期		3.10	0.90	3.30	0.10			0.10	3.60	17.30	0.03	0.02	38.00		
57	羊草-禾草 - 枯草初期	色楞格省宗哈拉	5.60	0.60	5.60	0.50		1.60		1.20				27.80	3.70	60.00
58	羊草-苜蓿 - 开花期	色楞格省宗哈拉	7.10	2.60	7.10	2.00		4.30	1.20	5.70			0.07	28.00	2.00	70.00
	- 枯草初期		5.80	0.90	5.60	0.50		1.10	0.70	2.20		0.05		26.40	2.20	57.00
	- 枯草期		2.20	0.50	4.10	0.20		0.20		1.60			1.00	10.20	1.00	43.00
59	锦鸡儿-禾草 - 结实期	后杭爱省哈拉图、扎尔嘎朗特	8.20	3.00	9.70	0.20				12.00	8.70	0.04	0.07	77.00		
	- 枯草期		5.30	1.10	2.00	0.20				5.90	8.20	0.03	0.00	32.00		
60	锦鸡儿-禾草-杂类草 - 春枯期	后杭爱省哈拉图、扎尔嘎朗特	4.30	0.60	2.70	0.10			0.20	4.50	10.90	0.04	0.02	47.00		
61	锦鸡儿-蒿类 - 结实期	布尔干省巴彦淖尔	4.30	2.00	8.90	0.40			0.40	9.20	26.20	0.05	0.05	42.00		
	- 春枯期		2.80	0.90	4.10	0.10			0.20	2.60	4.20	0.06	0.03	68.00		

序号	草场类型/饲草料种类-生长期	采样点	常量元素（g/kg）							微量元素（mg/kg）						
			钙 Ca	磷 P	钾 K	钠 Na	氯 Cl	镁 Mg	硫 S	铜 Cu	锌 Zn	钴 Co	碘 I	锰 Mn	钼 Mo	铁 Fe
62	针茅-结实期	胡德日、都刚浑迪	3.50	2.50	11.50	0.20	0.90	1.00	1.90	0.60		0.03	0.01	31.20	0.60	138.00
63	针茅-蒿类-杂类草-结实期	布尔干省宝日杭盖	4.00	1.60	8.20	0.10			0.40	5.70	10.90	0.06	0.06	15.00		
64	苜蓿-杂类草-禾草-开花期	色楞格省胡德日、甘其毛都恩格尔	5.60	1.90	3.50	5.50	0.70	1.80	0.10	1.40	27.30	0.01		21.70	1.00	134.00
65	马蔺 -结实期	色楞格省胡德日	10.00	0.90	9.80	0.60		2.00		2.00				30.00	3.10	100.00
	-枯草期	日、甘其毛都恩格尔	5.30	0.50	4.80	4.20		2.60		2.00				20.40	2.60	294.00
66	芦苇 -结实期	色楞格省胡德日	8.40	2.40	8.30	8.30		1.70		6.70				33.60	1.70	42.00
	-枯草期	日、甘其毛都恩格尔	2.40	0.50	6.50	0.50		0.30		1.80				30.00		120.00
（三）草原区																
67	冷蒿-针茅 -枯草初期	色楞格省胡德日、甘其毛都恩格尔	5.40	0.60	5.20	1.50		2.00		5.20				37.10	1.70	588.00
	-枯草期	色楞格省胡德日、甘其毛都恩格尔	6.00	0.20	6.70	1.90		1.90		4.90		1.20		47.90	0.60	614.00

序号	草场类型/饲草料种类-生长期	采样点	常量元素（g/kg）									微量元素（mg/kg）					
			Ca	P	K	Na	Cl	Mg	S	Cu	Zn	Co	I	Mn	Mo	Fe
68	羊茅-溶草-针茅	色楞格省胡德日、甘其毛都恩格尔														
	- 结实期		6.80	2.00	6.60	1.40		2.60		3.20				48.80	2.00	335.00
	- 枯草初期		5.90	1.10	5.60	1.10		2.80		3.60	1.90			23.70	1.10	177.00
	- 枯草期		5.30	0.40	3.70	0.40		0.40		1.60				15.90	0.40	106.00
69	赖草属	苏赫巴托省土门朝克图、第63胡度嘎														
	- 返青期		3.80	0.70	2.00	0.20	1.00	0.70	1.10	5.40	14.70	0.04	0.08	20.60	0.90	668.00
	- 开花期		8.30	1.10	11.00	0.20	0.40	2.70	1.50	6.00	18.30	0.01	0.01	18.50	0.60	302.00
	- 结实期		7.90	1.00	7.60	0.40	0.70	1.60	0.40	2.80	21.00	0.03	0.05	22.80	0.50	112.00
	- 秋枯期		5.20	0.20	1.10	0.30	0.60	1.60	0.20	2.90	12.40	0.01	0.04	25.00	0.30	201.00
	- 春枯期		2.80	0.40	1.10	0.20	0.30	1.30	0.50	2.40	11.70	0.02	0.03	10.90	0.10	332.00
70	赖草-隐子草-冰草	肯特省达尔罕、布伊兰乌拉														
	- 返青期		4.90	0.60	2.00	0.10	1.00	0.70	2.30	4.30	25.00	0.04	0.03	18.50	1.10	516.00
	- 开花期		7.10	1.20	6.50	0.30	0.40	1.40	1.20	7.10	11.40	0.02	0.02	26.10	1.00	293.00
	- 结实期		6.50	1.20	7.60	1.10	0.20	1.40	0.40	2.70	17.10	0.04	0.08	26.10	0.50	293.00
	- 秋枯期		4.50	0.70	2.50		0.90	1.80	1.30	0.60	8.90	0.01	0.03	12.00	0.20	136.00

序号	草场类型/饲草料种类-生长期	采样点	常量元素（g/kg）							微量元素（mg/kg）						
			钙 Ca	磷 P	钾 K	钠 Na	氯 Cl	镁 Mg	硫 S	铜 Cu	锌 Zn	钴 Co	碘 I	锰 Mn	钼 Mo	铁 Fe
71	赖草-锦鸡儿	肯特省达尔罕、苏布日格呼都嘎														
	-返青期		7.50	0.90	2.20	0.10	1.00	2.00	1.20	3.20	22.00	0.05	0.07	35.90	1.00	674.00
	-开花期		7.00	1.10	8.30	0.40	1.00	2.00	0.40	3.90	26.60	0.02	0.05	21.70	0.80	536.00
	-结实期		9.90	1.70	9.70	0.40	0.70	1.60	0.30	2.80	27.00	0.05	0.06	22.80	0.80	408.00
	-秋枯期		4.80	0.70	1.50		0.50	1.10	0.50	4.90	15.30	0.11	0.03	9.80	0.30	253.00
	-春枯期		3.90	0.60	1.50		0.40	1.70	2.20	2.80	12.50	0.01	0.04	13.00	0.50	272.00
72	赖草-锦鸡儿-针茅	苏赫巴托省、第82门朝克图、胡都嘎														
	-返青期		4.70	0.70	2.00	0.20	1.00	0.70	0.80	4.10	21.70	0.04	0.04	9.80	1.30	413.00
	-开花期		3.50	0.60	8.40	0.20	0.30	1.70	0.80	8.70	16.60	0.02	0.05	14.10	0.50	236.00
	-结实期		5.30	1.30	7.10	0.40	0.70	1.60	0.50	2.40	26.10	0.05	0.05	16.30	0.70	141.00
	-秋枯期		7.10	0.30	1.50	0.20	0.80	0.90	0.30	3.30	16.30	0.06	0.07	38.00	0.50	380.00
	-春枯期		3.20	0.20	1.10	0.20	0.40	2.00	2.20	2.50	10.50	0.01	0.05	18.50	1.00	212.0
73	隐子草-冷蒿	苏赫巴托省、第82门朝克图、胡都嘎														
	-开花期		9.30	1.70	7.80	2.90		1.70	1.20	5.90	3.10			20.00	1.80	128.00
	-结实期		6.50	2.20	9.60	3.00		1.70	2.80	5.80				17.40	1.30	174.00
	-枯草初期		6.40	1.60	6.60	1.30		1.90		3.30				44.80	1.30	192.00
	-枯草期		5.60	0.70	3.70	0.90		0.70	1.50	2.70	2.90			5.90	0.60	157.00

序号	草场类型/饲草料种类-生长期	采样点	常量元素（g/kg）							微量元素（mg/kg）						
			钙 Ca	磷 P	钾 K	钠 Na	氯 Cl	镁 Mg	硫 S	铜 Cu	锌 Zn	钴 Co	碘 I	锰 Mn	钼 Mo	铁 Fe
74	锦鸡儿 -返青期	苏赫巴托省土门朝克图	3.00	0.90	2.00	0.20	1.00	1.00	1.10	5.30	10.90	0.03	0.50	19.60	0.90	679.00
	-开花期		6.10	1.20	11.40	0.30	0.40	2.00	0.70	6.30	17.20	0.04	0.40	13.00	0.50	278.00
	-结实期		9.20	1.20	7.50	0.40	1.10	1.40	0.80	3.60	22.20	0.04	1.00	29.30	0.50	350.00
	-秋枯期		5.60	0.30	2.20	0.10	0.80	1.00	0.90	1.70	12.20	0.03	0.50	37.00	1.00	554.00
	-春枯期		3.70	0.70	1.20	0.10	0.40	1.40	3.60	2.90	12.20	0.05	0.04	10.90	0.40	342.00
75	锦鸡儿 - 禾草 -结实期	布尔干省巴彦淖尔	8.30	1.90	9.80	0.10			0.90	8.2	26.40	0.04	0.03	83.00		
	-春枯期		3.00	0.50	2.50	0.20			0.30	3.60	5.40	0.02	0.02	28.00		
76	锦鸡儿 - 蒿类 -结实期	布尔干省巴彦淖尔	4.30	2.00	8.90	0.40			0.40	9.20	26.20	0.05	0.05	42.00		
	-春枯期		2.80	0.90	4.10	0.10			0.20	2.60	4.20	0.06	0.03	68.00		
77	针茅 - 赖草 - 锦鸡儿 -返青期	苏赫巴托省土门朝克图、日希特阿木	3.20	0.50	1.10	0.10	1.00	0.70	1.10	5.70	12.70	0.03	0.05	10.90	0.70	510.00
	-开花期		7.90	0.90	6.10	0.70	0.40	1.50	0.70	3.80	16.00	0.02	0.04	8.70	0.60	302.00
	-结实期		9.70	1.10	9.80	0.40	1.20	1.00	0.60	4.10	15.80	0.03	0.07	20.60	0.50	278.00
	-秋枯期		5.20	0.40	1.10	0.30	0.60	0.80	0.80	5.20	15.00	0.02	0.08	21.70	0.60	310.00
	-春枯期		4.60	0.60	1.20	0.10	0.50	1.50	1.00	0.20	16.40	0.12	0.06	14.10	0.60	326.00

序号	草场类型/饲草料种类-生长期	采样点	常量元素（g/kg）							微量元素（mg/kg）						
			钙 Ca	磷 P	钾 K	钠 Na	氯 Cl	镁 Mg	硫 S	铜 Cu	锌 Zn	钴 Co	碘 I	锰 Mn	钼 Mo	铁 Fe
77	针茅-赖草-锦鸡儿	苏赫巴托省土门朝克图、夏日哈达														
	- 返青期		4.10	0.70	1.10	0.20	1.00	2.60	0.70	1.50	20.40	0.03	0.08	10.90	1.00	244.00
	- 开花期		7.30	2.10	4.30	0.30	0.30	1.50	0.80	6.30	29.30	0.02	0.05	17.40	1.20	391.00
	- 结实期		4.10	1.10	6.40	0.50	1.20	1.10	0.40	2.00	15.80	0.07	0.04	19.60	0.70	133.00
	- 秋枯期		4.60	0.50	1.40	0.40	0.50	0.70	0.40	1.70	12.50	0.04	0.04	32.60	0.70	592.00
	- 春枯期		4.20	0.30	1.10	0.20	0.40	1.50	2.70	1.50	12.10	0.02	0.01	14.10	0.30	503.00
78	针茅-隐子草-赖草	肯特省达尔罕宝日乌哈														
	- 返青期		5.50	0.70	1.50	0.10	1.00	0.70	1.50	1.10	23.40	0.03	0.04	10.90	0.70	462.00
	- 结实期		5.10	1.70	5.90	0.50	0.80	1.40	0.50	3.30	21.70	0.04	0.07	25.00	0.80	235.00
	- 秋枯期		4.50	0.70	1.10		0.80	1.10	1.40	3.00	16.30	0.01	0.05	15.30	0.20	141.00
79	针茅-隐子草-杂类草	肯特省达尔罕宝日乌哈														
	- 结实期		7.90	3.00	7.70	0.50		0.70		1.60				23.70		158.00
	- 枯草初期		5.00	2.90	1.50	2.90		0.50		1.50				14.90	0.70	122.00
	- 枯草期		5.20	0.50	1.10	0.50		0.40		1.60				26.00		156.00

序号	草场类型/饲草料种类-生长期	采样点	常量元素（g/kg）							微量元素（mg/kg）						
			钙 Ca	磷 P	钾 K	钠 Na	氯 Cl	镁 Mg	硫 S	铜 Cu	锌 Zn	钴 Co	碘 I	锰 Mn	钼 Mo	铁 Fe
80	针茅-锦鸡儿 -开花期	苏赫巴托省图门朝克图	5.50	1.10	9.20	0.10	0.40	2.10	0.80	3.90	12.00	0.01	0.05	31.50	0.60	166.00
	-结实期		7.20	1.50	5.30	0.40	1.20	1.40	0.50	2.90	25.30	0.08	0.05	16.30	1.00	349.00
	-秋枯期		3.90	0.40	2.50	0.30	0.50	0.70	0.50	2.50	12.80	0.04	0.05	15.20	0.90	418.00
	-春枯期		4.10	0.70			0.40	1.40	0.30	2.70	16.50	0.06	0.04	10.90	0.30	405.00
81	针茅-隐子草-蒿类 -开花期	肯特省克鲁伦河	8.70	1.40	7.00	2.10	0.40	2.20	1.20	7.80	15.40	0.05	0.08	31.50	0.90	439.00
	-结实期		6.50	1.00	9.80	0.40	1.10	1.40	1.00	4.80	25.50	0.04	0.04	23.90	0.90	282.00
	-秋枯期		6.00	0.30	2.20	0.30	0.80	0.70	0.30	1.10	12.80	0.04	0.03	37.00	0.60	248.00
	-春枯期		2.50	0.30	1.70	0.00	0.50	1.30	4.90	2.90	12.60	0.04	0.05	10.90	0.30	265.00
82	杂类草-禾草 -1月	中央省巴彦苏木	6.70	1.20	3.40	0.30	8.30	0.80	0.90	4.50		1.70		66.00		
	-7月		6.60	1.60	11.30	0.40	8.00	1.50	1.80	13.10		1.10		53.20		
	-8月		9.70	2.20	12.80	0.70	8.10	1.30	1.80	7.00		0.41		51.20		
	-10月		6.60	0.90	2.70	0.30	7.90	1.10	1.50	4.70		0.88	0.01	40.00		
	-1月		6.30	0.70	2.30	0.20	7.70	1.30	1.30	4.00		0.97	0.01	35.30		
	-4月		6.20	0.80	0.90	0.10	7.10	1.10	1.60	1.30		0.87	0.01	30.60		

序号	草场类型/饲草料种类-生长期	采样点	常量元素（g/kg）							微量元素（mg/kg）						
			钙 Ca	磷 P	钾 K	钠 Na	氯 Cl	镁 Mg	硫 S	铜 Cu	锌 Zn	钴 Co	碘 I	锰 Mn	钼 Mo	铁 Fe
（四）戈壁区																
83	戈壁针茅-珍珠柴-春季	南戈壁省布尔干、夏日毛都	10.20	17.40	11.70	0.40		2.40		10.40	26.70			119.20		3 610.00
84	戈壁针茅-锦鸡儿-春季	南戈壁省布尔干、塔和拉图	9.30	4.80	2.60	0.20		1.30		5.80	8.60			72.20		1 620.00
二、单种草																
（一）禾草																
1	贝加尔针茅 -开花期	苏赫巴托省图门朝克图	3.20	0.80	4.80	0.20	0.40	1.20	0.90	5.90	15.80	0.02	0.03	13.00	0.40	217.00
	-结实期		3.30	1.20	6.00	0.60	1.20	1.50	0.50	3.20	22.70	0.05	0.04	18.50	1.00	199.00
	-秋枯期		5.70	0.40	1.80	0.30	0.60	0.60	0.30	2.50	11.60	0.01	0.06	33.70	0.80	344.00
	-春枯期		2.90	0.30	1.10	0.10	0.40	1.00	1.80	2.20	14.20	0.06	0.04	9.80	0.40	306.00
2	羊茅 -返青期	库苏古尔省仁钦隆布	2.40	1.00	2.20		0.30	0.60	0.20	11.40	10.90	0.17	0.13	14.00	0.10	
	-开花期		9.70	1.60	12.90	0.40	0.40	2.30	0.50	8.20	21.90		0.04	60.00	0.10	33.00
	-结实期		2.20	1.70	8.50	0.30	0.20	1.30	0.50	5.50	12.10		0.02	29.00	0.30	201.00

序号	草场类型/饲草料种类-生长期	采样点	常量元素（g/kg）							微量元素（mg/kg）						
			钙 Ca	磷 P	钾 K	钠 Na	氯 Cl	镁 Mg	硫 S	铜 Cu	锌 Zn	钴 Co	碘 I	锰 Mn	钼 Mo	铁 Fe
3	戈壁针茅															
	- 返青期	南戈壁省汗洪格尔	6.00	0.70	6.60	0.10	1.80	0.70	1.80	2.80	27.70	0.11	0.02	47.00	0.30	104.00
	- 分蘖期		2.90	1.80	13.50	0.70	2.20	1.80	3.00	4.20	33.60	0.17	0.01	34.00	0.30	257.00
	- 开花期		2.80	1.20	4.30	0.60	1.50	0.70	1.70	2.80	14.20	0.18	0.07	35.00	0.10	618.00
	- 结实期		4.30	1.90	3.80	0.80	1.70	0.80	2.20	2.60	24.00	0.14	0.03	56.00	0.30	412.00
	戈壁针茅	南戈壁省布尔干														
	- 夏季		4.90	8.20	6.10	0.20		1.10		3.90	9.30			36.60		767.00
	- 秋季		5.60	2.10	2.80	0.40		1.00		3.90	6.90			48.60		793.00
	- 冬季		6.00	2.60	2.70	2.00		1.30		6.70	8.60			83.90		2 097.00
	- 春季		6.70	2.20	1.50	0.10		1.00		5.70	5.50			75.70		910.00
4	苜蓿	库苏古尔省阿拉格额尔顿、后杭爱省图布希如勒呼														
	- 返青期		1.30	0.80	1.50	0.80	0.30	0.90	0.30	23.40	13.80	0.05	0.04	19.00	0.20	88.00
	- 结实期		2.00	2.00	9.80		1.80	0.80	2.30	3.00		0.01	0.01	42.00	1.00	203.00
5	糙隐子草	库苏古尔省仁钦隆布														
	- 开花期		3.50	2.40	9.90	0.50	0.50	1.40	0.40	8.00	19.80	0.06	0.09	22.00	0.20	230.00
	- 结实期		4.20	0.40	7.80		0.20	1.70	0.10	3.50	13.10	0.01	0.03	26.00	0.70	367.00
	糙隐子草 - 结实期	布尔干省鄂尔浑	3.70	3.30	21.90	2.60	0.40	1.70	0.30	3.20	11.90	0.16	0.05	20.00	0.80	449.00

序号	草场类型/饲草料种类-生长期	采样点	常量元素（g/kg）									微量元素（mg/kg）				
			钙 Ca	磷 P	钾 K	钠 Na	氯 Cl	镁 Mg	硫 S	铜 Cu	锌 Zn	钴 Co	碘 I	锰 Mn	钼 Mo	铁 Fe
5	糙隐子草															
	- 开花期	中央省巴彦温朱勒	2.60	2.10	4.30	1.10	1.00	1.80	1.20	4.50	24.80	0.23	0.04	48.00	0.50	332.00
	- 结实期		4.90	2.30	12.50	0.20	1.40	1.90	1.10	19.70		0.28	0.03	44.00	0.70	437.00
	- 春枯期		7.40	0.90	1.80	0.10	2.20	2.30	0.30	2.40	21.70	0.15	0.01	39.00	0.10	117.00
	糙隐子草															
	- 结实期	肯特省达尔罕	3.10	1.80	3.10	0.30	1.00	1.40	0.40	2.70	25.40	0.05	0.07	19.30	0.60	261.00
	- 枯草初期		4.90	0.40	1.10		0.50	1.60	3.10	3.70	17.20	0.01	0.03	14.00	0.20	357.00
	糙隐子草															
	- 开花期	苏赫巴托省土门朝克图	3.90	1.10	7.90	0.20	0.40	1.70	1.30	6.60	12.40	0.18	0.03	22.00	0.60	479.00
	- 结实期		3.90	1.20	4.70		1.10	1.30	0.70	3.90	12.40	0.07	0.04	13.00	0.50	119.00
	- 秋枯期		3.80	0.70	2.10	0.30	0.80	1.20	0.40	1.80	13.80	0.02	0.05	33.00	1.30	112.00
	- 春枯期		3.10	0.70	1.20	0.20	0.40	1.40	2.80	3.10	17.90	0.04	0.02	14.00	0.30	408.00
6	发发草															
	- 返青期	中央省巴彦温朱勒	4.20	1.70	11.80	0.40	1.2	0.70	0.70	5.20	28.00	0.37	0.06	24.00	0.20	385.00
	- 开花期		6.90	1.20		2.20	2.20	0.80	0.40	4.70	22.90	0.38	0.04	21.00	0.20	281.00
	- 结实期		1.90	1.20	16.20	0.30	0.50	3.70	0.40	3.30		0.81	0.02	33.50	0.30	225.00
	- 枯草初期		1.60	0.30	10.20	0.80	3.40	0.60	0.30	2.80		0.12	0.02	39.00	0.20	239.00

序号	草场类型/饲草料种类-生长期	采样点	常量元素（g/kg） 钙 Ca	磷 P	钾 K	钠 Na	氯 Cl	镁 Mg	硫 S	铜 Cu	微量元素（mg/kg） 锌 Zn	钴 Co	碘 I	锰 Mn	钼 Mo	铁 Fe
	披碱草															
	- 结实期	肯特省达尔罕贝勒乌拉	2.90	1.00	7.70	1.10	1.20	1.20	0.30	3.30	15.20	0.03	0.01	19.00	0.70	137.00
	- 秋枯期		3.20	0.50	2.50		0.90	0.90	0.20	2.80	13.90	0.03	0.02	6.40	0.20	105.00
6	披碱草															
	- 返青期	巴彦洪格尔省巴彦戈壁	1.40	0.90	13.90	0.20	3.10	3.50	2.80	2.10	19.90	0.14	0.04	25.00	1.30	177.00
	- 开花期		5.40	1.30	12.90	0.80	3.30	0.70	1.10	10.40		0.25	0.06	20.60	1.80	66.00
	披碱草															
	- 返青期	南戈壁省布尔干	4.30	2.60			3.90	2.50	4.50	5.20		0.15	0.03	35.00	0.20	343.00
	- 春枯期		3.40	0.40	13.50	1.10	2.30	2.00	0.50	4.50	20.70		0.08	76.00	0.10	447.00
7	芦苇															
	- 返青期	巴彦洪格尔省新静斯特	2.20	1.70	17.10	0.40	3.50	4.10	1.50	10.40	18.70	0.29	0.07	22.00	2.10	419.00
	- 开花期		16.00	0.80	12.30	2.20	3.10	1.20	0.80		22.90	0.28	0.12	60.00	1.10	495.00
	羊茅															
	- 结实期	后杭爱省图布希如勒呼	3.60	0.90	6.10	1.30	1.80	0.90	0.60	1.20	8.80	0.15	0.04	48.00	1.70	308.00
8	羊茅															
	- 开花期	巴彦洪格尔省嘎鲁特	4.50	1.90	5.40	0.60	1.00	2.10	1.00	7.80	23.50	0.04	0.04	105.00	0.20	380.00

序号	草场类型/饲草料种类-生长期	采样点	常量元素（g/kg）							微量元素（mg/kg）						
			钙 Ca	磷 P	钾 K	钠 Na	氯 Cl	镁 Mg	硫 S	铜 Cu	锌 Zn	钴 Co	碘 I	锰 Mn	钼 Mo	铁 Fe
9	草地早熟禾															
	-拔节期	中央省巴特苏木布尔	5.50	1.30	1.80	0.10	2.10	0.80		1.90	23.70	0.32	0.06	9.00	0.20	473.00
	-抽穗期		6.60	0.60	1.60	0.30	0.70	1.10	0.10	1.20	17.50	0.13	0.01	36.00	1.20	184.00
	-开花期		3.10	1.40	17.30	0.30	2.60	2.20	0.20	8.30	20.70	0.17	0.02	27.00	0.40	653.00
	-结实期		2.50	1.50	11.90	0.40	0.50	2.10	1.80	5.30	20.10	0.20	0.02	41.50	0.50	83.00
	冰草 -结实期	库苏古尔省仁钦隆布	2.60	1.10	5.10	0.30	0.50	1.00	0.70	2.10	13.70	0.07	0.02	24.00	0.60	220.00
	冰草 -结实期	库苏古尔省阿拉格额尔顿	3.40	0.70	1.80	0.20	0.50	0.70	1.10	2.40	13.80	0.09	0.02	27.00	0.50	212.00
	冰草 -结实期	布尔干省鄂尔浑	2.60	0.90	3.00	0.30	0.50	0.90	1.80	5.40	13.70	0.04	0.02	36.00	0.20	112.00
10	冰草 -开花期	中央省巴彦温朱勒	1.70	0.70			2.00	0.50	1.60	0.90	24.40	0.23	0.01	40.00	0.10	177.00
	-结实期		2.00	0.80	17.30	0.30	1.70	1.60	1.70	2.30	24.00	0.17	0.02	43.30	0.20	292.00
	-秋枯期		4.00	0.10	3.40	0.30	1.10	2.00	1.90	2.00		0.15	0.04	40.00	0.40	349.00
	-春枯期		4.60	0.10	0.90	0.20	0.50	0.80	0.30	0.90	19.60	0.15	0.01	37.00	0.10	202.00
	冰草 -结实期	肯特省达尔罕	3.10	2.00	6.30	0.60	1.20	2.10	0.50	3.90	20.90	0.08	0.08	20.00	0.50	97.00
	-秋枯期		3.90	0.60	1.10		0.80	0.60	0.60	4.10	12.40	0.01	0.04	15.00	0.30	149.00

序号	草场类型/饲草料种类-生长期	采样点	常量元素（g/kg）Ca	P	K	Na	Cl	Mg	S	微量元素（mg/kg）Cu	Zn	Co	I	Mn	Mo	Fe
10	冰草 -开花期	巴彦洪格尔省 巴彦敖包	2.70	1.80	10.10	0.20	1.10	2.70	1.40	3.80	32.20	0.24	0.04	47.00	0.20	310.00
11	无芒雀麦 -结实期	巴彦洪格尔省 嘎鲁特	1.80	1.80	13.20	0.90	0.30	0.70	1.10	10.90	16.90	0.21	0.01	24.0	0.10	65.00
12	大针茅 -开花期	中央省巴彦温 朱勒	11.80	2.10			1.40	2.60	0.50	7.20	28.40		0.03	63.00	0.20	338.00
	-结实期		9.10	0.80	7.10	1.70	0.90	1.10	1.80	3.10		0.03	0.04	33.00	0.30	485.00
	-秋枯期		8.80	1.80	1.80	0.10	1.10	0.80		2.80	24.40	0.02	0.02		0.40	387.00
	-春枯期		7.40	0.10	0.90	0.10	1.40	0.90	0.60	2.10	10.70		0.01	31.00	0.10	258.00
13	渐狭早熟禾 -开花期	库苏古尔省仁 钦隆布	4.20	1.30	4.90	0.20	0.50	1.00	0.90	2.00	18.90	0.07	0.10	27.00	0.40	79.00
	渐狭早熟禾 -结实期	后杭爱省图布 希如勒呼		2.00	12.50	0.70	1.10	0.40	1.00	12.40	16.60	0.09	0.03	27.00	1.10	61.00
	渐狭早熟禾 -返青期	布尔干省鄂尔 浑	1.50	1.10	3.20	0.10	0.30	0.80	0.10	14.80	14.10	0.04	0.03	27.00	0.20	154.00
	渐狭早熟禾 -结实期	肯特省达尔罕	3.60	0.90	1.80	0.00	1.10	1.30	0.40	3.80	12.90	0.06	0.07	18.00	0.50	258.00
	渐狭早熟禾 -秋枯期		3.10	0.50	0.50	0.00	0.80	1.00	1.30	4.00	10.30	0.02	0.03	13.00	0.20	142.00

序号	草场类型/饲草料种类-生长期	采样点	常量元素（g/kg）							微量元素（mg/kg）						
			钙 Ca	磷 P	钾 K	钠 Na	氯 Cl	镁 Mg	硫 S	铜 Cu	锌 Zn	钴 Co	碘 I	锰 Mn	钼 Mo	铁 Fe
14	隐子草															
	- 开花期	库苏古尔省仁钦隆布	4.60	1.80	5.30	0.30	0.50	1.20	0.90	7.90	15.20	0.04	0.08	21.70	0.40	214.00
	- 结实期		4.10	0.50	1.70		0.20	1.60	0.10	3.40	13.00	0.01	0.15	25.00	0.60	358.00
	隐子草															
	- 开花期	肯特省图门朝克图	3.80	1.10	7.60	0.20	0.40	1.60	1.30	6.40	12.00	0.17	0.08	21.70	0.60	464.00
	- 结实期		4.10	1.10	6.10		1.10	1.50	1.30	1.50	15.80	0.07	0.04	23.90	0.80	138.00
	- 秋枯期		3.80	0.60	1.60	0.30	0.80	1.20	0.40	3.70	15.20	0.05	0.04	118.50	0.60	300.00
	- 春枯期		3.50	0.50	1.20	0.20	0.40	1.20	3.00	2.90	17.10	0.04	0.03	15.20	0.30	360.00
15	羊草															
	- 返青期	库苏古尔省仁钦隆布、好敦高勒	2.50	1.90	15.00		0.30	0.80	0.10	17.80		0.06	0.03	19.00	1.10	812.00
	- 结实期		2.50	1.00	8.20		0.20	0.50	0.30	3.20			0.12	17.00	0.60	214.00
	羊草															
	- 返青期	库苏古尔省仁拉格额尔顿、嘎拉未阿日	3.80	2.80	22.50	0.90	0.30	0.70	0.20	20.00	21.00		0.04	32.00	0.10	150.00
	- 开花期		6.90	3.80	22.30	0.30	1.30	1.40	1.00	4.70	22.20	0.13	0.10	62.00	0.40	107.00
	- 结实期		6.30	1.70	18.20	0.10	0.20	0.70	0.30	5.80	16.10	0.09	0.14	54.00	0.80	284.00
	羊草															
	- 开花期	布尔干省鄂尔浑	2.90	1.30	4.30	0.20	0.50	2.10	0.40	3.40	13.70	0.07	0.05	41.00	0.40	385.00
	- 结实期		3.00	1.20			0.30	1.20	0.60	3.40	12.10		0.04	50.00	0.70	342.00

序号	草场类型/饲草料种类-生长期	采样点	常量元素（g/kg）							微量元素（mg/kg）						
			钙 Ca	磷 P	钾 K	钠 Na	氯 Cl	镁 Mg	硫 S	铜 Cu	锌 Zn	钴 Co	碘 I	锰 Mn	钼 Mo	铁 Fe
15	羊草															
	- 返青期	中央省巴特苏木布日	9.20	3.50	9.00	2.10	3.50	1.90	0.20	11.90		0.13	0.14	49.00	0.20	254.00
	- 开花期		3.60	0.90	5.90	2.80	1.30	0.90	1.00	5.10	11.40	0.03	0.03	53.00	0.30	410.00
	- 结实期		3.10	0.60	5.40	0.60	2.70	0.70	0.70	2.70	39.10	0.12	0.07	110.00	0.50	293.00
	羊草	肯特省达尔罕、苏布日格呼度嘎														
	- 开花期		3.60	1.30	9.40	0.90	0.40	1.50	0.80	6.80	15.80	0.01	0.05	32.50	1.00	297.00
	- 结实期		5.20	2.00	7.90	0.30	0.70	1.70	0.60	3.10	23.40	0.06	0.10	16.00	0.60	156.00
	- 秋枯期		3.90	0.40	2.00		0.80	1.90	1.20	4.40	11.61	0.02	0.02	10.50	0.20	98.00
	羊草	东方省哈拉哈河														
	- 开花期		2.70	1.80	13.50	0.20	1.30	0.90	0.70	3.60			0.06	69.00	0.70	298.00
	- 结实期		3.90	1.70	8.60	0.20	1.20	0.90	0.80	10.40	29.40	0.16	0.06	50.00	0.10	359.00
	羊草	苏赫巴托省图门朝克图														
	- 开花期		4.20	1.20	8.30	0.20	0.40	1.40	1.80	6.60	16.40	0.01	0.05	18.50	0.20	178.00
	- 结实期		5.50	1.10	8.10	0.20	0.80	1.40	0.50	0.70	15.20	0.04	0.09	15.20	0.50	170.00
	- 秋枯期		5.80	0.50	2.10	0.30	0.80	1.20	0.40	2.30	12.50	0.02	0.05	28.70	1.10	338.00
	羊草	中央省巴彦温朱勒														
	- 开花期		7.50	0.20			2.40	3.10	2.20	4.80	32.60		0.04	67.00	0.20	336.00
	- 结实期		3.90	1.40	4.30	0.20	1.50	2.80	4.30	2.60		0.03	0.04	37.00	0.20	346.00

序号	草场类型/饲草料种类-生长期	采样点	常量元素（g/kg）							微量元素（mg/kg）						
			钙 Ca	磷 P	钾 K	钠 Na	氯 Cl	镁 Mg	硫 S	铜 Cu	锌 Zn	钴 Co	碘 I	锰 Mn	钼 Mo	铁 Fe
15	羊草															
	- 开花期	巴彦洪格尔省巴彦敖包	4.30	1.90	3.40	0.80	1.70	2.20	1.10	5.90	14.40	0.11	0.03	161.00	0.20	518.00
	- 结实期		3.60	1.30	3.50	2.30	1.90	1.60	0.10	7.30	28.20	0.15	0.04	96.00	0.30	209.00
	大针茅	库苏古尔省仁钦隆布、伊和图和阿日														
	- 返青期		1.90	1.30	5.30		0.30	0.90	0.20	18.50	15.40		0.07	43.00	0.20	132.00
	- 开花期		2.70	1.70	8.30	0.60	1.10	1.40	0.10	11.90	18.30	0.04	0.08	22.00	0.20	241.00
	- 结实期		1.70	0.90	2.80	0.30	1.40	0.80	1.10	6.10	7.50	0.03	0.03	20.00	0.50	131.00
	大针茅	布尔干省鄂尔浑														
	- 返青期		1.10	1.30	5.50		0.30	0.90	0.20	14.40	11.10		0.04	10.00	0.10	97.00
	- 开花期		1.70	1.10	4.80	0.30	0.50	0.70	0.80	3.00	7.40	0.06	0.03	38.00	0.30	108.00
	- 结实期		2.50	0.80	1.80		0.20	0.90	0.30	4.40	12.30	0.08	0.09	22.00	0.90	198.00
16	大针茅	中央省巴特苏木布尔														
	- 返青期		5.30	1.20	16.10	1.50	2.80	0.80	1.30	3.60	30.80	0.19	0.01	61.00	0.20	102.00
	- 开花期		4.00	0.70	12.90	0.10	1.70	0.80	0.10	2.00	27.40	0.17	0.01	40.00	0.20	353.00
	- 结实期		8.60	1.30	7.70	0.20	2.20	1.60	0.60	3.00	20.20	0.66	0.02	74.00	0.50	290.00
	- 秋枯期		7.40	0.60	2.90	0.20	2.40	0.20	0.20	1.10	18.70	0.17	0.02	42.00	0.20	119.00
	- 春枯期		1.10	0.20			3.40	0.40	0.30	2.00	7.70	0.19	0.00	39.00	0.20	238.00

序号	草场类型/饲草料种类-生长期	采样点	常量元素（g/kg）									微量元素（mg/kg）				
			钙 Ca	磷 P	钾 K	钠 Na	氯 Cl	镁 Mg	硫 S	铜 Cu	锌 Zn	钴 Co	碘 I	锰 Mn	钼 Mo	铁 Fe
	大针茅															
	-开花期	东方省哈拉哈河	4.50	1.20	1.10	0.20	0.50	1.00	0.20	12.00	29.90	0.13	0.06	39.00	0.80	510.00
	-结实期		4.00	1.20			1.10	2.10	0.70	13.60	28.50		0.03	25.00	0.40	303.00
	大针茅															
	-开花期	青特省达尔罕	3.70	0.90	3.30	0.20	0.40	1.20	0.60	3.90	18.00	0.04	0.04	35.00	0.50	229.00
	-结实期		3.60	0.80	4.80	0.20	1.10	1.00	0.70	2.70	18.70	0.05	0.04	12.00	0.50	167.00
	-秋枯期		4.70	0.50	1.60		0.80	0.90	2.20	4.00	12.90	0.02	0.03	14.00	0.30	129.00
16	大针茅															
	-开花期	苏赫巴托省图门朝克图	4.10	0.80	4.90	0.20	0.40	1.20	0.90	6.00	13.10	0.02	0.02	12.60	1.20	223.00
	-结实期		3.60	1.00	4.40	0.40	0.80	1.10	0.60	2.60	22.20	0.04	0.04	17.60	0.70	154.00
	-秋枯期		5.50	0.40	1.80	0.30	0.80	0.50	0.30	1.60	11.30	0.02	0.03	33.30	0.80	338.00
	-春枯期		3.30	0.40	1.20	0.20	0.50	0.90	0.30	3.30	14.30	0.03	0.05	11.60	0.30	316.00
	大针茅															
	-开花期	巴彦洪格尔省巴彦散包	2.00	1.30	7.30	0.20	0.90	4.10	3.40	6.70			0.02	27.00	0.10	282.00
	-结实期		0.90	1.20	6.40	0.80	1.30	0.10	0.30	12.70			0.04	41.00	0.80	339.00
17	异燕麦															
	-结实期	后杭爱省图布希如勒呼	3.40	0.90	6.40	0.50	1.20	3.50	1.00	3.40			0.06	67.00	0.70	203.00

序号	草场类型/饲草料种类-生长期	采样点	常量元素（g/kg）							微量元素（mg/kg）						
			钙 Ca	磷 P	钾 K	钠 Na	氯 Cl	镁 Mg	硫 S	铜 Cu	锌 Zn	钴 Co	碘 I	锰 Mn	钼 Mo	铁 Fe
（二）豆科																
18	葵黄耆-结实期	后杭爱省图布希如勒呼	5.10	1.10			2.10	1.20	1.60				0.04	58.00	1.20	365.00
19	葵黄耆-结实期	后杭爱省图布希如勒呼	10.90	2.00	6.80	1.70	1.70	4.60	1.20	13.80	21.00	0.19	0.04	59.00	0.30	302.00
20	黄花苜蓿 -返青期	布尔干省鄂尔浑	14.30	2.50	14.60	1.60	0.30	1.10	0.10	10.80	32.80	0.23	0.05	11.00	0.50	525.00
	-结实期		22.20	1.50			0.30	4.50	0.30	6.80			0.07	27.00	0.80	126.00
21	披针叶黄华 -返青期	中央省巴特苏木布尔	5.90	4.90			2.70	2.80	0.40	11.30	18.70	0.18	0.04	81.00	0.20	343.00
	-开花期									5.70	16.30		0.03	46.00	0.40	590.00
	-结实期		4.60	3.70			1.10	0.60					0.05	63.00	0.70	688.00
	披针叶黄华 -开花期	后杭爱省图布希如勒呼	10.10	2.00	10.40	2.20	1.70	4.50	0.80	9.00		0.09	0.01	66.00	1.70	367.00
22	珠芽蓼 -开花期	巴彦洪格尔省嘎鲁特	2.80	3.40	15.50	0.30	3.00	4.60	3.50	2.00		0.09	0.07	101.00	1.10	225.00
	-结实期		2.00	2.10	11.80	1.60	1.10	5.60	0.30	3.80		0.09	0.05	45.00	2.00	291.00

序号	草场类型/饲草料种类-生长期	采样点	常量元素（g/kg）							微量元素（mg/kg）						
			钙 Ca	磷 P	钾 K	钠 Na	氯 Cl	镁 Mg	硫 S	铜 Cu	锌 Zn	钴 Co	碘 I	锰 Mn	钼 Mo	铁 Fe
（三）苔草																
	栉状苔草-返青期	布尔干省鄂尔浑	2.20	2.60	15.00	0.90	0.30	0.90	0.40	15.80	8.80		0.06	20.00	0.10	156.00
	-开花期		5.00	2.30	4.80	0.40	0.50	0.90	0.30	7.80	14.40	0.03	0.04	42.00	0.60	476.00
	栉状苔草-结实期	后杭爱省图布希如勒呼	5.80	1.80	18.00	0.70	1.40	1.90		5.30		0.32	0.04	53.00	1.00	143.00
23	栉状苔草-开花期	巴彦洪格尔省嘎鲁特	4.10	1.50			0.70	1.80	12.00	3.20	29.00		0.07	81.00	0.30	105.00
	-结实期		1.50	0.80	14.50	0.70	0.30	0.30	0.40	11.40		0.20	0.03	9.00	0.20	184.00
	寸草台-返青期	库苏古尔省仁钦隆布、好敦高勒	3.80	2.50	10.40	1.70	0.30	1.10	0.30	15.00	9.10	0.03	0.09	18.00	0.30	812.00
	-开花期		8.60	1.40	9.90	0.60	0.40	1.60	0.40	13.70	14.90	0.22	0.07	35.00	0.30	210.00
24	寸草台-结实期	中央省巴特苏木布尔	4.40	0.40	9.10	0.30	1.60	0.90	0.90	3.00	22.10	0.14	0.04	43.50	0.30	464.00
	寸草台-结实期	东方省克鲁伦	3.70	1.00	6.30	0.60	0.50	2.10	1.50	2.40	26.00		0.03	50.00	0.30	94.00
	寸草台-结实期	苏赫巴托省图门朝克图	2.60	1.10	7.30	0.30	0.20	1.10	0.60	3.70		0.04	0.05	23.00	0.90	117.00

序号	草场类型/饲草料种类-生长期	采样点	常量元素（g/kg）							微量元素（mg/kg）						
			钙 Ca	磷 P	钾 K	钠 Na	氯 Cl	镁 Mg	硫 S	铜 Cu	锌 Zn	钴 Co	碘 I	锰 Mn	钼 Mo	铁 Fe
（四）杂类草																
25	亚洲蓍-结实期	后杭爱省图布希如勒呼	4.90	1.60	9.70	2.40	1.10	2.00	1.50	10.00		0.26	0.06	67.00	1.70	434.00
26	蒿草-结实期	后杭爱省图布希如勒呼	3.80	1.70	10.20	1.10	1.30	1.30	1.90	2.70		0.09	0.01	64.00	0.90	304.00
27	点地梅-返青期	中央省巴特苏木布尔	6.30	5.90	10.20	0.10	2.80	2.50	0.01	11.90		0.29	0.01	39.00	0.30	384.00
	狼毒															
28	-开花期	中央省巴特苏木布尔	12.70	2.70			2.30	2.90	0.20	5.40	32.30		0.01	43.00	0.30	506.00
	-结实期		10.20	1.00	10.50	0.50	2.60	2.70	0.80	5.90		0.17	0.03	71.50	0.30	812.00
29	草甸老鹳草-结实期	后杭爱省图布希如勒呼	7.20	2.50	13.50	0.90	1.20	2.40	1.50	14.70		0.05	0.11	34.10	2.90	854.00
30	大花老鹳草-开花期	后杭爱省图布希如勒呼	4.50	1.00	7.00	1.00	2.00	5.90	0.80	3.30			0.01	107.00	1.90	384.00
31	箭头唐松草-结实期	后杭爱省图布希如勒呼	5.30	0.70	17.60		1.70	5.40	2.80	3.00		0.10	0.04	17.00	1.70	338.00
32	地榆-结实期	后杭爱省图布希如勒呼	4.70	1.70	12.80	0.60	1.90	4.00	2.00	10.90		0.23	0.03	68.00	1.90	427.00

序号	草场类型/饲草料种类-生长期	采样点	常量元素（g/kg）							微量元素（mg/kg）						
			Ca	P	K	Na	Cl	Mg	S	Cu	Zn	Co	I	Mn	Mo	Fe
33	白头翁 - 开花末期	中央省巴特苏木布尔	8.50	3.20			1.10	2.50	0.50	12.20	38.60	0.18	0.01	35.00	0.20	726.00
	- 枯草初期					0.30							0.09	44.00	0.30	413.00
（五）葱属																
34	山韭 - 开花期	东方省克鲁伦	8.20	1.50	17.90	0.20	1.70	2.00	2.40	12.10			0.07	13.00	0.60	277.00
	- 结实期		8.80	2.40	21.20	0.30	1.30	2.00	0.80	15.10	23.40	0.24	0.03	48.00	0.50	212.00
35	多根葱 - 返青期	南戈壁省汗洪格尔	9.30	5.40			2.90	3.00	3.30	18.40	44.20	0.20	0.06	70.00	0.20	984.00
	- 开花期		16.90	4.20	15.20	0.40	3.10	2.10	2.50	10.60	30.90		0.07	28.00	0.30	1 317.00
	- 结实期		2.50	1.90	15.40		2.70	3.30	1.10	6.30	19.90	0.08	0.12	39.00	0.30	1 329.00
36	蒙古葱 - 返青期	南戈壁省布尔干	6.50	1.00			5.50	2.30	1.80	10.20	28.30	0.21	0.21	21.00	0.40	1 417.00
	- 开花期		3.60	1.40			2.80	2.10	1.30	9.40	20.90		0.03	43.50	0.20	804.00
	- 结实期		6.60	2.20	12.10	0.20	0.80	2.40	0.10	13.60	28.40	0.12	0.03	34.00	0.70	254.00
（六）珍珠菜属																
37	珍珠菜 - 返青期	南戈壁省汗洪格尔	14.90	1.30	12.20	0.80	4.60	6.10	2.90	14.00	28.30	0.21	0.22	44.00	1.90	812.00
	- 开花期		3.90	1.00	12.10	3.40	6.10	3.20	3.70	7.10	17.80	0.16	0.10	71.50	3.30	1 419.00
	- 枯草期		10.90	1.00				4.20		5.20	13.00		0.76	34.00	2.70	1 439.00

序号	草场类型/饲草料种类-生长期	采样点	常量元素（g/kg）									微量元素（mg/kg）				
			钙 Ca	磷 P	钾 K	钠 Na	氯 Cl	镁 Mg	硫 S	铜 Cu	锌 Zn	钴 Co	碘 I	锰 Mn	钼 Mo	铁 Fe
	珍珠柴															
37	－夏季	南戈壁省布尔干	7.90	9.20	14.00	83.10		6.20		4.90	11.50			60.00		510.00
	－秋季		10.90	8.40	11.40	63.40		8.60		6.50	12.80			95.60		1 025.00
	－冬季		12.00	6.60	11.50	34.10		7.60		6.30	13.50			91.70		1 340.00
	－春季		13.70	8.80	7.80	22.10		4.70		8.50	14.80			64.70		1 710.00
	珍珠柴															
	－返青期	巴彦洪格尔省巴彦戈壁	4.30		11.80	2.30	5.70	5.20	4.30	11.10		0.17	0.04	109.00	2.20	473.00
	－开花期		2.10	1.80	12.90	4.00	5.60	7.40	3.90	17.70	20.80	0.26	0.07	37.00	3.00	532.00
	猪毛菜															
38	－夏季	南戈壁省布尔干	3.00	9.20	11.40	125.60		4.70		5.70	11.70			49.30		370.00
	－秋季		4.30	7.20	11.90	131.70		5.40		6.50	9.00			64.60		1 150.00
	－春季		6.70	10.50	4.90	46.90		4.40		7.70	14.60			78.20		1 330.00
（七）灌木半灌木																
	红沙															
39	－返青期	南戈壁省汗洪格尔	6.90	2.00	10.40	5.20	5.40	2.40	3.00	7.20	19.60	0.17	0.08	28.50	2.20	1 000.00
	－开花期		8.80	1.50	7.70	1.70	5.70	4.20	5.00	6.20	21.70	0.19	0.08	34.00	3.20	599.00
	－结实期		8.80	1.00	11.90	2.60	5.00	3.70	2.60	7.10	25.20	0.17	0.04	23.50	2.00	729.00
	红沙															
	－返青期	巴彦洪格尔省巴彦戈壁	6.40	1.40	10.70	7.10	5.50	6.90	1.80	4.60	23.30	0.17	0.02	40.50	2.00	500.00
	－开花期		4.90	2.10	14.90	9.50	5.50	8.20	2.40	5.00		0.34	0.06	7.00	1.50	986.00

序号	草场类型/饲草料种类-生长期	采样点	常量元素（g/kg）									微量元素（mg/kg）				
			钙 Ca	磷 P	钾 K	钠 Na	氯 Cl	镁 Mg	硫 S	铜 Cu	锌 Zn	钴 Co	碘 I	锰 Mn	钼 Mo	铁 Fe
	红沙															
39	- 夏季	南戈壁省布尔干	4.80	6.90	4.50	87.70		4.10		4.80	13.20			33.10		510.00
	- 秋季	干	5.70	6.60	3.20	15.90		4.60		6.40	11.00			31.70		815.00
	- 冬季		7.20	7.30	1.60	0.50		1.30		7.50	13.10			72.00		1 910.00
	盐爪爪															
40	- 返青期	南戈壁省汗洪格尔	2.60	1.60	11.50	2.50	5.30	2.60	2.50	13.30	27.70	0.06	0.16	30.00	2.20	562.00
	- 冬季		3.00	0.70		3.10	5.60	8.00	3.20	7.10			0.11	68.00	2.10	1 109.00
	- 春季		2.80	0.70	13.40	3.20	5.50	8.00	1.40	11.40	14.10		0.09	71.00	2.10	1 136.00
	盐爪爪															
	- 返青期	巴彦洪格尔省巴彦戈壁	2.80	1.00	7.10	2.00	5.80	4.00	2.60	5.00	17.70	0.15	0.09	117.00	1.60	387.00
	- 开花期		3.20	0.70	27.90	8.60	5.40	8.00	3.00	10.70	12.90	0.20	0.03	15.00	3.30	781.00
	冷蒿															
41	- 返青期	库苏古尔省仁钦隆布	2.20	2.50	9.90	1.70	0.30	0.70	0.40	13.50	18.70	0.38	0.05	89.00	0.40	1 317.00
	- 开花期		8.00	3.40	22.20	0.40	2.40	2.90	0.40	18.10	44.40	0.09	0.05	70.00	1.90	599.00
	- 结实期		5.10	2.50	10.30	3.60	0.30	1.50	0.30	6.50	10.20	0.23	0.12	32.00	9.00	401.00
	冷蒿															
	- 开花期	巴彦洪格尔省嘎鲁特	8.00	2.30	7.20	0.50	0.70	2.00	1.40	6.90	32.00	0.11	0.08	126.00	0.20	975.00
	- 结实期		7.70		13.20	0.60	0.90	2.00	0.70	17.80		0.07	0.07	127.00	0.20	648.00

序号	草场类型/饲草料种类-生长期	采样点	常量元素（g/kg）									微量元素（mg/kg）				
			钙 Ca	磷 P	钾 K	钠 Na	氯 Cl	镁 Mg	硫 S	铜 Cu	锌 Zn	钴 Co	碘 I	锰 Mn	钼 Mo	铁 Fe
41	冷蒿															
	-开花期	中央省巴特苏木布尔	8.10	2.50	19.10	0.50	2.60	2.60	0.90	10.60	29.10	0.16	0.02	38.00	0.50	1 133.00
	-结实期		7.60	1.90	7.50	1.10	2.30	2.50	0.80	8.50	25.20	0.04	0.02	32.00	0.50	1 468.00
	-春枯期		3.40	4.10	3.00	0.20	0.70	2.80	2.80	4.00	32.10	0.19	0.08	10.20	0.30	669.00
	冷蒿															
	-开花期	中央省巴彦温朱勒	10.40	2.20			1.60	3.70	1.10	9.70	11.90	0.14	0.12		0.30	807.00
	-结实期		14.00	1.60	12.60	0.80	0.60	3.20	7.00	12.30			0.06	77.00	3.00	969.00
	-秋枯期		9.00	1.10	9.10	0.20	0.90	3.40	1.80	8.80				51.00	0.10	804.00
	-春枯期		9.40	0.50	6.10	0.30	1.20	1.30	2.20	5.70	26.90	0.04	0.01	84.00	0.20	617.00
	冷蒿															
	-开花期	东方省哈拉哈河	5.20	1.80	12.70	0.30	0.40	1.60	0.50	15.80	34.00	0.27	0.03	48.00	0.90	412.00
	-结实期	克鲁伦	3.00	2.40	11.60	0.20	0.60	2.10	0.30	18.60	32.70		0.03	41.00	0.10	323.00
	-结实期	肯特省温都尔汗	9.10	2.00	12.30	0.10	0.60	1.40	0.80	15.30		0.31	0.04	44.00	0.30	264.00
	冷蒿															
	-开花期	肯特省达尔罕	5.90	1.90	10.60	0.30	0.40	1.50	1.50	5.70	17.90	0.07	0.04	59.00	0.70	350.00
	-结实期		9.40	1.10	5.00	0.40	1.20	1.50	0.70	4.90	12.30	0.20	0.07	26.00	0.60	669.00
	-秋枯期		6.60	1.50	4.20	0.90	0.80	0.60	0.20	1.40	10.00	0.04	0.08	27.00	1.40	544.00

序号	草场类型/饲草料种类-生长期	采样点	常量元素（g/kg）							微量元素（mg/kg）						
			钙 Ca	磷 P	钾 K	钠 Na	氯 Cl	镁 Mg	硫 S	铜 Cu	锌 Zn	钴 Co	碘 I	锰 Mn	钼 Mo	铁 Fe
41	冷蒿															
	- 返青期	巴彦洪格尔省	5.80	3.90	16.00	1.50	4.90	2.60	0.90	14.20	23.10	0.20	0.08	104.00	2.30	1 048.00
	- 开花期	巴彦戈壁	5.10	2.90	13.40	2.50	1.50	2.40	1.70	12.90	31.20	0.70	0.04	59.00	4.80	1 517.00
	假木贼															
	- 返青期	南戈壁省汗洪格尔	14.50	2.00	7.60	1.70	5.50	3.80	3.30	6.40	32.50	0.26	0.04	41.00	2.30	1 117.00
	- 开花期		14.90	1.60	13.00	1.00	5.50	4.20	1.90	6.70		0.23	0.10	41.00	3.50	1 540.00
	- 结实期		9.70	0.60	13.80	0.60	6.10	9.30	0.90	5.90		0.18	0.16	38.50	3.20	684.00
	- 冬枯期		2.40	0.60	14.70	1.10	3.40	13.00	0.30	4.60			0.10	30.00	1.70	920.00
42	假木贼	巴彦洪格尔省														
	- 开花期	巴彦戈壁	2.80	1.20	12.20	2.40	2.40	8.20	2.10	12.50	18.40	0.19	0.10	25.00	2.10	582.00
	假木贼															
	- 夏季	南戈壁省布尔干	16.10	9.20	7.70	41.50		9.40	1.10	1.20	3.80	0.98		91.90	1.00	300.00
43	薯状小艾菊															
	- 返青期	南戈壁省布尔干	14.20	3.00	16.20	0.50	1.10	2.60	2.10	14.40		0.23	0.04	15.00	3.00	1 333.00
	- 开花期		13.80	2.50	13.00	0.30	1.40	1.40	0.30	12.70	23.10	0.22	0.03	38.00	3.80	1 411.00
	- 结实期		19.50	1.70	11.30	0.50	2.50	3.60	4.50	15.20	25.70	0.14		65.00	2.30	768.00
44	旱蒿															
	- 开花期	南戈壁省布尔干	13.60	1.90	14.30	0.30	2.60	3.20	4.20	11.50	22.60	0.17	0.05	51.00	0.20	911.00
	- 结实期		3.20	0.80	9.40	0.30	0.40	3.60	4.20	4.80			0.04	44.00	0.30	1 120.00

序号	草场类型/饲草料种类-生长期	采样点	常量元素（g/kg）							铜 Cu	锌 Zn	微量元素（mg/kg）				
			钙 Ca	磷 P	钾 K	钠 Na	氯 Cl	镁 Mg	硫 S			钴 Co	碘 I	锰 Mn	钼 Mo	铁 Fe
45	木地肤															
	- 返青期	南戈壁省布尔干	19.70	2.70			2.40	7.10	3.30	10.80	34.40	0.24	0.02	60.00	3.00	881.00
	- 分蘖期		10.00	2.00	15.40	0.40	2.10	4.40	1.80	7.70	23.00	0.17	0.03	75.00	2.60	840.00
	- 开花期		9.10	2.10	28.40	0.40	1.50	11.40	0.40	10.70			0.10	124.00	2.60	812.00
46	草麻黄	巴彦洪格尔省新京斯特														
	- 返青期		20.50	3.30	4.50	0.40	1.30	4.00	1.60	2.30	25.30	0.30	0.02	25.00	2.30	521.00
	- 开花期		20.30	4.40	16.70	0.90	0.50	3.60	2.30	6.00		0.19	0.02	12.00	3.40	1 260.00
47	驼绒藜	南戈壁省汗洪格尔														
	- 返青期		13.00	3.20	10.60	0.40	2.30	3.70	2.30	4.50	31.00	0.17	0.02	62.00	2.70	1 448.00
	- 分蘖期		18.70	2.00	8.20	0.40	3.40	5.60	3.00	12.30	28.40	0.11	0.05	46.00	3.20	1 484.00
	- 开花期		17.90	1.40	11.20	0.40	2.20	4.50	1.60	6.40	15.40	0.14	0.02	31.00	2.20	1 369.00
48	黄沙蒿	巴彦洪格尔省巴彦戈壁														
	- 返青期		3.90	4.20	21.00	4.50	2.10	4.20	2.40	5.10	24.70	0.29	0.08	92.00	1.60	303.00
	- 开花期		8.20	1.30	8.70	1.50	1.00	2.50	2.00	8.40	22.30		0.03	16.00	1.10	438.00
49	梭梭	南戈壁省布尔干														
	- 开花期		14.90	1.50	15.20	0.40	4.40	4.20	3.90	7.40		0.14	0.10	19.00	1.70	629.00
	- 结实期		13.20	1.50	12.60	1.70	4.20	4.50	0.90	5.30	22.30	0.20	0.02	40.00	1.60	355.00

序号	草场类型/饲草料种类-生长期	采样点	常量元素（g/kg）							微量元素（mg/kg）						
			钙 Ca	磷 P	钾 K	钠 Na	氯 Cl	镁 Mg	硫 S	铜 Cu	锌 Zn	钴 Co	碘 I	锰 Mn	钼 Mo	铁 Fe
50	疏叶锦鸡儿	巴彦洪格尔省卜格达														
	-返青期		8.50	0.50	4.50	0.30	0.60	4.10	2.30	2.70	41.70	0.19	0.02	36.00	1.90	340.00
	-开花期		4.90	2.00	12.40	1.70	0.60	0.80	1.70	12.80	27.50	0.19	0.02	24.00	2.00	273.00
	-结实期		10.90	0.60	14.20	2.60	1.70	4.70	1.20	5.70	15.30	0.06	0.04	68.00	3.90	180.00
51	梭梭	南戈壁省布尔干														
	-夏季		15.40	10.20	15.20	75.60		8.40		3.40	12.30			84.50		70.00
	-秋季		7.90	7.60	13.30	54.00		7.60		4.20	8.20			36.20		160.00
	-冬季		9.30	4.80	7.20	77.20		8.00		3.30	5.50			51.80		380.00
	-春季		10.00	5.80	10.40	69.40		7.90		7.10	8.70			102.30		810.00
52	狭叶锦鸡儿	南戈壁省布尔干														
	-夏季		16.40	6.20	4.40	0.10		2.80		7.90	23.00			44.30		940.00
	-秋季		10.10	5.90	3.80	0.10		0.80		5.40	12.60			18.50		510.00
	-冬季		10.10	6.30	3.60	0.60		1.00		4.30	12.10			32.10		910.00
	狭叶锦鸡儿 -结实期	青特省达尔罕	11.50	1.10	4.90	0.10	1.10	1.70	0.60	2.30	15.10	0.19	0.09	10.00	0.60	583.00
53	矮锦鸡儿	苏赫巴托省土门朝克图														
	-开花期		11.70	1.40	11.10	0.50	0.40	2.60	1.00	6.10	15.40	4.00	0.07	17.40	0.60	288.00
	-结实期		11.40	1.10	3.80	0.40	1.10	1.70	0.60	2.70	16.00	0.06	0.06	14.30	0.80	190.00
	-秋枯期		9.30	1.00	2.50	0.50	0.80	0.80	0.40	2.20	14.60	0.04	0.04	30.40	1.00	410.00
	-春枯期		8.10	0.80	2.70	0.30	0.80	0.90	1.80	3.70	8.70	0.05	3.00	21.00	0.60	300.00

序号	草场类型/饲草料种类-生长期	采样点	常量元素（g/kg）							微量元素（mg/kg）						
			钙 Ca	磷 P	钾 K	钠 Na	氯 Cl	镁 Mg	硫 S	铜 Cu	锌 Zn	钴 Co	碘 I	锰 Mn	钼 Mo	铁 Fe
53	矮锦鸡儿															
	-开花期	肯特省达尔罕	11.40	1.30	9.50		0.50	2.30	0.80	6.70	22.50	0.05	0.05	23.00	0.70	379.00
	-结实期		18.90	1.00	4.40	0.10	1.20	1.90	0.70	2.90	14.80	0.10	0.09	15.00	0.60	446.00
	-结实期	肯特省温都尔汗	18.10	1.80	7.30	0.10	0.70	2.40	2.00	15.20		0.31	0.05	36.00	0.30	493.00
	-结实期	中央省巴彦温朱勒	8.90	1.10	10.00	0.70	1.00	2.90	0.90	7.20	24.40	0.25	0.06	42.70	0.30	382.00
	短脚尖鸡儿															
	-开花期	中央省巴彦温朱勒	15.80	1.30	0.90	0.30	1.80	2.30	1.90	4.30	27.40	0.14	0.01	20.00	0.20	476.00
	-结实期		12.40	0.60	4.40	0.20	2.00	0.60	1.90	6.10		0.15	0.02	27.00	0.50	520.00
	-春季		8.90	0.50	4.10	0.20	1.30	0.90	1.60	5.00	22.60	0.17	0.01	26.50	0.10	392.00
	短脚尖鸡儿															
	-结实期	东方省哈勒和河	9.80	2.20	0.90	0.30	0.80	1.60	2.50	8.60	23.80	0.28	0.04	99.00	0.30	206.00
	-秋枯期		7.40	1.00	4.10		0.80	1.30	1.70	3.70	17.20	0.02	0.05	12.00	0.40	254.00
54	短脚尖鸡儿															
	-返青期	南戈壁省布尔干	12.50	1.80			1.20	1.80	3.90	6.00	20.80	0.13	0.02	72.00	2.20	897.00
	-结实期		14.50	0.60	21.90	1.60	0.50	0.60	1.20	3.90	16.70	0.06	0.02	50.00	3.60	832.00
	-春季		9.10	0.90				1.50	3.20	6.50	53.20	0.20	0.01	46.00	1.90	863.00

序号	草场类型/饲草料种类-生长期	采样点	常量元素（g/kg）							微量元素（mg/kg）						
---	---	---	钙 Ca	磷 P	钾 K	钠 Na	氯 Cl	镁 Mg	硫 S	铜 Cu	锌 Zn	钴 Co	碘 I	锰 Mn	钼 Mo	铁 Fe
55	白皮锦鸡儿 -返青期	巴彦洪格尔省宝格达	9.60	1.10	4.90	0.40	0.40	4.10	2.00	12.90		0.03	0.02	48.00	2.30	485.00
	-开花期	巴彦洪格尔省新京斯特	6.90	1.10	11.40	0.80	0.50	2.00	1.40	11.80	17.50	0.03	0.04	12.00	2.20	470.00
56	多枝怪柳 -返青期	巴彦洪格尔省新京斯特	6.30	2.20	13.10		5.60	8.30	3.20	4.50	30.80		0.10	46.00	1.80	187.00
	-开花期		3.80	0.80		1.20	3.90	9.10	1.70	8.50		0.19	0.09	49.00	2.80	168.00
57	西伯利亚白刺 -开花期	南戈壁省布尔干	10.30	3.70			5.70	3.70	4.00	10.80	36.60	0.15	0.04	28.00	1.20	204.00
	-结实期		14.70	1.60	8.20	0.40	5.50	3.50	2.90	9.70	30.60		0.04	41.00	1.90	446.00
58	霸王 -开花初期	南戈壁省布尔干	27.50	4.00			5.50	4.70	2.50	11.30	44.70	0.19	0.02	50.00	0.40	665.00
	-开花期		20.90	0.80	12.10	0.80	5.40	4.60	2.20	181.00		0.27	2.00	46.00	3.00	816.00
	霸王 -开花期	巴彦洪格尔省新京斯特	18.70	0.40	10.20	2.10	5.80	3.40	2.40	2.60	19.10	0.35	0.04	33.00	2.00	229.00

三、补饲用其他饲料

（一）粗饲料

序号	草场类型/饲草料种类-生长期	采样点	钙 Ca	磷 P	钾 K	钠 Na	氯 Cl	镁 Mg	硫 S	铜 Cu	锌 Zn	钴 Co	碘 I	锰 Mn	钼 Mo	铁 Fe
1	各种牧草平均	森林草原	4.50	1.50	5.40	0.20	0.40	2.10	0.40	2.70	25.00	0.04	0.05	20.60	0.60	287.00

序号	草场类型/饲草料种类-生长期	采样点	常量元素（g/kg）							微量元素（mg/kg）						
			钙 Ca	磷 P	钾 K	钠 Na	氯 Cl	镁 Mg	硫 S	铜 Cu	锌 Zn	钴 Co	碘 I	锰 Mn	钼 Mo	铁 Fe
2	燕麦鲜草	森林草原	2.60	1.70	5.00	1.10	0.40	2.60	0.30	2.90		0.06	0.03	14.10	0.40	160.00
3	小麦秸	森林草原	2.40	1.50	7.30	0.40	0.40	1.60	0.70	4.70	27.20	0.05	0.03	21.70	0.50	160.00
（二）草粉																
4	草粉	森林草原	5.30	1.20	11.80	0.10	0.50	1.60	1.70	6.20	30.40	0.07	0.05	30.40	0.90	320.00
5	苜蓿粉	森林草原	3.50	3.00	6.00	0.60	0.30	1.30	0.40	2.90	32.60	0.05	0.05	52.20	1.20	123.00
6	燕麦草粉	森林草原	1.60	3.30	4.30	0.40	0.20	1.40	1.60	5.40	28.30	0.03		22.80	0.20	392.00
7	豌豆草粉	森林草原	1.60	1.30	11.80	0.90	0.20	3.70	4.20	8.30	29.30	0.05		44.50	0.20	178.00
8	针叶粉	森林草原	7.90	5.30	6.30	1.00		1.20		30.40	37.00		0.07			
（三）籽实																
9	大麦	森林草原	1.50	2.30	6.59	0.50	0.60	1.60	0.80	5.30	22.80	0.05	0.03	29.30	0.60	110.00
10	豌豆	森林草原	1.70	2.60	12.30	1.00	0.40	2.00	0.20	8.90	31.50	0.05	0.05	44.60	0.20	162.00
11	小麦	森林草原	1.40	2.50	5.60	0.40	0.40	1.60	0.70	2.50	26.10	0.05	0.04	37.00	0.30	67.00
12	燕麦	森林草原	2.00	2.40	4.30	0.30	0.30	1.30	0.50	5.20	32.60	0.04	0.05	40.20	0.10	114.00
13	黑麦	森林草原	2.80	2.10			0.60	1.20	0.40	7.80	20.60			32.60		195.00
14	玉米	森林草原	1.50	2.60	4.20	0.60	0.70	1.60	0.60	4.90	26.10	0.08	0.02	29.30	0.20	114.00
15	小米	森林草原	2.00	2.40	6.50	0.70	0.80	1.40	0.80	4.60	33.70	0.07	0.06	21.70	0.10	146.00

序号	草场类型/饲草料种类-生长期	采样点	常量元素（g/kg）								微量元素（mg/kg）						
			钙 Ca	磷 P	钾 K	钠 Na	氯 Cl	镁 Mg	硫 S	铜 Cu	锌 Zn	钴 Co	碘 I	锰 Mn	钼 Mo	铁 Fe
16	小麦麸皮	森林草原	1.70	5.80	13.90	0.10	0.50	1.60	0.30	10.60	26.10	0.06	0.03	57.60	0.10	203.00
（四）青贮																
17	各种青贮	森林草原	8.80	2.40	10.90	1.70	0.40	3.80	0.40	4.80	23.90	0.04	0.05	26.10	0.60	618.00
（五）配合饲料																
18	粉状配合料	森林草原	2.30	3.50	8.00	3.00	0.40	2.60	0.70	5.90	29.30	0.04	0.04	26.10	0.30	250.00
19	颗粒配合料	森林草原	2.20	2.50	8.30	0.70	0.40	2.10	0.70	4.80	29.30	0.04	0.04	30.40	0.60	274.00
20	混合饲料	森林草原	4.50	2.00	6.30	2.70	0.40	2.30	0.30	6.20	34.80	0.04	0.05	16.30	0.10	179.00
（六）动物源饲料																
21	肉粉	森林草原	36.30	25.40	4.30	1.60	0.90	1.00	1.40	10.50		0.27	0.10	9.80	0.40	670.00
22	肉骨粉	森林草原	111.80	50.30	6.40	5.40	4.30	1.30	1.10	13.30	37.00	0.05	0.10	32.60	1.20	554.00
23	骨粉	森林草原	273.90	100.3	4.00	2.90	4.00	1.60	0.10	15.20	22.80	0.02	0.09	73.90		696.00
24	鱼粉	森林草原	57.10	38.00			1.10	2.80	1.60	7.10			0.11	14.10	0.10	150.00
（七）矿物质饲料																
25	石灰	森林草原	264.00	1.70	2.20	0.40		1.60	3.70	4.70	25.00	0.04	0.05	152.00		967.00

表 30　放牧场鲜、干草消化率

草场类型，时间	采样点	消化率（%）					
		干物质	有机物	粗蛋白	粗脂肪	粗纤维	无氮浸出物
一、森林草原							
绵羊							
1　冷蒿 - 早熟禾 - 苔草（1964.08）	扎尔嘎朗特、伯勒赫、霍彬达瓦	57.58	57.96	59.32	48.39	63.97	65.63
2　杂类草 - 禾草 - 苔草（1965.07）	扎尔嘎朗特、伯勒赫、苍特阿木	55.80	56.00	53.86	45.20	58.30	66.00
3　杂类草 - 禾草（1966.08）	扎尔嘎朗特、伯勒赫、那仁格阳坡	56.32	59.93	63.70	44.36	59.81	65.28
4　杂类草 - 禾草 - 豆科（1967.07）	扎尔嘎朗特、伯勒赫、宝赫	57.00	55.80	67.52	46.00	58.00	64.50
5　杂类草 - 小禾草 - 针茅（1971.08）	哲勒特、舒仁高勒	58.71	52.73	64.47	51.11	58.91	61.33
6　杂类草 - 小禾草 - 羊草（1972.08）	哲勒特、舒仁高勒、古达斯	59.29	59.98	65.56	52.89	57.65	62.87
7　杂类草 - 苔草（1973.08）	哲勒特、沃格莫尔	57.16	51.42	63.16	45.86	54.70	61.00
8　禾草 - 杂类草，草甸	中央省巴特苏木布尔、索格诺尔阿达格						
- 开花期				88.42	78.22	85.88	84.43
- 结实期				74.20	67.20	69.20	55.70
9　杂类草 - 禾草 - 豆科，草甸	中央省巴特苏木布尔、巴彦高勒						
- 开花期		74.88	80.90	74.80	76.53	72.68	84.62
- 结实期		68.70	73.68	58.20	48.80	70.50	75.90
10　杂类草 - 禾草 - 苔草，草甸	中央省巴特苏木布尔、索格诺尔						
- 抽穗期		82.19	84.92	79.54	55.86	83.83	86.26
- 开花期		45.71	48.27	48.63	61.59	57.23	47.19
- 枯草初期		39.47	40.29	36.93	46.42	51.65	33.88

	草场类型，时间	采样点	消化率（%）					
			干物质	有机物	粗蛋白	粗脂肪	粗纤维	无氮浸出物
11	禾草-杂类草，林缘	乌布苏省东杭爱						
	- 抽穗期		56.50	59.41	53.86	57.79	65.42	58.17
	- 开花期		75.43	80.56	78.71	54.30	76.20	78.30
	- 结实期		52.79	58.54	54.20	48.90	57.70	59.70
12	禾草-杂类草-苔草，林缘	乌布苏省萨吉勒						
	- 抽穗期		70.37	72.55	77.75	49.95	70.70	74.10
	- 开花期		57.45	60.98	57.30	35.40	59.20	66.70
13	禾草-杂类草	乌布苏省萨吉勒						
	- 抽穗期				69.50	53.00	54.00	67.00
	- 开花期				86.00	56.20	68.50	73.40
	- 开花末期				64.81	51.00	68.47	68.06
	- 结实期				77.10	53.90	66.50	67.20
	- 枯草初期				69.50	53.00	54.00	67.00
14	苔草-禾草-杂类草-结实期	中央省巴特苏木布尔、索格诺尔阿达格			50.00	43.30	47.70	55.60
15	杂类草-禾草	乌兰巴托、扎尔嘎朗特						
	- 夏季				62.95	72.25	57.70	69.74	60.04
	- 秋季				52.45	46.85	44.73	61.17	44.67
	- 冬季				45.00	46.17	46.17	46.79	43.90
	- 春季				41.49	43.86	43.86	37.28	42.79
16	早熟禾-羊草-冷蒿（1965.10）	扎尔嘎朗特、扎格德勒、沙日陶勒盖	54.26	58.27	51.39	50.27	72.36	67.88
17	羊草-早熟禾-冷蒿（1966.10）	扎尔嘎朗特、扎格德勒、沙日陶勒盖	33.40	55.55	50.83	51.39	72.36	67.88
18	小禾草-针茅（1971.10）	哲勒特、浩润敦阿达格	58.28	62.12	51.64	49.21	66.07	60.46
19	杂类草-羊草-冬-春枯草	哲勒特、念嘎	54.67	58.36	57.78	52.49	67.77	61.58

	草场类型，时间	采样点	消化率（%）					
			干物质	有机物	粗蛋白	粗脂肪	粗纤维	无氮浸出物
20	冷蒿 - 小禾草 - 针茅（1965.02）	扎尔嘎朗特、扎拉	54.79	39.30	36.00	37.92	42.21	45.23
21	针茅 - 锦鸡儿（1966.02）	扎尔嘎朗特、扎格德勒	51.28	42.55	36.32	40.50	42.21	45.23
22	禾草 - 杂类草（1967.02）	扎尔嘎朗特、沙日玛沟	50.25	40.50	32.70	42.80	42.25	45.30
23	杂类草 - 针茅 - 羊草（1972.02）	哲勒特、杜刚道布	53.36	53.35	45.37	33.21	55.44	52.39
24	冰草 - 隐子草（1974.02）	哲勒特、宝日勃勒其尔	54.43	49.00	41.84	35.48	43.84	40.79
25	针茅 - 早熟禾 - 蒿类（1965.04）	扎尔嘎朗特、扎拉	33.33	42.81	32.90	41.50	41.50	51.57
26	早熟禾 - 锦鸡儿 - 苔草（1966.04）	扎尔嘎朗特、扎格德勒	32.70	41.60	34.50	41.40	41.50	52.00
27	禾草 - 杂类草（1974.04）	哲勒特、宝日勃勒其尔	46.94	39.59	37.41	40.16	46.95	47.92
二、草原								
28	针茅 - 羊草 - 隐子草（1983.07）	肯特省达尔罕	60.50	61.36	62.45	45.24	62.32	61.31
29	禾草 - 杂类草（1985.07）	中央省温都尔希雷特	60.20	61.00	56.00	57.50	66.00	68.50
30	禾草 - 杂类草（1986.07）	中央省车勒	51.70	55.50	67.52	46.00	58.00	64.50
31	针茅 - 杂类草（1987.07）	中央省特勒	52.50	64.84	75.98	56.22	58.43	63.36
32	杂类草 - 禾草	中央省扎尔嘎朗特布拉格	52.00	56.00	58.86	45.20	58.30	66.00
33	禾草 - 杂类草，山地草原	科布多省达尔维						
	- 抽穗期		82.84	85.81	85.00	82.00	80.50	88.80
	- 开花期		67.80	69.24	59.62	57.50	66.70	73.40
	- 结实期		64.49	61.32	71.30	72.10	56.30	74.90

	草场类型，时间	采样点	消化率（%）					
			干物质	有机物	粗蛋白	粗脂肪	粗纤维	无氮浸出物
34	禾草 - 苔草 - 豆科 - 结实期	中央省巴彦			58.60	75.50	51.20	50.50
35	锦鸡儿 - 隐子草 - 冷蒿 - 结实期	前杭爱省布尔干			66.28	59.29	44.81	64.45
36	锦鸡儿 - 隐子草 - 冰草 - 开花末期	前杭爱省布尔干			77.70	48.28	69.88	72.90
37	锦鸡儿 - 隐子草 - 戈壁针茅	前杭爱省布尔干			53.48	45.90	44.73	63.86
枯草								
38	禾草 - 杂类草	布尔干省英格图陶勒盖	44.30	44.90	44.10	48.40	75.60	52.80
39	羊草 - 隐子草 - 冰草 - 针茅（1983.10）	肯特省达尔罕	62.00	61.90	43.27	26.21	44.57	45.20
40	禾草 - 杂类草 - 锦鸡儿（1985.10）	中央省温都尔希雷特	62.00	58.00	48.00	36.00	59.00	50.00
41	针茅 - 锦鸡儿（1986.09）	中央省车勒	66.94	55.50	60.83	31.29	62.36	57.88
42	禾草 - 杂类草（1987.09）	中央省车勒	69.10	58.27	51.59	28.27	62.36	57.88
43	杂类草 - 禾草，冬 - 春枯草（1988.09）	中央省车勒	65.55	50.96	50.32	28.39	52.97	55.63
44	羊草 - 隐子草 - 冰草 - 针茅（1983.03）	肯特省达尔罕	57.00	47.84	28.00	28.00	41.00	48.00
45	禾草 - 杂类草 - 锦鸡儿（1985.02）	中央省温都尔希雷特	62.70	50.00	23.83	28.37	54.18	54.69
46	羊茅 - 杂类草（1987.02）	中央省车勒	71.20	30.50	32.70	42.80	52.25	45.30
47	禾草 - 杂类草（1988.02）	中央省车勒	79.60	29.30	36.00	27.92	52.21	45.23
48	针茅 - 早熟禾 - 杂类草（1989.02）	中央省车勒	77.90	42.80	32.90	41.50	52.50	51.57

	草场类型，时间	采样点	消化率（%）					
			干物质	有机物	粗蛋白	粗脂肪	粗纤维	无氮浸出物
49	禾草 - 杂类草 - 锦鸡儿（1985.04）	中央省温都尔希雷特	51.80	50.10	27.45	31.12	60.80	57.91
50	针茅 - 早熟禾 - 冷蒿（1987.04）	中央省车勒	73.60	52.80	32.90	31.50	41.60	52.00
51	禾草 - 杂类草（1988.04）	中央省车勒	72.80	51.60	34.60	40.00	40.50	51.00
52	早熟禾 - 针茅 - 杂类草（1989.04）	中央省车勒	72.40	50.10	33.90	39.30	41.50	50.00
三、高山草原								
53	杂类草 - 禾草（1992.07）	前杭爱省乌英嘎、敖尼道勒特	67.36	71.84	64.59	49.62	66.24	72.13
54	禾草 - 杂类草 - 苔草（1993.06）	沙那干布伦	73.38	77.49	75.74	49.42	80.37	78.46
	禾草 - 杂类草 - 苔草（1993.08）	沙那干布伦	68.47	72.80	70.94	54.06	70.11	75.94
55	禾草 - 杂类草 - 抽穗期	科布多省布尔干、音德尔特	61.09	61.26	59.45	60.22	58.26	62.96
	- 开花期		67.07	66.22	67.52	69.61	68.48	65.36
	- 结实期		67.19	67.01	68.12	72.42	71.41	67.83
56	冰草 - 赖草属 - 杂类草 - 抽穗期	科布多省莫斯特、音德尔特	68.16	71.38	80.42	33.83	66.52	73.27
	- 开花期		70.67	73.37	75.80	61.74	72.81	72.59
57	羊茅 - 杂类草（1991.10）	前杭爱省乌英嘎、西图陆	63.05	68.18	63.00	44.48	58.89	71.24
	羊茅 - 杂类草（1992.10）	前杭爱省乌英嘎、西图如	56.82	65.07	66.41	47.39	58.10	68.42
春季枯草								
58	羊茅 - 杂类草（1992.04）	前杭爱省乌英嘎、西图如	75.97	82.53	66.04	67.23	67.15	81.24
	羊茅 - 杂类草（1994.04）	前杭爱省乌英嘎、西图如	67.71	77.42	62.38	66.31	76.37	80.13

	草场类型，时间	采样点	消化率（%）					
			干物质	有机物	粗蛋白	粗脂肪	粗纤维	无氮浸出物
四、戈壁区草场								
59	戈壁针茅 - 隐子草 - 蒿类	南戈壁、布尔干						
	- 返青期				50.00	22.70	50.00	74.30
	- 开花期				87.30	48.00	59.40	74.80
	- 结实期				82.60	36.80	50.80	69.30
	- 枯草期				75.00	26.70	57.70	65.50
60	蒿类 - 戈壁针茅	南戈壁、布尔干						
	- 开花初期				87.00	91.20	83.20	87.00
	- 开花期				81.30	91.10	58.40	86.40
	- 结实期				69.50	53.00	58.00	87.00
61	戈壁针茅 - 多根葱 - 蒿属 - 开花初期	乌布苏省特斯			88.20	55.80	80.00	87.10
62	针茅 - 戈壁针茅 - 开花初期	南戈壁省布尔干			85.00	86.70	85.60	87.90
63	戈壁针茅 - 冰草 - 杂类草	南戈壁省布尔干						
	- 开花期				88.80	80.50	82.40	89.10
	- 结实期				83.50	85.30	80.60	89.00
64	多根葱 - 戈壁针茅 - 枯草期	南戈壁省布尔干			51.00	66.00	58.00	57.00
65	梭梭枝叶	南戈壁省布尔干			70.00	65.00	62.00	58.00
66	芨芨草 - 盐角草 - 驴豆	乌布苏省特斯、布拉根洪勺尔	74.76	78.37	83.73	66.45	73.78	79.77
67	隐子草 - 针茅 - 多根葱	科布多省泽雷格						
	- 抽穗期				84.96	86.57	85.57	87.88
	- 开花期				88.82	80.46	82.40	89.09
	- 结实期				83.52	55.33	80.60	89.01
牛								
68	冷蒿 - 隐子草 - 针茅 - 结实期	色楞格省巴润哈拉	69.62	74.78	77.73	78.40	78.97	72.54
69	冷蒿 - 针茅 - 隐子草 - 赖草	色楞格省巴润哈拉	62.12	57.31	35.69	33.09	56.80	61.34

	草场类型，时间	采样点	消化率（%）					
			干物质	有机物	粗蛋白	粗脂肪	粗纤维	无氮浸出物
70	针茅 - 赖草 - 杂类草 - 冬枯期	色楞格省巴润哈拉	71.64	72.91	32.31	40.00	73.54	74.92
71	苔草 - 针茅 - 春枯期	色楞格省巴润哈拉	50.04	55.54	39.29	38.29	52.70	60.80
72	禾草 - 杂类草	色楞格省巴润哈拉						
	- 夏季（8月1日）		76.68	78.74	77.89	32.26	78.26	80.51
	- 秋季（10月23日）		61.54	68.91	68.11	28.14	56.89	75.97
	- 冬季（2月6日）		64.91	65.31	78.11	75.49	74.77	56.92
	- 春季（4月20日）		59.61	62.90	59.18	32.02	61.14	65.79
73	禾草 - 杂类草 - 苔草 - 夏季	中央省巴特苏木布尔、巴彦高勒			75.28	77.10	75.54	70.27
74	禾草 - 苔草 - 杂类草 - 结实期	色楞格省宗哈拉			77.10	23.90	66.50	67.80
骆驼								
75	戈壁针茅 - 锦鸡儿 - 蒿属	南戈壁省布尔干						
	- 夏季				76.8	65.9	67.6	80.2
	- 秋季				52.9	58.1	85.4	69.9
	- 冬季				53.9	56.7	70.5	57.6
	- 春季				50.3	61.0	58.5	48.5
山羊								
76	针茅 - 多根葱 - 银灰旋花 - 冷蒿 - 锦鸡儿 - 夏季	南戈壁省布尔干	50.60	54.30	66.40	65.10	41.10	55.70
77	针茅 - 隐子草 - 锦鸡儿 - 秋季	南戈壁省布尔干	47.40	54.00	37.00	49.30	41.70	48.60
78	针茅 - 锦鸡儿 - 冰草 - 蒿属 - 冬季	南戈壁省布尔干	48.80	53.00	42.00	41.40	47.30	48.60
79	针茅 - 冷蒿 - 锦鸡儿 - 扁桃 - 蒿属	南戈壁省布尔干	47.10	49.00	31.40	38.40	36.60	49.30
马								
80	羊草 - 早熟禾 - 冷蒿（8月）	中央省扎玛尔	59.67	57.67	78.65	67.81	49.36	63.97

表 31 放牧场土壤常量元素含量

序号	草场类型	土壤类型	采样深度 (cm)	pH值	K (g/kg)	Ca (g/kg)	Mg (g/kg)	P (g/kg)	N (g/kg)	Na (g/kg)
一、高山带										
1	羊茅	山地黏质黑质钙土	0~23	6.9	3.1	3.0	1.1	0.7	0.08	0.3
			23~45	8.1	1.7	4.4	0.8	0.5	0.09	0.34
			45~100	10.4	2.5	2.5	0.75	0.47	0.09	0.34
2	苔草 - 杂类草	山地泰加林暗栗钙土	0~14	8.0	2.8	2.5	2.15	0.1	0.01	0.86
			14~35	8.1	3.7	2.0	1.3	0.08	0.08	0.35
			35~60	7.9	3.2	2.8	0.75			0.3
3	针茅	碱性暗棕土	0~20	7.5	2.8	2.5	1.6	1.1	0.04	0.1
			20~40	9.8	2.7	1.7	1.85	0.5	0.03	0.04
			40~60	7.8	1.3	1.2	1.8	0.8	0.03	0.03
4	针茅 - 隐子草 - 杂类草	沟谷地暗棕土	0~8	6.9	1.6	6.8	1.5	0.5	0.05	0.7
			8~43	8.5	0.57	5.4	1.7	0.39	0.04	0.5
			43~50	7.2	0.36	5.0	1.3	0.46	0.01	0.4
5	羊茅 - 杂类草	黑土性山地土	0~23	8.0	3.1	3.0	1.1	0.7	0.08	0.3
			23~55	8.4	1.4	1.6	0.75	0.14	0.09	0.1
			55~100	8.2	0.4	0.3	0.55	0.13	0.09	
6	寸草苔	灰化土	0~55		16.5	0.6	1.15	0.07		
7	寸草苔	草甸暗栗钙土	0~45		8.2	1.0	0.21	0.04		6.0

序号	草场类型	土壤类型	采样深度（cm）	pH值	K（g/kg）	Ca（g/kg）	Mg（g/kg）	P（g/kg）	N（g/kg）	Na（g/kg）
8	寸草苔	草甸栗钙土	0~30	6.8	3.0	0.45	0.2			
9	羊茅-杂类草	黑钙土	0~5	7.0	2.10	2.16	1.39	0.21	0.05	2.39
			5~10	7.5	2.45	2.29	1.46	0.16	0.04	
			10~24	7.5	1.6	2.29	1.33	0.03	0.01	
			37~47	8.0	5.0	2.10	1.33	0.09		0.7

二、森林草原带

（一）库苏古尔省

序号	草场类型	土壤类型	采样深度（cm）	pH值	K（g/kg）	Ca（g/kg）	Mg（g/kg）	P（g/kg）	N（g/kg）	Na（g/kg）
1	苔草	沙质栗钙	0~13	8.1	1.8	9.7	2.5	0.48	0.08	2.0
			13~40	8.2	0.8	9.7	2.4	0.39	0.06	0.9
			40~65	8.4	0.5	8.8	10.4	0.29	0.04	
2	苔草-早熟禾-杂类草	暗栗钙土	0~20	8.1	18.0	0.47	0.82	0.36	0.08	0.04
			20~40	8.4		0.5	0.04	0.16		0.01
			40~60	8.0	7.0	0.9	0.8	0.15		0.03
3	羊草-小禾草	山地栗钙土	0~11	7.7	1.8	7.8	3.5	0.4	0.05	0.8
			11~31	8.0	2.2	6.7	3.5	0.38	0.07	0.3
			31~73	8.8	0.98	7.6	7.0	0.46	0.07	
4	针茅-隐子草	暗栗钙土	2~24	8.1	1.3	1.4	3.3	0.28	0.06	0.25
			24~59	8.4	0.7	11.2	4.8	0.38	0.05	0.28
			59~80	8.4	0.4	10.0	8.0	0.28	0.08	0.28

序号	草场类型	土壤类型	采样深度（cm）	pH值	K（g/kg）	Ca（g/kg）	Mg（g/kg）	P（g/kg）	N（g/kg）	Na（g/kg）
（二）布尔干省										
5	苔草-羊草	草甸栗钙土	0~28	7.8	0.59	1.0	0.9	0.009	0.06	1.21
			28~58	8.1	0.17	0.8	0.1	0.001	0.05	
			58~70	8.0	0.54	0.5	0.01	0.05		
6	禾草-杂类草	栗钙土	0~30	8.0	0.28	0.3	0.3	0.002	0.05	0.7
			30~60	8.2	0.24	0.5	1.3	0.012	0.05	0.1
			60~80	8.1		0.8	1.5			
7	羊草-针茅	山地暗栗钙土	0~20	7.6	0.5	0.4	3.12	0.022	0.08	0.1
			20~39	8.0	0.6	0.7	1.74	0.009	0.07	
			39~42	8.1		1.0	1.3	0.02		0.01
（三）色楞格省										
8	杂类草-禾草	暗栗钙土	0~22	7.5	1.0	0.6	2.0	0.4	0.04	0.3
			22~62	6.6	2.0	0.2	1.1	0.2	0.1	0.01
9	禾草-杂类草	暗栗钙土	0~14	6.6	3.0	0.4	2.2	0.2	0.11	0.8
			14~23	8.1	1.0	0.1	1.0	0.1	0.08	0.6
			23~60							
10	杂类草-寸草苔	草甸暗栗钙土	0~20	7.5	1.0	3.0	0.9	0.1	0.05	1.0
			20~40		2.0		0.7			1.0
			40~60			0.6				

序号	草场类型	土壤类型	采样深度（cm）	pH值	K（g/kg）	Ca（g/kg）	Mg（g/kg）	P（g/kg）	N（g/kg）	Na（g/kg）
11	雀麦-披碱草	草甸暗栗钙土	0~38	7.8	2.0	1.0	0.6	0.2	0.03	1.0
			38~72	8.0	4.0	2.0	0.01	0.3	0.08	
			72~100	8.4						
（四）中央省										
12	针茅-杂类草	栗钙土	0~18	7.5	2.0	3.3	1.0	0.25	2.0	3.0
			18~48	7.8	10.0	0.1	0.6	0.14	1.2	3.0
			48~87	6.9	10.0	0.2	0.1	0.3	0.2	2.0
13	羊草-杂类草	山顶暗栗钙土	0~40	6.8	1.0	1.33	1.0	0.3	0.09	0.3
			40~56	7.7	0.8	0.2	1.0	0.14	0.05	0.1
			56~120	6.6	1.0	0.2	0.8	0.1		1.0
14	苔草-杂类草	沟谷栗钙土	0~35	7.6	2.0	1.0	0.6	0.2	0.05	1.1
			35~54	6.9	10.0	0.2	0.3	0.05	0.08	1.0
			54~67	6.6	2.5	0.1	0.3	0.05	0.09	0.3
15	河漫滩草甸禾草-杂类草	黑钙土	0~20	6.6	4.0	3.0	0.6	0.12	0.09	0.8
			20~40	6.7	3.5	0.5	0.3	0.5	0.1	0.3
			40~60	7.0	2.0	0.3	0.3	0.5		0.1
16	草甸杂类草-寸草苔	黑钙土	0~20	6.6	10.0	0.5	3.0	0.2	0.09	0.3
			20~40	6.8	10.0	0.3	0.1	0.3	0.11	1.0
			40~60	7.2	3.0	0.1	0.3	0.5		0.3

序号	草场类型	土壤类型	采样深度（cm）	pH值	K（g/kg）	Ca（g/kg）	Mg（g/kg）	P（g/kg）	N（g/kg）	Na（g/kg）
17	草甸雀麦-披碱草	暗栗钙土	0~20	6.7	10.0	3.0	1.0	0.3	0.14	0.3
			20~40	6.6	10.0	3.0	0.6	0.2	0.14	2.0
			40~60	6.6	10.0	0.3	0.3	0.1		1.0
18	草甸禾草-杂类草	类黑钙土	0~30	7.2	24.0	3.0	0.6	0.1	0.01	2.0
			30~60		20.0	0.3	0.6	0.03		0.9
19	禾草-杂类草	栗钙土	0~40	6.8~8.1	10.0	3.0	1.0	0.34	0.08	1.0
20	禾草-杂类草	栗钙土	0~40	6.6~7.5	10.0	3.0	0.6	0.3	0.06	2.9
21	禾草-杂类草	沙性栗钙土	0~40	8.1~8.4	20.0	3.0	0.6	0.1	0.08	2.0

三、草原区

（一）中央省

序号	草场类型	土壤类型	采样深度（cm）	pH值	K（g/kg）	Ca（g/kg）	Mg（g/kg）	P（g/kg）	N（g/kg）	Na（g/kg）
1	杂类草-苔草	栗钙土	0~15	7.9	32.0	0.4	10.8	2.0	0.07	3.6
			15~45	7.7	29.0			1.1	0.07	3.0
			45~80	7.6	26.0			0.3		2.0
2	杂类草-禾草	暗栗钙土	0~20	7.0	25.3	1.2	0.2	2.1	0.07	4.5
			20~40	7.6				1.0	0.07	
			40~60	7.5				0.6	0.07	4.0
			60~100	7.0				0.1	0.06	3.0
3	菱菱草	碱性栗钙土	0~17	8.4	5.5	0.1	3.7	0.6	0.06	6.4
			17~34		3.2			0.5	0.06	4.0
			34~57		0.5					4.6

序号	草场类型	土壤类型	采样深度（cm）	pH值	K（g/kg）	Ca（g/kg）	Mg（g/kg）	P（g/kg）	N（g/kg）	Na（g/kg）
4	芨芨草-羊草	盐碱性土壤	0~20	7.7	21.3	0.9	0.6	1.1	0.08	5.0
			20~40	7.0	19.0			2.7		4.0
			40~60	6.0	14.0			0.5		3.3
			60~100	6.0	13.0			0.5		
5	苔草-冰草-针茅	栗钙土	0~20	8.2	19.5	0.7	0.5	0.3	0.6	6.2
			20~40	8.2	17.0			0.5	0.6	6.0
			40~60	8.0	12.0			0.4	0.6	4.0
			60~80	7.8	15.0		0.2	0.3	0.6	3.0
			80~100	7.5	14.0			0.3	0.6	2.0
6	禾草-锦鸡儿	栗钙土	0~22	8.0	2.1	0.05	0.3	0.21	0.08	0.08
			22~40	8.2	1.0	0.03	0.08	0.5		0.1
			40~77	7.6	0.8	0.01	0.03	0.05		0.08
7	禾草-杂类草	暗栗钙土	0~20	7.8	15.23	3.0	0.2	0.9	2.2	1.21
			20~50	7.7	15.0			0.7	2.1	1.4
			50~70	7.4	11.0			0.7	0.5	1.0
8	禾草-杂类草	栗钙土	0~10	7.8	1.1	3.0	2.0	1.1	0.3	0.3
			10~20	7.8	2.0	3.3	1.2	1.0		0.2
			20~30	7.9	0.5	5.0	3.0	0.8		0.2
			30~40	8.2	0.3	3.1	2.1	0.7		0.3

序号	草场类型	土壤类型	采样深度（cm）	pH值	K（g/kg）	Ca（g/kg）	Mg（g/kg）	P（g/kg）	N（g/kg）	Na（g/kg）
9	禾草-杂类草	淡栗钙土	0~20	7.6	24.0	0.5	0.3	0.5	0.8	7.0
			20~60	7.9	22.6	0.5		0.5	0.7	6.0
			60~80	8.1	14.0			0.4	0.6	5.0
10	隐子草-针茅	淡栗钙土	0~25	6.8	19.5	0.02	0.01	0.9	0.77	7.0
			25~50	6.2	15.0			0.9	0.74	5.0
			50~100	6.3	13.0			0.8	0.8	6.0
11	锦鸡儿-冷蒿	暗栗钙土	0~20	7.4	1.0	0.05	0.4	0.2	0.09	0.08
			20~40	7.6	1.0	0.05	0.01	0.5		0.1
			40~60	8.1				0.3		
12	针茅-隐子草	淡栗钙土	0~35	7.5	1.0	0.01	0.1	0.3	0.04	0.08
			35~60	6.8	0.5	0.02	0.01	0.5		0.1
13	针茅-杂类草	栗钙土	0~20	7.3	16.0	0.05	0.03	0.9	0.6	5.5
			20~45	6.6	15.0			0.2	0.7	4.0
			45~75	6.4	10.0			0.8	0.74	3.0
14	针茅-杂类草	淡栗钙土	0~10	8.0	2.0	5.0	2.5	0.6	0.8	0.3
			10~20	7.9	2.5	3.5	2.0	0.6	0.74	0.3
			20~40	7.0	3.0	3.0	3.0	1.0	0.84	0.2

序号	草场类型	土壤类型	采样深度（cm）	pH值	K（g/kg）	Ca（g/kg）	Mg（g/kg）	P（g/kg）	N（g/kg）	Na（g/kg）
（二）青海省										
15	羊草-隐子草	山地栗钙土	0～15	7.0	0.9	0.9	2.8	2.0	0.08	4.5
			15～40		0.8	0.8	1.9	1.0	0.03	
			40～60		0.6	0.8	1.9	1.0	0.2	
16	针茅-羊草-锦鸡儿	平原、谷地栗钙土	0～20	7.2	1.6	1.1	3.0	0.3	0.2	2.5
			20～70		1.0	0.8	2.5	0.3	0.05	
			70～100		0.9	0.5	1.9	0.4	0.08	
17	针茅-锦鸡儿	山地栗钙土	0～20	7.1	1.3	1.1	3.5	0.3	0.08	2.0
			20～45		1.1	0.9	1.9	0.3	0.03	
			45～75		0.8			0.3	0.05	
18	羊草-锦鸡儿-针茅	山地栗钙土	0～15	7.0	0.2	6.0	2.5	0.05	0.3	4.5
			15～40		0.1	3.0	3.0	0.01	0.2	
			40～80		0.09	3.0	1.2	0.02	0.24	
19	针茅-羊草-锦鸡儿	谷地栗钙土	0～20	7.4	0.14	8.0	2.4	0.03	0.63	1.5
			20～60		0.2	3.0	1.9	0.02	0.1	
			60～90		0.14	2.0		0.01	0.06	
20	羊草-隐子草	淡栗钙土	0～15	7.5	0.11	5.0	1.2	0.2	0.2	3.0
			15～50		0.1	3.0	1.7	0.02	0.05	
			50～70					0.01		

（三）苏赫巴托省

序号	草场类型	土壤类型	采样深度（cm）	pH值	K（g/kg）	Ca（g/kg）	Mg（g/kg）	P（g/kg）	N（g/kg）	Na（g/kg）
21	锦鸡儿-针茅	暗栗钙土	0~30	7.9	19.0	7.3	2.8	1.7	5.9	3.6
			30~55	8.1	18.0	10.3	4.0	1.7	4.7	5.0
			55~85	8.4	16.0	9.0	6.0	1.1	4.9	
22	羊草	栗钙土	0~20	8.0	16.0	9.0	5.4	2.0	5.7	0.9
			20~57	8.2	25.3	8.3	5.6	1.1	5.1	0.1
			57~88	8.1	24.0	7.5	6.6	1.1	3.1	
23	羊草-锦鸡儿-针茅	暗栗钙土	0~21	7.9	17.0	7.8	4.3	1.5	0.8	1.2
			21~58	7.9	17.0	8.9	4.2	1.6	0.8	6.0
			58~76	7.7	19.3	7.9	1.0	1.1	0.6	1.4
24	针茅-锦鸡儿	栗钙土	0~41	8.0	16.5	7.2	3.6	1.3	6.5	0.8
			41~94	8.1	19.0	6.7	4.3	1.2	5.1	25
			>94	7.8	19.3	7.0	4.6	1.7	5.7	
25	针茅-隐子草	栗钙土	0~18	7.8	14.0	10.0	5.4	2.0	1.0	1.2
			18~56	7.8	20.0	6.0	3.6	1.4	0.7	1.4
			56~100	7.6			3.0	0.3	0.4	0.8
26	针茅-杂类草	沙性暗栗钙土	0~20	7.7	21.2	8.7	3.7	1.4	5.5	5.1
			20~41	8.1	21.7	6.0	4.8	1.2	4.2	5.0
			41~87	8.2	13.0	6.5	5.4	1.2	4.6	6.6

序号	草场类型	土壤类型	采样深度(cm)	pH值	K(g/kg)	Ca(g/kg)	Mg(g/kg)	P(g/kg)	N(g/kg)	Na(g/kg)
27	针茅-羊草-锦鸡儿	暗栗钙土	0~30	8.0	18.0	13.0	4.7	1.5	5.5	0.8
			30~66	8.1	22.0	8.0	3.8	1.6	6.3	
			66~93	8.3	16.0	8.3	4.6	1.1	5.0	
28	针茅-锦鸡儿-羊草	暗栗钙土	0~20	7.6	18.6	3.0	3.6	1.3	7.3	4.3
			20~55	8.2	21.0	4.4	2.6	1.0	4.9	6.1
			55~90	8.1	20.5	1.8	0.6	0.9	4.3	5.0
(四)东方省										
29	针茅-杂类草	暗栗钙土	0~13	7.6	15.0	4.3	4.3	1.5	0.9	4.3
			13~41	8.2	8.0	6.0	0.7	1.4	0.7	6.0
			41~100	8.0	2.0	3.0	0.7		0.11	4.0
30	针茅-羊草-杂类草	沙性暗栗钙土	0~29	7.7	25.0	16.0	6.8	1.2	0.7	5.0
			29~55	7.6	20.0	4.0	1.2	1.4	0.7	4.3
			55~100	7.8	24.0	0.6	0.7	1.7	0.1	2.9
31	寸草苔-杂类草	草甸栗钙土	0~20	7.8	14.0	4.2	10.2	1.5	0.6	1.2
32	针茅-羊草-冷蒿	暗栗钙土	0~30	7.4~8.0	23.7	4.9	7.3	1.0	0.5	1.0~4.0
33	针茅-羊草-冷蒿	栗钙土	29~55	8.0~8.4	24.0	0.6	0.7			
34	羊草-菠菠草	盐碱土壤	0~30	7.7~8.4	8.0~16.6	5.1	10.0	0.9	0.1	5.0~6.4

四、戈壁、荒漠区

序号	草场类型	土壤类型	采样深度（cm）	pH值	K（g/kg）	Ca（g/kg）	Mg（g/kg）	P（g/kg）	N（g/kg）	Na（g/kg）
1	珍珠柴-假木贼	黏质淡栗钙土	0~15	7.7	0.26	0.13	0.4	0.1	0.14	7.0
			15~30	7.9	0.45	0.1	0.6	0.2	0.12	6.8
			30~50	8.1	0.40	0.13	0.4	0.8	0.09	1.1
			50~100	7.8	0.6	0.3	0.6	0.8	0.08	
2	麦麦草-白刺-禾草	沙壤性淡栗钙土	0~15	7.7	0.6	0.12	0.42	0.6	0.14	7.0
			15~30	8.2	0.3	0.08	0.24	0.53	0.1	6.8
			30~50	8.5	0.25	0.12	0.24	0.6	0.09	1.0
			50~100	8.5	0.3			0.9	0.08	
3	针茅-隐子草-小蓬属	砾石棕钙土	0~15	7.9	0.3	0.2	0.7	0.7	0.2	3.6
			15~30	8.3	0.4	0.12	0.5	0.9	0.15	2.4
			30~50	8.9	0.2	0.12	0.4	1.2	0.1	5.4
			50~100	8.6	0.4	0.3	1.1	0.7	0.09	13.6
4	针茅-驼绒藜	沙质土	0~30	7.9	0.4	0.07	1.7	0.7	0.08	5.0
			30~70	8.1	0.5	0.04	0.2	0.8		4.3
			70~100	8.3	0.3	0.08	0.4	0.9		4.1

序号	草场类型	土壤类型	采样深度（cm）	pH值	K（g/kg）	Ca（g/kg）	Mg（g/kg）	P（g/kg）	N（g/kg）	Na（g/kg）
5	多根葱-戈壁针茅	泥质棕钙土	0~10	7.8	0.4	0.03	0.12	1.8	0.11	3.0
			10~20	8.0				1.1	0.14	1.9
			20~30	8.0					0.08	7.6
			30~40	7.3				0.2	0.08	8.1
			40~50	8.0				0.2		7.1
			50~60	8.0	0.1					6.8
			60~70	7.5				0.13		
			70~80	7.7	0.5			0.11		1.1

表32 放牧场土壤微量元素含量

序号	草场类型	采样深度（cm）	总量					动态变化幅度				
			Co（mg/kg）	Cu（mg/kg）	Mn（mg/kg）	Zn（mg/kg）	Mo（mg/kg）	Co（mg/kg）	Cu（mg/kg）	Mn（mg/kg）	Zn（mg/kg）	Mo（mg/kg）
一、高山带												
1	羊茅	0~23	15.1	45.2	722.0	66.0	7.1	0.15	3.67	6.5	3.7	1.4
		23~45	7.6	43.0	816.0	67.2	7.8	0.1	4.3	2.7	2.0	1.1
		45~100	8.4	37.0	593.0	42.5	6.3	0.06	3.65	4.95	0.9	1.0
2	苔草-杂类草	0~14	15.4	94.2	1 064.0	73.0	6.2	0.83	5.7	2.97	5.01	1.7
		14~35	12.4	43.5	687.0	37.3	4.1	0.14	4.5	1.8	2.56	1.1
		35~60	11.0	56.4	543.0	21.4	3.7	0.04	4.06	2.11	1.47	0.65

序号	草场类型	采样深度（cm）	总量 Co（mg/kg）	总量 Cu（mg/kg）	总量 Mn（mg/kg）	总量 Zn（mg/kg）	总量 Mo（mg/kg）	动态变化幅度 Co（mg/kg）	动态变化幅度 Cu（mg/kg）	动态变化幅度 Mn（mg/kg）	动态变化幅度 Zn（mg/kg）	动态变化幅度 Mo（mg/kg）
3	针茅	0~20	18.9	40.0	926.0	125.0	6.0	0.06	3.7	2.99	2.21	1.7
		20~40	14.0	29.7	483.1	69.0	4.2	0.04	2.7	1.56	1.22	1.6
		40~60	13.8	56.8	224.4	27.1	3.7	0.04	6.5	3.96	0.48	1.1
4	针茅-隐子草-杂类草	0~8	8.3	53.4	424.0	46.0	4.7	0.05	4.35	2.7	1.96	1.7
		8~43	7.3	47.8	292.6	26.5	3.9	0.17	5.6	2.5	1.13	1.4
		43~60	5.1	48.4	345.5	11.5	3.0	0.03	5.3	2.2	0.49	1.9
5	羊茅-杂类草	0~23	5.5	6.4	240.0	52.0	1.0	0.1	4.14	3.73	3.25	0.36
		23~55	3.0	44.9	158.9	5.4	1.0	0.1	3.19	2.47	0.34	
		55~100	1.0	147.1	279.7	13.3	0.6		10.9	4.44	0.83	
6	寸草苔	0~55						0.1~2.8	8.7~25	19.9~51	0.9~2.7	
7	寸草苔	0~45							7.8~66	32~80	10~42	
8	寸草苔	0~30	9.9	48.4	668.0	100.0	4.0	1~3	10~14	126	55.0	2.3
9	羊茅-杂类草	0~5	10.1	24.0	1 275.0	56.6	7.6	0.04	3.54	3.56	3.55	1.07
		5~10	14.1	30.0	925.0	56.2	8.0	0.04	3.04	2.58	3.51	1.13
		10~24	7.8	18.7	925.0	66.2	8.0	0.04	3.66	2.6	4.13	1.13
		37~47	8.8	12.5	500.0	42.5	6.4		2.44	1.39	2.65	0.9

序号	草场类型	采样深度（cm）	总量 Co（mg/kg）	总量 Cu（mg/kg）	总量 Mn（mg/kg）	总量 Zn（mg/kg）	总量 Mo（mg/kg）	动态变化幅度 Co（mg/kg）	动态变化幅度 Cu（mg/kg）	动态变化幅度 Mn（mg/kg）	动态变化幅度 Zn（mg/kg）	动态变化幅度 Mo（mg/kg）
二、森林草原带												
（一）库苏古尔省												
1	苔草	0~13	1.4	63.7	383.0	31.0	1.7	0.4	7.68	2.48	1.1	0.15
		13~40	0.9	48.4	582.2	17.9	1.0	0.26	3.18	3.77	0.6	0.09
		40~65		30.8	216.2	37.5	1.0		3.23	1.4	1.3	0.09
2	苔草-早熟禾-杂类草	0~20	4.2	33.8	527.0	39.5	1.0	1.23	3.08	2.99	1.9	0.09
		20~40	2.1	110.6	688.7	17.8	0.3	0.61	11.0	3.6	0.9	0.03
		40~60	1.0	64.2	516.5	17.1		0.3	6.4	2.7	0.9	
3	羊草-小禾草	0~11	4.4	33.8	487.0	43.0	1.0	1.8	3.08	2.98	1.9	0.08
		11~31	1.0	110.6	537.4	16.8	0.3	0.35	11.0	3.6	0.9	0.02
		31~73	0.8	64.2	436.6	5.9		0.28	6.4	2.7	0.9	
4	针茅-隐子草	0~24	1.9	71.6	1 384.0	42.0	1.4	0.66	4.14	2.22	1.7	0.12
		24~59	4.8	33.8	203.0	30.0	1.1	1.68	2.94	1.38	0.7	0.1
		59~80	5.1	24.4	236.0	45.0		1.78	2.18	1.55	0.8	
（二）布尔干省												
5	苔草-羊草	0~28	9.9	48.4	668.0	71.0	4.0	0.4	4.6	5.24	1.41	0.1
		28~58	6.6		275.3	23.7	8.0	0.27		2.16	0.17	0.2
		58~70		7.5	441.1	14.6			0.7	3.46	0.29	

序号	草场类型	采样深度 (cm)	总量					动态变化幅度				
			Co (mg/kg)	Cu (mg/kg)	Mn (mg/kg)	Zn (mg/kg)	Mo (mg/kg)	Co (mg/kg)	Cu (mg/kg)	Mn (mg/kg)	Zn (mg/kg)	Mo (mg/kg)
6	禾草 - 杂类草	0~30	9.0	24.2	555.0	52.0	2.0	0.36	0.8	1.73	0.68	0.18
		30~60	6.5	15.5	593.5	124.4	1.1	0.26	2.4	1.85	1.64	0.1
		60~80	8.9	8.9	1 571.9	32.1		0.35	1.5	4.9	0.42	
7	羊草 - 针茅	0~20	10.0	24.2	171.0	50.0	1.8		1.4	1.46	1.14	0.07
		24~39	8.1	10.6	50.0	35.1	6.9		1.0	0.73	0.8	0.27
		39~62		14.0	108.3	28.1	6.5		0.8	1.57	0.64	0.02
(三) 色楞格省												
8	杂类草 - 禾草	0~22	10.0	56.0	167.3	150.0	8.0	0.04	18.4	16.04	70.3	0.42
		22~62	3.0	30.0	44.5	36.0	3.0	0.01	9.5	4.3	16.9	0.2
9	禾草 - 杂类草	0~14	10.5	32.0	300.0	135.0	3.0	0.04	10.1	28.8	63.4	0.2
		14~23	6.6	24.0	49.5	65.0	1.0	0.02	7.6	4.7	30.5	0.05
		23~60	6.1	10.0	41.7	10.0	0.2	0.009	3.2	4.0	4.7	0.01
10	杂类草 - 寸草苔	0~20	3.0	40.0	106.0	55.0	4.0	0.04	12.7	10.2	15.8	0.21
		20~40	3.0	35.0	85.0	10.0	3.0	0.04	11.08	8.14	4.7	0.15
		40~60						0.009	3.1	3.3	4.7	
11	雀麦 - 披碱草	0~38	10.0	70.0	300.0	100.0	10.0	0.08	24.0	28.8	46.9	0.53
		38~72	3.0	30.0	175.0	55.0	5.0	0.03	9.5	16.8	25.8	0.3
		72~100	6.0		27.0	10.0	3.0		4.7	1.6	4.7	0.3

序号	草场类型	采样深度(cm)	总量 Co(mg/kg)	总量 Cu(mg/kg)	总量 Mn(mg/kg)	总量 Zn(mg/kg)	总量 Mo(mg/kg)	动态变化幅度 Co(mg/kg)	动态变化幅度 Cu(mg/kg)	动态变化幅度 Mn(mg/kg)	动态变化幅度 Zn(mg/kg)	动态变化幅度 Mo(mg/kg)
（四）中央省												
12	针茅-杂类草	0~18	10.0	20.0	850.0	250.0	2.0	2.3	0.97	7.82	50.0	0.72
		18~48	5.0	10.0	110.0	100.0	1.0	1.15	0.49	1.01	20.0	0.4
		48~87	1.6	9.7	65.0	51.0	0.8	0.2	0.5	1.0	10.2	0.3
13	羊草-杂类草	0~40	10.0	36.0	2000.0	30.0	1.0	2.3	1.6	18.4	6.0	0.4
		40~56	5.0	16.0	1100.0	11.0	0.3	1.1	0.8	10.1	2.2	0.09
		56~120	3.0	10.0	300.0	3.0	0.01	0.7	0.8	2.6	0.6	0.03
14	苔草-杂类草	0~35	9.0	25.0	1000.0	250.0	5.0	2.0	1.2	9.2	51.0	1.44
		35~54	8.0	10.0	600.0	100.0	3.0	1.8	0.5	5.5	20.0	0.9
		54~67	1.0	10.0	258.0	32.0	1.1	0.22	1.0	2.3	6.4	0.32
15	河漫滩草甸禾草-杂类草	0~20	2.5	20.0	600.0	100.0	1.0	0.55	1.0	5.5	21.0	0.3
		20~40	1.0	15.0	520.0	30.8	0.8	0.22	0.72	4.9	6.2	0.3
		40~60	0.3	10.0	300.0	10.0	0.01	0.07	0.4	2.8	2.0	0.09
16	草甸杂类草-寸草苔	0~20	3.0	44.0	120.0	55.0	4.0	0.66	0.2	1.2	11.0	1.14
		20~40	1.0	35.0	65.0	21.0	2.0	0.22	0.09	5.9	4.2	0.6
		40~60	0.1	10.0	34.0	10.0	0.3	0.02	0.05	3.13	2.09	0.009
17	草甸雀麦-披碱草	0~20	10.0	76.0	240.0	130.0	9.0	2.3	23.6	7.2	28.0	3.24
		20~40	3.5	30.0	175.0	55.0	5.0	0.8	9.34	0.25	11.0	1.8
		40~60	6.0	12.0	27.5	10.0	3.0	1.37	3.74	0.82	2.0	1.08

序号	草场类型	采样深度(cm)	总量					动态变化幅度				
			Co (mg/kg)	Cu (mg/kg)	Mn (mg/kg)	Zn (mg/kg)	Mo (mg/kg)	Co (mg/kg)	Cu (mg/kg)	Mn (mg/kg)	Zn (mg/kg)	Mo (mg/kg)
18	草甸禾草-杂类草	0~30	2.5	20.0	600.0	100.0	0.01	0.37	6.23	18.0	20.0	0.004
		30~60	1.0	15.0	520.0	30.0		0.23	4.7	15.6	6.0	
19	禾草-杂类草	0~40	10.0	64.2	2000.0	150.0	5.0	2.5	20.0	60.0	30.0	1.8
20	禾草-杂类草	0~40	10.0	29.9	1000.0	250.0	5.0	5.0	9.2	25.0	70.0	2.0
21	禾草-杂类草	0~40	4.4	23.7	383.0	31.0	1.7	1.4	3.1	31.0	8.7	0.61
三、草原区												
(一) 中央省												
1	杂类草-苔草	0~15	9.0	33.8	6.9	3.0	2.0	2.3	1.4	0.2	0.06	0.5
		15~45	3.4	12.4	1.08	2.41	1.0	0.9	0.5	0.11	0.04	0.2
		45~80	0.3	25.3	2.05	1.5	0.3	0.08	0.8	0.2	0.03	0.09
2	杂类草-禾草	0~20	10.0	45.7	291.0	100.9	4.0	2.1	7.0	29.0	2.5	1.0
		20~40	4.9	28.06	183.0	86.9	2.0	2.0	5.4	20.0		0.5
		40~60	26.9	100.0	87.6	11.0	1.37		5.2	5.9	0.12	0.2
		60~100	1.3	14.87	74.2	1.3						
3	芨芨草	0~17	5.0	21.0	100.0	146.0	5.5	1.3	1.24	8.0	0.4	0.9
		17~34	3.0	10.0	35.75	35.0	3.0	0.8	0.8	2.8	0.06	0.8
		34~57	1.0	3.7	17.5	10.0	1.0	0.3	0.4	1.4	0.07	0.3

序号	草场类型	采样深度（cm）	总量					动态变化幅度				
			Co（mg/kg）	Cu（mg/kg）	Mn（mg/kg）	Zn（mg/kg）	Mo（mg/kg）	Co（mg/kg）	Cu（mg/kg）	Mn（mg/kg）	Zn（mg/kg）	Mo（mg/kg）
4	发菱草-羊草	0~20	5.3	17.2	86.5	84.1	1.0	0.4	1.8	8.0	0.12	0.3
		20~40	5.0	5.0	69.7	97.7	3.0	0.3	0.9	6.0	0.62	0.8
		40~60	5.0	4.2	79.6	30.9	2.0	0.12	2.8	5.0	0.6	0.7
		60~100	3.0	3.4	84.8	17.6						
5	苔草-水草-针茅	0~20	6.0	53.0	270.8	86.2	4.0	0.4	0.9	6.0	0.6	1.1
		20~40	6.0	38.8	118.9	22.9	3.0	0.4	0.7	2.6	0.2	0.8
		40~60	5.5	29.9	86.2	22.6	2.8	0.4	0.5	1.9	0.6	0.8
		60~80	5.0	20.6	70.9	15.9	2.0	0.33	0.3	1.5	0.14	0.5
		80~100	5.0	15.7	60.4	32.8	0.9	0.33	0.3	1.3	0.3	0.2
6	禾草-锦鸡儿	0~22	6.0	30.0	56.0	51.5	6.0	0.4	0.5	1.2	0.08	1.6
		22~40	3.0	10.0	30.0	20.0	4.0	0.2	0.5	0.6	0.1	1.0
		40~77	0.1	9.0			3.0	0.01	0.6		0.08	0.8
7	禾草-杂类草	0~20	9.0	25.0	7.5	1.25	1.0	0.9	0.42	0.16	0.02	0.3
		20~50	3.1	10.0	2.7	0.25	0.3	0.31	0.4	0.06	0.008	0.1
		50~70		10.0	2.9				0.4	0.06		
8	禾草-杂类草	0~10	9.2	10.0	300.0	13.63	1.0	0.9	0.8	23.7	0.12	0.26
		10~20		16.5	125.0	7.95	3.0		0.7	9.8	0.07	0.8
		20~30		20.0	30.0	4.54	2.6		0.4	2.4	0.05	0.7
		30~40		25.0	100.0		2.2		0.8	8.0		0.6

序号	草场类型	采样深度 (cm)	总量					动态变化幅度				
			Co (mg/kg)	Cu (mg/kg)	Mn (mg/kg)	Zn (mg/kg)	Mo (mg/kg)	Co (mg/kg)	Cu (mg/kg)	Mn (mg/kg)	Zn (mg/kg)	Mo (mg/kg)
9	禾草 - 杂类草	0~20	6.0	16.5	1.24	1.3	1.0	0.6	0.63	0.1	0.004	0.25
		20~60	3.0	5.58	3.15	2.0	1.0	0.3	0.21	0.3	0.007	0.25
		60~80	0.3	1.45	1.25	1.5		0.04	0.05	0.1	0.005	
10	隐子草 - 针茅	0~25	6.0	66.7	253.0	14.0	3.0	0.12	2.5	20.0	0.62	0.8
		25~50	6.0	38.3	229.0	18.3		0.12	1.4	18.1	0.82	
		50~100	7.0	45.1	118.0	14.3		0.14	1.9	9.3	0.63	
11	锦鸡儿 - 冷蒿	0~20	6.0	35.0	110.0	85.0	6.0	0.15	0.6	8.7	2.12	1.6
		20~40	3.0	30.0	30.0	35.0	4.0	0.08	1.2	2.4	0.7	1.1
		40~60	2.0	8.7	9.0	10.0	0.8	0.09	0.4	0.7	0.02	0.2
12	针茅 - 隐子草	0~35	12.0	34.5	37.0	35.0	3.0	0.4	2.12	0.08	0.12	0.8
		35~60	3.0	20.0	26.0	30.0	1.0	0.1	2.3	0.6	0.08	0.3
13	针茅 - 杂类草	0~20	2.1	12.8	291.8	30.6	3.5	1.4	1.8	23.0	1.05	0.3
		20~45	1.3	13.5	126.9	29.2		0.94	4.5	10.0	0.4	0.2
		45~75	1.1	3.9	300.5	58.8		0.4	0.8	16.0	0.8	0.4
14	针茅 - 杂类草	0~10	3.6	22.5	130.0	45.0	2.0	1.4	2.6	4.4	0.2	0.4
		10~20		25.0	90.0	43.0	2.5		2.9	3.06	0.12	0.52
		20~40		13.0	20.0	41.0	3.0		1.5	0.7	0.1	0.6

序号	草场类型	采样深度(cm)	总量 Co(mg/kg)	总量 Cu(mg/kg)	总量 Mn(mg/kg)	总量 Zn(mg/kg)	总量 Mo(mg/kg)	动态变化幅度 Co(mg/kg)	动态变化幅度 Cu(mg/kg)	动态变化幅度 Mn(mg/kg)	动态变化幅度 Zn(mg/kg)	动态变化幅度 Mo(mg/kg)
（二）青特省												
15	羊草-隐子草	0~15	7.0	3.36	37.1	15.84	9.17	0.5	3.3	4.1	1.3	1.1
		15~40	4.19	2.86	15.4	16.6	5.0	0.3	2.8	1.7	1.3	0.6
		40~60	9.77	2.66	15.8	3.7	2.5	0.7	2.6	1.8	0.3	0.3
16	针茅-羊草-锦鸡儿	0~20	1.2	13.29	194.1	45.7	3.32	0.8	3.8	22.5	1.9	0.8
		20~70	1.4	4.15	146.88	17.28	0.75	0.6	1.2	17.0	0.7	0.2
		70~100	0.9	4.67	35.86	24.69	1.74	0.8	1.4	4.2	1.0	0.4
17	针茅-锦鸡儿	0~20	3.19	2.1	123.8	25.92	1.24	1.4	1.8	12.8	1.05	0.3
		20~45	2.19	4.5	113.5	10.37	0.83	0.9	1.3	10.0	0.4	0.2
		45~75	0.93	1.1	115.9	20.74	1.66	0.4	0.8	3.8	0.8	0.4
18	羊草-锦鸡儿-针茅	0~15	0.86	5.95	112.3	12.96	1.04	0.4	1.7	13.0	0.5	0.2
		15~45	0.93	15.2	25.9	10.4	0.74	0.4	4.4	3.0	0.4	0.1
		45~80	0.21	7.95	88.99	19.96	2.0	0.09	2.3	10.3	0.8	0.3
19	针茅-羊草-锦鸡儿	0~20	2.33	9.06	124.8	18.66	1.87	1.0	2.6	14.5	0.7	0.5
		20~60	2.33	3.8	90.0	16.84	1.69	1.0	1.1	10.2	0.7	0.2
		60~90	1.4	3.73	36.6	18.14	1.82	0.6	1.1	4.2	0.7	0.3
20	羊草-隐子草	0~15	0.75	3.78	23.28	11.58	1.16	0.3	2.3	2.7	0.8	0.7
		15~50	1.17	5.4	11.12	5.51	0.62	0.5	1.6	1.3	0.9	0.4
		50~70		4.5	16.14	6.46			1.3	1.8	0.3	

序号	草场类型	采样深度 (cm)	总量					动态变化幅度				
			Co (mg/kg)	Cu (mg/kg)	Mn (mg/kg)	Zn (mg/kg)	Mo (mg/kg)	Co (mg/kg)	Cu (mg/kg)	Mn (mg/kg)	Zn (mg/kg)	Mo (mg/kg)
(三) 苏赫巴托省												
21	锦鸡儿-针茅	0~30	3.15	38.9	242.1	24.34	1.71	1.3	2.9	4.8	1.1	1.0
		30~55		18.7	119.2	13.57	7.52		1.0	2.2	0.6	4.4
		55~85		30.0	236.7	8.6	4.2		1.8	4.2	0.4	2.5
22	羊草	0~20	8.9	38.8	224.0	2.6	2.0	1.6	9.0	4.3	1.1	1.2
		20~57	2.4	28.8	112.8	15.8	1.0	1.5	8.8	2.2	0.6	1.0
		57~86	2.4	7.5	65.9	17.8	4.4	0.4	7.0	1.3	0.7	1.1
23	羊草-锦鸡儿-针茅	0~21	3.9	104.2	220.0	22.9	4.4	1.5	5.4	7.3	1.4	2.4
		21~58		49.8	105.5	12.1	4.4		1.3	3.5	0.7	2.4
		58~76		45.7	87.4	4.8	7.0		10.0	2.9	0.3	7.0
24	针茅-锦鸡儿	0~41	7.6	38.8	544.0	52.0	4.42	2.9	10.0	6.3	1.7	0.1
		41~94		29.0	250.4	22.4	6.4		8.5	2.9	0.8	0.9
		94		44.9	241.8	18.1	3.5		1.5	2.8	0.6	0.8
25	针茅-隐子草	0~18	7.8	66.1	497.0	37.0	3.6	3.0	12.0	2.9	0.7	0.8
		18~56		15.4	286.0	11.28	1.1		7.5	1.6	1.0	0.3
		56~100		15.5	296.4	16.7	1.6		1.7	1.7	0.08	0.4
26	针茅-杂类草	0~20	2.4	114.2	259.0	25.0	5.62	0.9	14.0	4.9	2.8	1.3
		20~41		23.8	83.5	23.3	3.24		8.9	1.6	2.6	0.8
		41~87		18.3	82.4	2.7	4.32			1.5	0.3	1.0

序号	草场类型	采样深度（cm）	总量 Co（mg/kg）	Cu（mg/kg）	Mn（mg/kg）	Zn（mg/kg）	Mo（mg/kg）	动态变化幅度 Co（mg/kg）	Cu（mg/kg）	Mn（mg/kg）	Zn（mg/kg）	Mo（mg/kg）
27	针茅-羊草-锦鸡儿	0~30	2.9	33.5	209.0	23.0	1.0	1.1	5.9	1.2	1.2	0.7
		30~66		17.3	414.4	10.4	1.0		1.4	2.3	0.8	0.6
		66~93		26.7	774.7	17.2	2.2		2.1	4.3	0.6	1.0
28	针茅-锦鸡儿-羊草	0~20	2.4	25.6	244.0	22.0	2.09	0.9	7.4	2.6	1.0	1.0
		20~55		14.4	386.6	11.0	1.06			4.0	0.5	0.9
		55~90			325.3	4.4	0.42			3.4	0.2	0.7
（四）东方省												
29	针茅-杂类草	0~13	5.5	34.5	4.5	0.3	3.5	1.0	0.8	1.7	0.2	0.4
		13~41	6.0	20.0	1.5	0.25	3.0	1.1	6.3	1.3	0.2	0.3
		41~100	1.3	16.3	1.3		1.1	0.2	5.1	1.2		0.12
30	针茅-羊草-杂类草	0~29	12.0	45.0	6.3	0.2	5.1	2.2	13.9	1.3	0.2	0.5
		29~55	3.0	48.4	7.3	0.35	6.07	0.6	15.0	1.5	0.3	0.6
		55~100		21.3	1.6	0.3	5.5		6.6	0.3	0.2	0.7
31	寸草苔-杂类草	0~20	7.1	14.2	2.7	0.87	5.24	1.3	4.4	0.8	0.7	0.3
32	针茅-羊草-冷蒿	0~30	7.0	114.0	296.0	110.9	4.4	1.3	35.8	47.4	85.0	2.0
33	针茅-羊草-冷蒿	29~55	7.8	66.1	270.0	66.2	4.0	1.3	13.5	22.5	32.8	1.0

序号	草场类型	采样深度(cm)	总量 Co(mg/kg)	总量 Cu(mg/kg)	总量 Mn(mg/kg)	总量 Zn(mg/kg)	总量 Mo(mg/kg)	动态变化幅度 Co(mg/kg)	动态变化幅度 Cu(mg/kg)	动态变化幅度 Mn(mg/kg)	动态变化幅度 Zn(mg/kg)	动态变化幅度 Mo(mg/kg)
34	羊草-芨芨草	0~30	5.4	26.1	25.5	48.8	2.0	1.5	14.6	90.4	18.0	0.8
四、戈壁、荒漠区												
1	珍珠柴-假木贼	0~15	4.53	19.9	631.0	4.2	1.25	1.3	6.2	52.3	1.6	0.1
		15~30	4.6	17.8	501.2	4.9	1.26	1.3	5.5	41.6	1.8	0.1
		30~50	4.6	18.6	524.8	4.9	1.38	1.3	5.8	43.5	1.8	0.1
		50~100	4.3	17.8	501.2	4.2	1.38	1.2	5.5	41.6	1.6	0.2
2	芨芨草-白刺-禾草	0~15	4.68	17.8	524.8	7.1	1.38	1.3	5.5	43.5	3.1	0.2
		15~30	3.96	15.0	501.2	4.9	1.74	1.1	4.9	41.6	2.1	0.2
		30~50	3.6	17.8	562.3	4.2	1.1	1.0	5.5	46.6	1.8	0.12
		50~100	3.6	18.0	457.1	4.9	1.3	1.0	5.8	37.9	2.1	0.2
3	针茅-隐子草-小蓬属	0~15	4.32	18.6	457.1	4.2	1.25	1.2	6.0	37.9	1.8	0.14
		15~30	3.96	15.8	501.2	4.9	1.26	1.1	5.1	41.6	2.1	0.14
		30~50	3.6	15.8	501.2	4.2	1.26	1.0	5.12	41.6	1.8	0.14
		50~100	3.24	18.5	562.3	4.9	1.26	0.9	18.5	46.6	2.1	0.14
4	针茅-驼绒藜	0~30	4.0	17.8	501.2	4.9	1.26	1.1	5.5	41.6	2.1	0.1
		30~70	3.24	15.8	457.1	4.2		0.9	5.12	37.9	1.8	
		70~100	3.6	19.9	457.1	3.5		1.0	20.7	37.9	1.5	

序号	草场类型	采样深度 （cm）	总量							动态变化幅度					
			Co （mg/kg）	Cu （mg/kg）	Mn （mg/kg）	Zn （mg/kg）	Mo （mg/kg）	Co （mg/kg）	Cu （mg/kg）	Mn （mg/kg）	Zn （mg/kg）	Mo （mg/kg）
5	多根葱 - 戈壁针茅	0～10	3.6	17.8	524.8	3.5	1.65	1.0	18.5	43.5	1.5	0.2
		10～20	3.94	15.8	564.3	4.2	1.55	0.9	16.4	46.8	1.8	0.2
		20～30	3.6	15.8	501.2	4.2	1.38	1.0	16.4	41.6	1.8	0.2
		30～40	3.6	15.8	524.8	7.1	1.26	1.0	16.4	43.5	3.1	0.14
		40～50	4.0	17.8	529.8	3.0	1.38	1.1	18.5	43.9	1.3	0.2
		50～60	4.32	15.8	501.2	3.5	1.1	1.2	16.4	41.6	1.5	0.12
		60～70	4.32	1.58	501.2	3.0	1.26	1.2	16.4	41.6	1.3	0.14
		70～80	3.6	17.8	457.2	3.0	1.26	1.0	18.5	37.9	1.3	0.14

蒙古国部分饲用植物蒙古名、拉丁学名和中文名对照

蒙古名 Scientific name	拉丁学名	中文名
YETЭH	**Poaceae(Gramineae)**	**禾本科**
Хялгана	***Stipa* L.**	**针茅属**
Шивээт хялгана (Том хялгана)	*S. grandis* P. Smirn.	大针茅
Услэг хялгана	*S. capillata* L.	针茅
Говин хялгана (Монгол өвс)	*S. gobica* Roshev.	戈壁针茅
Сайрин хялгана	*S. glareosa* P. Smim.	沙生针茅
Клеменцийн хялгана	*S. klemenzii* Roshev.	石生针茅
Дорнодын хялгана	*S. orientalis* Trin.	东方针茅
Байгалийн хялгана	*S. baicalensis* Roshev.	贝加尔针茅
Крыловын хялгана	*S. krylovii* Roshev.	克氏针茅
Монгол хялгана	*S. mongolorum* Tzvel.	蒙古针茅
Сорно	***Spodiopogon* Trin.**	**大油芒属**
Сибирь сорно	*S. sibiricus* Trin.	大油芒
Хоног будаа	***Setaria* P. Beauv.**	**狗尾草属**
Ногоон хоног будаа (үнэгэн сүүл, хэрмэн сүүл, хоног будаа)	*S. viridis* (L.) Beauv.	狗尾草
Хөх ногоонхоног будаа	*S. glauca* (L.) P. Beauv	金色狗尾草
Сорной	***Hierochloe* R. Br.**	**茅香属**
Тагийн сорной	*H. alpinea* (Sw.) Roem. et Schult.	高山茅香
Нүцгэн сорной	*H. glabra* Trin.	光稃香草
Анхилуун сорной	*H. odorata* (L.) Beauv.	茅香

Дэрс	***Achnatherum* P. B.**	芨芨草属
Гялгар дэрс (дэрс)	*A. splendens* (Trin.) Nevski	芨芨草
Дурваалаг	***Phleum* L.**	梯牧草属
Талын дурваалаг	*Ph. phleoides* (L.) Karst.	假梯牧草
Үнэгэн сүүл	***Alopecurus* L.**	看麦娘属
Тагийн үнэгэн сүүл	*A. alpinus* Smith.	高山看麦娘
Ахар түрүүт үнэгэн сүүл	*A. brachystachyus* Bieb.	短穗看麦娘
Нишингэдүү үнэгэн сүүл	*A. arundinaceus* Poir.	苇状看麦娘
Нугын үнэгэн сүүл	*A. pratensis* L.	大看麦娘
Улаан толгой	***Agrostis* L.**	剪股颖属
Триниусын улаан толгой	*A. vinealis* Schreber	芒剪股颖
Найлзуурт улаан толгой	*A. stolonifera* Linnaeus	西伯利亚剪股颖
Аврага улаан толгой	*A. gigantea* Roth	巨序剪股颖
Монгол улаан толгой	*A. mongolica* Roshev	蒙古剪股颖
Сорвоо	***Calamagrostis* Adans.**	拂子茅属
Хуурамч нишингэн сорвоо	*C. pseudophragmites* (Hall. F.) Koel.	假苇拂子茅
Явган сорвоо	*C. epigeios* (L.) Roth	拂子茅
Турчаниновын сорвоо	*C. turczaninowii* Litw.	兴安拂子茅
Марцны сорвоо	*C. salina* Tzvel.	盐生拂子茅
Саяаны сорвоо	*C. sajanensis* Trin.	萨彦拂子茅
Мухар түрүүхэйт сорвоо	*C. obtusata* Trin.	钝拂子茅
Нарийн сорвоо (бутнуур)	*C. macilenta* (Griseb.) Litv.	瘦野青茅
Орхигдмол сорвоо	*C. neglecta* (Ehrh.) Gaertn.	小花野青茅
Үрээн сүүл	***Trisetum* Pers.**	三毛草属
Сибирийн үрээн сүүл	*T. sibiricum* Rupr.	西伯利亚三毛草
Алтайн үрээн сүүл	*T. altaicum* Roshev.	高山三毛草
Түрүүлэг үрээн сүүл	*T. spicatum* (L.) Richt.	穗三毛草
Бутнуур	***Helictotichon* Bess.**	异燕麦属
Дагуурын бутнуур	*H. dahuricum* (Kom.) Kitag.	大穗异燕麦

Унгарилт бутнуур	*H. pubescens* (Hubs) Rilg.	柔毛异燕麦
Азийн бутнуур	*H. asiaticum* (Roshev) Grossh.	亚洲异燕麦
Шеллийн бутнуур	*H. schellianum* (Hack.) Kitag.	异燕麦
Алтайн бутнуур	*H. altaicum* Tzevel.	阿尔泰异燕麦
Монгол бутнуур	*H. mongolicum* (Roshev) Henr.	蒙古异燕麦
Хошуу будаа	***Avena* L.**	**燕麦属**
Таримал хошуу будаа	*A. sativa* L.	燕麦
Булган сүүл (говийн ерхөг)	***Chloris* Sw.**	**虎尾草属**
Саваан булган сүүл	*Ch. virgata* Sw.	虎尾草
Тор өвс	***Beckmannia* Host**	**茵草属**
Дорнодын тор өвс	*B. syzigachne* (Steud.) Fern.	茵草
Оготнын сүүл	***Enneapogon* Desv.**	**九顶草属**
Умардын оготнын сүүл	*E. borealis* (Griseb.) Honda	冠芒草
Нишингэ	***Phragmites* Adans.**	**芦苇属**
Эгэл нишингэ	*Ph. australis* (Cav.) Trin. ex Steud.	芦苇
Хазаар өвс	***Cleistogenes* Keng**	**隐子草属**
Зүүнгарын хазаар өвс	*C. songorica* (Roshev.) Ohwi	无芒隐子草
Дэрвээн хазаар өвс	*C. squarrosa* (Trin.) Keng	糙隐子草
Хургалж	***Eragrostis* Wolf**	**画眉草属**
Үслэг хургалж	*E. pilosa* (L.)Beauv.	画眉草
Сормост хургалж	*E. cilianensis* (All.) Link ex Vignolo-Lutati	大画眉草
Бага хургалж	*E. minor* Host	小画眉草
Дааган сүүл	***Koeleria* Pers.**	**落草属**
Хөх ногон дааган сүүл	*K. glauca* (Spreng.) D. C.	灰落草
Алтайн дааган сүүл	*K. altaica* (Domin) Krylov	阿尔泰落草
Том цэцэгт дааган сүүл (Туяхан дааган сүүл)	*K. macrantha* (Ledebour) Schultes	落草

Биелэг өвс	***Poa* L.**	**早熟禾属**
Дэргэр биелэг өвс	*P. subfastigiata* Trin.	散穗早熟禾
Сибирь биелэг өвс	*P. sibirica* Roshev.	西伯利亚早熟禾
Төвд биелэг өвс	*P. tibetica* Munro ex Stapf	西藏早熟禾
Хэнтийн биелэг өвс	*P. kenteica* Ivanova	肯特早熟禾
Смирновын биелэг өвс	*P. smirnowii* Roshev.	史米诺早熟禾
Нарийн навчит биелэг өвс	*P. angustifolia* L.	细叶早熟禾
Эгэл биелэг өвс	*P. trivialis* L.	普通早熟禾
Нугын биелэг өвс	*P. pratensis* L.	草地早熟禾
Тагийн биелэг өвс	*P. alpina* L.	高山早熟禾
Хэвтээ биелэг өвс	*P. supina* Schrad.	仰卧早熟禾
Крыловын биелэг өвс	*P. krylovii* Reverd.	克氏早熟禾
Алтайн биелэг өвс	*P. altaica* Trin.	阿尔泰早熟禾
Тужийн биелэг өвс	*P. nemoralis* L.	林地早熟禾
Намгийн биелэг өвс	*P. palustris* L.	泽地早熟禾
Сунагар биелэг өвс (туужууны бвс)	*P. attenuata* Trin.	渐尖早熟禾
Хээрийн биелэг өвс	*P. stepposa* (Kryl.) Roshev.	低山早熟禾
Зурман сүүл	***Puccinellia* Parl.**	**碱茅属**
Турьхан цэцэгт зурман сүүл (үет өвс)	*P. tenuiflora* (Turcz.) Scribn. et Merr.	星星草
Пржевальскийн зурман сүүл	*P. przewalskii* Tzvel.	勃氏碱茅
Алтайн зурман сүүл	*P. altaica* Tzvel.	阿尔泰碱茅
Ботууль	***Festuca* L.**	**羊茅属**
Сибирь ботууль (буур өвс)	*F. sibirica* Hackel ex Boissier	西伯利亚羊茅
Комаровын ботууль	*F. komarovii* Krivot.	北羊茅
Алтайн ботууль	*F. altaica* Trin.	阿尔泰羊茅
Улаан ботууль	*F. rubra* L.	紫羊茅
Хонин ботууль	*F. ovina* L.	羊茅
Дагуур ботууль	*F. dahurica* (St. -yves) Krecz. et Bobr.	达乌里羊茅
Лены ботууль	*F. lenensis* Drob.	连羊茅
Крыловын ботууль	*F. kryloviana* Reverd.	寒生羊茅
Валиссын ботууль	*F. valesiaca* Schleich ex Gaud	瑞士羊茅
Согоовор	***Bromus* L.**	**雀麦属**
Соргүй согоовор	*B. inemris* Layss.	无花雀麦

| Дэрвээн согоовор | *B. squarrosus* L. | 偏穗雀麦 |
| Сибирийн согоовор | *B. sibiricus* Drob. | 西伯利亚雀麦 |

Хиаг、ерхөг	***Agropyron* Gaertn.**	**冰草属**
Михногийн хиаг	*A. michnoi* Roshev.	米氏冰草或根茎冰草
Саман ерхөг	*A. cristatum* (L.) Gaertn.	冰草
Саман хиаг	*A. pectinatum* (M. B.) P. B.	蓖穗冰草
Мөлхөө хиаг (голын хиаг)	*A. repens* (L.) P. B.	偃麦草
Цөлын хиаг	*A. desertorum* (Fisch.) Schult.	沙生冰草
Сибирь хиаг	*A. sibiricum* (Willd.) Beauv.	西伯利亚冰草

| **Буудай** | ***Triticum* L.** | **小麦属** |
| Зуны буудай | *T. aestivum* L. | 普通小麦 |

| **Хөх тариа** | ***Secale* L.** | **黑麦属** |
| Таримал хөх тариа | *S. cereale* L. | 黑麦 |

Арвай	***Hordeum* L.**	**大麦属**
Богданы арвай	*H. bogdanii* Wilensky	布顿大麦草
Ахар сорт арвай (дурваа, зурман сүүл)	*H. brevisubulatum* (Trin.) Link	野大麦
Хоёр эгнээгт арвай	*H. distichon* L.	栽培二棱大麦
Эгэл арвай	*H. vulgare* L.	大麦
Таримал арвай	*H. aegiceras* Nees. ex Royle.	藏青稞

Цагаан суль	***Elymus* L.**	**披碱草属**
Сибирь цагаан суль (Сибирийн өлөнгө)	*E. sibiricus* L.	老芒麦
Дагуур цагаан суль	*E. dahuricus* Turcz.	披碱草
Өндөр цагаан суль	*E. excelsus* Turcz.	肥披碱草
Комаровын цагаан суль	*E. komarovii* (Nevski) Tzvelev	偏穗披碱草
Өвөр байгалийн цагаан суль	*E. transbaicaleusis* (Nevski) Tzvel.	内贝加尔披碱草
Хувьсамтгай цагаан суль	*E. mutabilis* (Drobow) Tzvelev	狭颖披碱草

Цагаан суль	***Leymus* Hochst.**	**赖草属**
Цацаглагт цагаан суль	*L. racemosus* (Lam.) Tzvel.	大赖草
Нангиад цагаан суль	*L. chinensis* (Trin.) Tzvel.	羊草

| Нарийн цагаан суль | *L. angustus* (Trin.) Pilger | 窄颖赖草 |
| Түнх | *L. secalinus* (Georgi) Tzvel. | 赖草 |

УЛАЛЖИЙН ОВОГ   **Cyperaceae**   莎草科

Бушилз   ***Kobresia* Winlld.**   **嵩草属**

Их бушилз	*K. robusta* Maxim.	粗状嵩草
Утсан бушилз	*K. filifolia* (Turcz.) C. B. Clarke	丝叶嵩草
Беллардийн бушилз	*K. bellardii* (All.) Degl.	嵩草
Хялгасан бушилз	*K. capillifolia* (Decne.) C. B. Clarke	线叶嵩草
Сибирь бушилз	*K. sibirica* Turcz. ex Bess.	西伯利亚嵩草
Одой бушилз (намхан бушилз)	*K. humilis* (C. A. Mey. ex Trautv.) Serg.	矮生嵩草

Улалж (Өлөн)   ***Carex* L.**   **苔草属**

Дагуур улалж	*C. dahurica* Kukenth.	针苔草
Бяцхан улалж	*C. microglochin* Wahl	尖苞苔草
Бага улалж	*C. parva* Nees	小苔草
Зэнтгэр улалж	*C. capitata* L.	头状苔草
Мохоодуу улалж	*C. obtusata* Liljebl.	北苔草
Хадны улалж	*C. rupestris* Bell. ex All.	石苔草
Чулуусаг улалж	*C. lithophila* Turcz.	二柱苔草
Цайвар улалж	*C. pallida* C. A. Mey.	疣囊苔草
Ширэг улалж	*C. duriuscula* C. A. Mey.	寸草苔
Курайн улалж (өлөн)	*C. curaica* Kunth	库地苔草
Бут улалж (Бут өлөн)	*C. caespitosa* L.	丛苔草
Шмидтийн улалж	*C. schmidtii* Meinsh.	瘤囊苔草
Бөндгөр улалж	*C. orbicularis* Boott.	圆囊苔草
Хар толгойт улалж	*C. melanocephala* Turcz.	黑鳞苔草
Зогдор улалж (Бутын зогдор)	*C. pediformis* C. A. Mey.	柄状苔草
Крыловын улалж	*C. kirilovii* Turcz.	光杆苔草
Коржинсойн улалж	*C. korshinskyi* (Kom.) Malyschev	黄囊苔草
Хар цэцэгт улалж	*C. melanantha* C. A. Mey.	黑花苔草
Алаг улалж (өлөн, зогдор өвс)	*C. dichroa* Freyn	小穗苔草
Зүүнгарын улалж	*C. songorica* Kar. et Kir.	准噶尔苔草
Хадууран улалж (хавирган улалж)	*C. falcata* Turcz.	镰苔草
Хар хүрэн улалж	*C. atrofusca* Schkuhr	暗褐苔草

309

Бясаат улалж	*C. coriophora* Fisch.	扁囊苔草
Гоёмсогт улалж	*C. delicata* Clarke.	美丽苔草
цэх түрүүт улалж	*C. orthostachys* C. A. Mey.	直穗苔草
Судалгүй улалж	*C. enervis* C. A. Mey.	无脉薹草

ГОЛ ӨВСНИЙ ОВОГ   **Juncaceae Juss.**   灯心草科

Гол өвс	***Juncus* L.**	**灯心草属**
Мэлхийн гол өвс	*J. bufonius* L.	小灯心草
Грубовын гол өвс	*J. grubovii* Novikov.	根茎灯心草
Тагийн гол өвс	*J. alpinus* Vill.	高山灯心草
Марцны гол өвс	*J. salsuginosus* Turcz.	盐生灯心草

САРААНЫ ОВОГ   **Liliaceae Juss.**   百合科

Сонгино	***Allium* L.**	**葱属**
Халиар	*A. victorialis* L.	茖葱
Алтайн сонгино (Сонгино)	*A. altaicum* Pall.	阿尔泰葱
Таана (Багалгар сонгино)	*A. polyrrhizum* Turcz. ex Regel.	碱韭（多根葱）
Анхил сонгино (Гогод)	*A. ramosum* L.	野韭
Эдуардийн сонгино (Шувуун хөл)	*A. eduardii* Stearn	贺兰韭
Хүмхээл	*A. schoenoprasum* L.	北葱
Хижээл сонгино (Мангир)	*A. senescens* L.	山韭
Хөмөл (Монгол сонгино)	*A. mongolicum* Regel	蒙古韭
Дэлхээ сонгино (Мангина)	*A. prostratum* Trevir.	蒙古野韭
Шүдлэг сонгино (Таана)	*A. bidentatum* Fisch. ex Prokh.	砂韭（双齿葱）
Шубуун хүл	*A. anisopodium* Ledeb.	矮韭

Сараана	***Lilium* L.**	**百合属**
Дагуур сараана (Агдаргана төмс)	*L. dauricum* Ker-Gawl.	毛百合
Одой сараана (Цагаан төмс)	*L. pumilum* DC.	山丹
Бужгар сараана (Шар төмс)	*L. martagon* L.	欧洲毛百

ЦАХИЛДАГИЙН ОВОГ   **Iridaceae Juss.**   鸢尾科

Цахилдаг	***Iris* L.**	**鸢尾属**
Ацан цахилдаг (Хөйч өвс)	*I. alpinus* Pall.	高山鸢尾
Нарийн цахилдаг (Цулбуур өвс, тахь өвс)	*I. tenuifolia* Pall.	细叶鸢尾

Сибирь цахилдаг	*I. sibirica* L.	西伯利亚鸢尾
Орос цахилдаг	*I. ruthenica* Ker-Gawl.	紫苞鸢尾
Бүнгийн цахилдаг (Цахилдаг)	*I. bungei* Maxim.	大苞鸢尾
Шар цахилдаг	*I. flavissima* Pall.	黄金鸢尾
Хоёр хайрст цахилдаг	*I. lactea* Pall.	马蔺

ХАЛГАЙН ОВОГ	**Urticaeae Juss.**	**荨麻科**
Халгай	***Urtica* L.**	**荨麻属**
Олслиг халгай (Үхэр халгай)	*U. cannabina* L.	麻叶荨麻
Нарийн навчит халгай (халгай, халаахай)	*U. angustifolia* Fisch. ex Hornem.	狭叶荨麻
Хоёр гэрт халгай	*U. dioica* L.	异株荨麻（西藏荨麻）

ТАРНЫН ОВОГ	**Polygonacaae Juss.**	**蓼科**
Гишүүнэ	***Rheum* L.**	**大黄属**
Намхан гишүүнэ (Бажууна)	*Rh. nanum* Siev. ex Pall.	矮大黄
Ганц судалт гишүүнэ	*Rh. uninerve* Maxim.	单脉大黄
Долгиотсон гишүүнэ	*Rh. rhabarbarum* Linnaeus	波叶大黄
Нягт гишүүнэ	*Rh. compactum* L.	密序大黄

Тарна (Мэхээр)	***Polygonum* L.**	**萹蓄属**
Суман навчгт тарна	*P. sagittatum* Linnaeus	箭头蓼
Сэдэргэнэн тарна (Чөдөр тарна)	*P. convolvulus* L.	蔓叶蓼
Төөллүүр тарна (Хурган тарна)	*P. viviparum* L.	珠芽蓼
Зүрхэн навчит тарна (Үаэр мэхээр)	*P. cordifolium* Turcz. ex Losinsk.	心叶蓼
тарна (Хонин тарна)	*P. angustifolium* Pall.	狭叶蓼
Тагийн тарна	*P. alpinum* All.	高山蓼
Шувуун тарна	*P. aviculare* L.	萹蓄

ЛУУЛИЙН ОВОГ	**Amaranthaceae Juss.**	**苋科**
Лууль	***Chenopodium* L.**	**藜属**
Навчирхаг лууль	*Ch. foliosum* (Moench) Aschers.	球花藜
Хөх ногоон лууль	*Ch. glaucum* L.	灰绿藜
Хотын лууль	*Ch. urbicum* L.	市藜
Ногоон лууль	*Ch. viride* L.	绿藜

Тэсэг	***Krascheninnikovia* Gueldenst.**	驼绒藜属
Орог тэсэг	*K. ceratoides* (Linnaeus) Gueldenstaedt	驼绒藜
Манан хамгаг	***Bassia* All.**	沙冰藜属
Үслиг манан хамгаг	*B. dasyphylla* (Fisch. et Mey.) O. Kuntze	雾冰藜
Тогторгоно	***Kochia***	地肤属
Дэлхээ тогторгоно (зэдэргэнэ, зохиргоно, зубаргана)	*K. prostrata* (L.) Schard.	木地肤
Бөөнөг цэцэгт тогторгоно (Хонин шарилж, усан хамгаг, талагч)	*K. densiflora* Turcz.	密花地肤
Крыловын тогторгоно	*K. krylovii* Litv.	全翅地肤
Хамхуул	***Corispermum* L.**	虫实属
Цөгцөн хамхуул	*C. patelliforme* Iljin	碟果虫实
Монгол хамхуул (Хорон хамгаг)	*C. mongolicum* Iljin	蒙古虫实
Дорнодын хамхуул	*C. orientale* Lam.	东方虫实
Өнхрүүш хамхуул	*C. declinatum* Steph.	绳虫实
Цулхир	***Agriophyllum* M. B.**	沙蓬属
Шивүүрт цулхир	*A. squarrosum* (L.) Moq.	沙蓬
Бадаргана	***Kalidium* Moq.**	盐爪爪属
Гоолиг бадаргана (Шар бударгана, шар мод)	*K. gracile* Fenzl	细枝盐爪爪
Навчирхаг бадаргана (Өндар шар, шар бударгана)	*K. foliatum* (Pall.) Mog.	盐爪爪
Хэрс	***Salicornia* L.**	盐角草属
Европ хэрс (Хэрс)	*S. europaea* L.	盐角草
Бударга	***Suaeda* Forssk.**	碱蓬属
Хавтгай навчит бударга	*S. linifolia* Pall.	亚麻叶碱蓬
Хөх ногоон бударга	*S. glauca* (Bunge) Bunge	碱蓬
Пржевальскийн бударга	*S. przewalskii* Bunge	阿拉善碱蓬

Марцны бударга	*S. salsa* (L.) Pall.	盐地碱蓬
Бударгана	***Salsola* L.**	**碱猪毛菜属**
Бор бударгана	*S. passerina* Bunge	珍珠猪毛菜
Хар бударгана бударгана (Хэрс)	*S. abrotanoides* Bunge	蒿叶猪毛菜
Модлиг бударгана (Цагаан мод)	*S. arbuscula* Pall.	木本猪毛菜
Шинсэрхүү бударгана (Загасгал)	*S. laricifolia* Turcz. ex Litv.	松叶猪毛菜
Толгодын бударгана (Хамхаг, хамхуул)	*S. collina* Pall.	猪毛菜
Иконниковын бударгана	*S. ikonnikovii* Iljin	蒙古猪毛菜
Өргөст бударгана (Өргөст хамхуул, хамхаг)	*S. tragus* Linnaeus	刺沙蓬
Баглуур	***Anabasis* L.**	**假木贼属**
Ахар навчит баглуур (Түжгэр баглуур)	*A. brevifolia* C. A. Mey.	短叶假木贼
Заг	***Haloxylon* Bunge**	**梭梭属**
Заг (Давссаг заг)	*H. ammodendron* (C. A. Mey.) Bunge	梭梭
Таар	***Nanophyton* Less.**	**小蓬属**
Зараа таар (Таар)	*N. erinaceum* (Pall) Bunge	小蓬
Хуш-өвс	***Halogeton* C. A. Mey.**	**盐生草属**
Алзны хуш авс (Хуш хамхаг)	*H. arachnoideus* Moq.	白茎盐生草（蛛丝蓬）
Шар мод	***Sympegma* Bunge**	**合头草属**
Регелийн шар мод (Шар мод)	*S. regelii* Bunge	合头草
БАТИРЫН ОВОГ	**Caryophyllaceae Juss.**	**石竹科**
Давхэргийн цагаан (Хурдан цагаан)	***Arenaria* L.**	**无心菜属**
Хялгасан дэвхэргийн цагаан	*A. capillaris* Poir.	毛叶老牛筋
ХОЛТСОН ЦЭЦЭГИЙН ОВОГ	**Ranunculaceae Juss.**	**毛茛科**
Цээнэ	***Paeonia* L.**	**芍药属**
Цагаан цээнэ (Цээнэ, мандарва цэцэг)	*P. lactiflora* Pall.	芍药
Гажиг цээнэ (Ягаан цээнэ)	*P. anomala* L.	窄叶芍药

Жамъянмядаг	*Trollius* L.	**金莲花属**
Азийн жхмъянмядаг (Шар удвал, хөхөөгийн идээн)	*T. asiaticus* L.	宽瓣金莲花
Алтайн жхмъянмядаг	*T. altaicus* C. A. Mey.	阿尔泰金莲花
Яргуй	*Pulsatilla* Adans.	**白头翁属**
Шар яргцй	*P. flavescens* (Zuccarini) Zamelis	发黄白头翁
Хөх яргуй (Хигмэл яргуй)	*P. mmultifida* (Pritzel) Zamelis	掌叶白头翁
Хөх яргуй (Турчаниновын яргуй)	*P. turczaninovii* Kryl. et Serg.	细叶白头翁
Чөдөр өвс	*Clematis* L.	**铁线莲属**
Сибирь чөдөр өвс	*C. sibirica* Miller	西伯利亚铁线莲
Охтоны чөдөр өвс	*C. ochotensis* Pall.	半钟铁线莲
Холтсон цэцэг	*Ranunculus* L.	**毛茛属**
Дэлгэмэл холтсон цэцэг	*R. reptans* L.	松叶毛茛
Гоолиг холтсон цэцэг	*R. pulchellus* C. A. Mey.	美丽毛茛
Алтайн холтсон цэцэг	*R. altaicus* Laxm.	阿尔泰毛茛
Төсөө холтсон цэцэг	*R. Japonicus*	伏毛毛茛
Сарвуун холтсон цэцэг	*R. pedatifidus* Sm.	裂叶毛茛
Буржгар	*Thalictrum* L.	**唐松草属**
Тагийн буржгар	*Th. alpinum* L.	高山唐松草
Дэлбэрхүү буржгар (Цөс өвс)	*Th. petaloideum* L.	瓣蕊唐松草
Энгийн буржгар (Цөс өвс)	*Th. simplex* L.	箭头唐松草
Бага буржгар (Цөс өвс)	*Th. minus* L.	亚欧唐松草
НАМУУГИЙН ОВОГ	**Papavepaceae Juss.**	**罂粟科**
Намуу (Хурган засаа)	***Papaver* L.**	**罂粟属**
Улаан шаргал намуу (Гүргэм шар намуу、Нүцгэн намуу、хурган засаа)	*P. nudicaule* L.	野罂粟
ТОНОЛЖИН ЦЭЦЭГТЭН	**Brassicaceae Burnett**	**十字花科**
Байцаа	***Brassica* L.**	**芸薹属**
Зэрлэг байцаа	*B. campestris* L.	紫菜薹

| Гаймуу байцаа (Зэрлэг хиж) | *B. juncea* (Linnaeus) Czernajew | 芥菜 |

СЭРДЭГИЙН ОВОГ   **Saxifragaceae**   虎耳草科

Сэрдэг	*Saxifraga* **Tourn. ex L.**	虎耳草属
Навчирхаг сэрдэг	*S. foliolosa* R. Br.	匍枝虎耳草
Сибирь сэрдэг	*S. sibirica* L.	球茎虎耳草
Ямаан сэрдэг (Сэрдэг)	*S. hirculus* L.	山羊臭虎耳草

Улаалзгана (Улаагана)	*Ribes* **L.**	茶薦子属
Хар улаалзгана (Үхрийн нүд)	*R. nigrum* L.	黑茶薦子
Анхилуун улаалзгана	*R. graveolens* Bge.	臭茶薦子
Хэвтээ улаалзгана	*R. procumbens* Pall.	水葡萄茶薦子
Шивүүрт улаалзгана (Тэхийн цэцэг, ухнын цэцэг)	*R. diacanthum* Pall.	双刺茶薦子
Улаалзгана	*R. rubrum* L.	红茶薦子
Өндөр улаалзгана (Хад)	*R. altissimum* Turczaninow ex Pojarkova	高茶薦子
Өргөст тошлой (Тошлог)	*R. aciculare* Sm.	阿尔泰醋栗

| **ТЭРГҮҮЛЭГЧ ЦЭЦЭГТЭН САРНАЙН ОВОГ** | **Rosaceae** | 蔷薇科 |

Тавилгана	*Spiraea* **L.**	绣线菊属
Бургас навчит тавилгана	*S. salicifolia* L.	柳叶绣线菊
Удвал навчит тавилгана	*S. aquilegiifolia* Pallas	楼斗菜叶绣线菊
Тагийн тавилгана	*S. alpina* Pall.	高山绣线菊
Дагуур тавилгана	*S. dahurica* Maxim.	窄叶绣线菊

| **Алим** | *Malus* **Mill.** | 苹果属 |
| Жимсгэнэт алм (Өрөл) | *M. baccata* (L.) Borkh. | 山荆子 |

| **Тэс** | *Sorbus* **L.** | 花楸属 |
| Сибирь тэс | *S. sibirica* Hedl. | 西伯利亚花楸 |

Долоогоно	*Crataegus* **L.**	山楂属
Дагуур долоогоно	*C. dahurica* Koehne	光叶山楂
Час улаан долоогоно	*C. sanguinea* Pall.	辽宁山楂

Бөөрөлзгөнө	***Rubus* L.**	悬钩子属
Сахалинын бөөрөлзгөнө (Бөлзөргөнө)	R. sachalinensis Lévl.	库页悬钩子
Асганы бөөрөлзгөнө	R. saxatilis L.	石生悬钩子
Гүзээлзгэнэ	***Fragaria* L.**	草莓属
Дорнодын гүзээлзгэнэ	F. orientalis Lozinsk.	东方草莓
Боролзгоно	***Dasiphora* Raf.**	金露梅属
Сөөгөн борболзгоно (Боролзгоно шүүр, буриагуул)	D. fruticosa L.	金露梅
Гичгэнэ (Навтуул)	***Potentilla* L.**	委陵菜属
Галуун гичгэнэ	P anserina L.	鹅绒委陵菜
Имт гичгэнэ	P. bifurca L.	二裂委陵菜
Хунчирхай гичгэнэ	P. astragalifolia Bge.	皱叶委陵菜
Монгол гичгэнэ	P. mongolica Krasch.	蒙古委陵菜
Намхан гичгэнэ	P. supina L.	朝天委陵菜
Ишгүй гичгэнэ (навтуул, хаврын шар цэцэг)	P. acaulis L.	星毛委陵菜
Туулайн тагнай	***Filipendula* Mill.**	蚊子草属
Хайлс навчит туулайн тагнай	F. ulmaria (L.) Maxim.	旋果蚊子草
Хойрго (Потанин)	***Potaninia* Maxim.**	绵刺属
Хулан хойрго	P. mongolica Maxim.	绵刺
Сөд	***Sanguisorba* L.**	地榆属
Тагийн сөд	S. alpina Bge.	高山地榆
Эмийн сөд (сөд өвс)	S. officinalis L.	地榆
Нохойн хушуу (сарнай)	***Rosa* L.**	蔷薇属
Өргөст нохойн хошуу	R. acicularis Lindl.	刺蔷薇
Дагуур нохойн хошуу	R. davurica Pall.	山刺玫
Бүйлээс	***Amygdalus* L.**	桃属
Бариулт бүйлэс	A. pedunculata Pall.	柄扁桃

Монгол бүйлээс	*A. mongolica* (Maxim.) Ricker	蒙古扁桃
Монос	***Padus* Mill**	**稠李属**
Хзийн монос (Мойл)	*P. asiatica* Kom.	北亚稠李
Гүйлс	***Armeniaca* Mill**	**杏属**
Сибирь гүйлс	*A. sibirica* (L.) Lam.	西伯利亚杏
БУУРЦАГТАНЫ ОВОГ	**Fabaceae (Leguminosae)**	**豆科**
Мөнх харгана	***Ammopiptanthus* Cheng f.**	**沙冬青属**
Монгол мөнх харгана	*A. mongolicus* (Maxim. ex Kom.) Cheng f.	沙冬青
Лидэр	***Sophora* L.**	**苦参属**
Үнэгэн сүүлхэй лидэр	*S. alopecuroides* L.	苦豆子
Тарваган шийр	***Thermopsis* R.Br.**	**野决明属**
Тагийн тарваган шийр	*Th. alpina* (Pall.) Ledeb.	高山野决明
Дагуур тарваган шийр	*Th. lanceolata* R. Br.	披针叶野决明（披针叶黄华）
Пржевальскийн тарваган шийр	*Th. przewalskii* Crefr.	青海野决明
Шишкиний тарваган шийр (Монгол тарваган шийр)	*Th. mongolica* Czefr.	蒙古野决明
Царгас	***Medicago* L.**	**苜蓿属**
Зүргийлэг царгас	*M. lupulina* L.	天蓝苜蓿
Таримал царгас	*M. sativa* L.	紫苜蓿
Шар царгас (Хадуурархуу)	*M. falcata* L.	野苜蓿（黄花苜蓿）
Хавтаг буурцагт царгас	*M. platycarpos* (L.)Trautv.	阔荚苜蓿
Орос царгас	*M. ruthenica* (L.) Trautv.	扁蓿豆
Хошоон	***Melilotus* Mill.**	**草木樨属**
Шудлиг хошоон	*M. dentatus* (W. et K.) Persoon	细齿草木樨
Үнэрт хошоон	*M. officinalis* (L.) Pall.	草木樨
Хошоонгор	***Trifolium* L.**	**车轴草属**
Шошлойрхог хошоонгор (Гэрийн. Х.)	*T. lupinaster* L.	野火球

Нутгын хошоонгор (Улаан. Х.)	*T. pratense* L.	红三叶
Мөлхөө хошоонгор	*T. repens* L.	白三叶

Хоржигнуур	***Sphaerophysa* DC.**	**苦马豆属**
Марцны хоржигнуур	*S. salsula* (Pall.) DC.	苦马豆

Харгана	***Caragana* Fabr.**	**锦鸡儿属**
Удлиг харгана (Шар хуайс)	*C. arborescens* Lam.	树锦鸡儿
Бяцхан харгана (Үхэр харгана)	*C. microphylla* Lam.	小叶锦鸡儿
Бунгийн харгана (Бор харгана)	*C. bungei* Ldb.	疏叶锦鸡儿
Коржинскийн харгана (Бор харгана, цаган харгана)	*C. korshinskii* Kom.	柠条锦鸡儿
Өргаст харгана (Тэмээн харгана)	*C. spinosa* (L.) DC.	多刺锦鸡儿
Хойрог харгана (Улаан харгана)	*C. brachypoda* Pojark.	矮脚锦鸡儿
Нарийн харгана (Ямаан харгана)	*C. stenophylla* Pojark.	狭叶锦鸡儿

Хунчир	***Astragalus* L.**	**黄芪属**
Дагуур хунчир	*A. dahuricus* (Pall.) DC.	达乌里黄耆
Нангиад хунчир	*A. chinensis* L. f.	华黄耆
Хүйтний хунчир	*A. frigidus* (L.) A. Gray	广布黄耆
Монгол хунчир	*A. mongolicus* Bunge	蒙古黄耆
Хошоон хунчир (Зээрэн шилбэ, шүүр)	*A. melilotoides* Pall.	草木樨状黄耆
Тагийн хунчир	*A. alpinus* L.	高山黄耆
Хангай хунчир	*A. changaicus* Sancz.	杭爱黄耆
Буурцган хунчир	*A. hancockii* Bunge	短花梗黄耆
Дайралдмал хунчир (Өмнөд сибирийн хунчир、Нумраа хунчир)	*A. laxmannii* Jacquin	斜茎黄耆
Намгийн хунчир	*A. uliginosus* L.	湿地黄耆
Элэссэг хунчир (Улаан хонь)	*A. ammodytes* Pall.	喜沙黄耆
Цагаан хунчир (Шүдэн цагаан)	*A. galactites* Pall.	乳白黄耆
Цайвар хунчир	*A. dilutus* Bunge	浅黄耆

Ортууз	***Oxytropis* DC.**	**棘豆属**
Өргаст ортууз	*O. aciphylla* Ledeb.	刺叶柄棘豆
Шивүүрт ортууз	*O. acanthacea* Jurtz.	刺棘豆

Цэнхэр ортууз	*O. caerulea* (Pallas) Candolle	蓝花棘豆
Хоёр цэцэгт ортууз (Хангайн ортууз)	*O. diantha* Bge.	双花棘豆
Нүцгэн ортууз	*O. glabra* (Lam.) DC.	小花棘豆
Сайрын ортууз	*O. glareosa* Vass.	砾石棘豆
Марцны ортууз	*O. salina* Vass.	盐生棘豆（醉马草）
Түмэн навчинцарт ортууз (Тагш)	*O. myriophylla* (Pall) DC.	狐尾藻棘豆
Монгол ортууз	*O. mongolica* Kom.	蒙古棘豆
Портанины ортууз	*O. potaninii* Bge.	荒山棘豆
Гялгар ортууз	*O. nitens* Turcz.	光棘豆
Дэгнүүлт ортууз	*O. caespitosa* (Pall.) Pers.	丛生棘豆
Бунгийн ортууз	*O. bungei* Kom.	荒漠棘豆
Чихэр өвс	***Glycyrrhiza* L.**	**甘草属**
Урал чихэр өвс	*G. uralensis* Fisch.	甘草
Шимэрс	***Hedysarun* L.**	**岩黄芪属**
Сөөгөн шимэрс	*H. fruticosum* Pall.	山竹子
Тагийн шимэрс	*H. alpinum* L.	山岩黄耆
Дагуур шимэрс	*H. dahuricun* Turcz.	刺岩黄耆
Толгодын шимэрс	*H. collinum* Sancz.	丘岩黄耆
Одой шимэрс	*H. pumilum* (Ledeb.) B. Fedtsch.	费尔干岩黄耆
Хүцэнгэ	***Onobrychis* Mill.**	**驴食豆属**
Сибир хүцэнгэ (Яагаан хүцэнгэ)	*O. sibirica* (Sir.) Turcz. ex Grossh.	西伯利亚驴豆
Гиш	***Vicia* L.**	**野豌豆属**
Таримал гиш	*V. sativa* L.	救荒野豌豆
Хосхон навчит гиш	*V. unijuga* A. Br.	歪头菜
Байгаль гиш	*V. baicalensis* (Turcz.) B. Fedtsch.	贝加尔野豌豆
Хос цэцэгт гиш	*V. geminiflora* Trautv.	索伦野豌豆
Олон ишт гиш	*V. multicaulis* Ledeb.	多茎野豌豆
Хулганын гиш (Яагаан хүцэнгэ)	*V. cracca* L.	广布野豌豆
Хэвлэг гиш	*V. amoena* Fisch. ex DC.	山野豌豆
Төмөрдээ	***Lathyrus* L.**	**山黧豆属**
Нугын төмөрдээ	*L. pratensis* L.	牧地山黧豆

| Явган төмөрдээ | *L. humilis* (Ser.) Spreng. | 矮山黧豆 |
| Намгийн төмөрдээ | *L. palustris* L. | 欧山黧豆 |

| **Вандуй** | ***Pisum* L.** | **豌豆属** |
| Хөдөөгийн вандуй | *P. arvense* L. | 豌豆 |

ШИМТЭГЛЭЙН ОВОГ	**Geraniaceae**	**牻牛儿苗科**
Шимтэглэй	***Geranium* L.**	**老鹳草属**
Сибирь шимтэглэй	*G. sibiricum* L.	鼠掌老鹳草
Цагаан цэцэгт шимтэглэй	*G. albiflorum* Ledeb.	白花老鹳草
Нугын шимтэглэй (Өвөр байгалийн шимтэглэй、Мягмансанжаа)	*G. pratense* L.	草甸老鹳草
Дагуур шимтэглэй	*G. dahuricum* DC.	粗根老鹳草
Толгодын шимтэглэй	*G. collinum* Steph. ex Willd.	丘陵老鹳草

ХОТРЫН ОВОГ	**Zygophyllaceae**	**蒺藜科**
Хотир	***Zygophyllum* L.**	**驼蹄瓣属**
Шар хотир (Нохой шээрэн, хотир)	*Z. xanthoxylon* (Bunge) Maximowicz	霸王
Ахар дэвүүрт хотир	*Z. brachypteum* Kat. et Kir	细茎霸王
Говийн хотир (Ботгон таваг, зээриын ундаа)	*Z. gobicum* Maxim.	戈壁霸王
Розовын хотир	*Z. rosowii* Bunge	石生霸王
Потанины хотир (Аргалын унд)	*Z. potaninii* Maxim.	大花霸王
Дэвүүрт хотир (Зээриын ундаа)	*Z. pterocarpum* Bunge	翼果霸王

| **Зангуу** | ***Tribulus* L.** | **蒺藜属** |
| Зэлэн зангуу (Нохой зангуу, зангуу) | *T. terrestris* L. | 蒺藜 |

Хармаг	***Nitraria* L.**	**白刺属**
Арзгар урт хармаг (Усан хармаг, усан товцог)	*N. sphaerocarpa* Maxim.	球果白刺
Сибирь хармаг (Товцог, хармаг, сондуул)	*N. sibirica* Pall.	西伯利亚白刺
Роборовскийн хармаг (Хармаг)	*N. roborowskii* Kom.	大白刺

СҮЛҮҮГИЙН ОВОГ	**Rutaceae**	**芸香科**
Хүж өвс	***Haplophyllum* A. Juss.**	**拟芸香属**
Дагуур хүж өвс	*H. dahuricum* (L.) G. Don	北芸香
СҮҮТ ӨВСНИЙ ОВОГ	**Euphorbiaceae**	**大戟科**
Сүүт өвс	***Euphorbia* L.**	**大戟属**
Налцигар сүүт өвс	*E. humifusa* Willd.	地锦草
Монгол сүүт өвс	*E. mongolica* Prokh.	蒙古大戟
Тагийн сүүт өвс	*E. alpinaMeyer* ex Ledeb.	北高山大戟
Чүйн сүүт өвс	*E. tschuiensis* (Prokh.) Serg.	丘亚大戟
Потанины сүүт өвс	*E. potaninii* Prokh.	西北大戟
ХАР АРЦЫН ОВОГ (УСАН ЗЭЭРГЭНИЙ ОВОГ)	**Empetraceae**	**岩高兰科**
Хар арц, усан зээргэнэ	***Empetrum* L.**	**岩高兰属**
Сибирь хар арц	*E. sibiricum* V. Vassil.	东北岩高兰
ЧШИЛЫН ОВОГ	**Rhamnaceae**	**鼠李科**
Яшил	***Rhamnus* L.**	**鼠李属**
Улаан модот яшил	*Rh. erythroxylum* Pallas	柳叶鼠李
ЖАМБЫН ОВОГ	**Malvaceae Juss.**	**锦葵科**
Жамба	***Malva* L.**	**锦葵属**
Орхигдмол жамба	*M. neglecta* Wallr.	圆叶锦葵
ШОРНЫН ОВОГ	**Frankeniaceae**	**瓣鳞花科**
Шорно	***Frankenia* L.**	**瓣鳞花属**
Бүрсгэр шорно	*F. pulverulenta* L.	瓣鳞花
СУХАЙН ОВОГ	**Tamaricaceae**	**柽柳科**
Сухай	***Tamarix* L.**	**柽柳属**
Олон цэцэгт сухай (Сухай)	*T. ramosissima* Ledeb.	多枝柽柳
Сэвсгэр сухай	*T. laxa* Willd.	短穗柽柳
Улаан бударгана	**Reaumuria L.**	**红沙属** （红砂属、枇杷柴属）
Улаан бударгана	*R. soongarica* (Palla.) Maxim.	红沙（红砂、枇杷柴）

ДАЛАН ЭУРҮҮТЭНИЙ ОВОГ	**Thymelaeaceae**	瑞香科
Длан түрүү	*Stellera* L.	狼毒属
Одой далан түрүү (Чонын хөлбөдөс, түвэг залаа)	*S. chamaejasme* L.	狼毒
ЖИГДИЙН ОВОГ	**Elaeagnaceae**	胡颓子科
Жигд	*Elaeagnus* L.	胡颓子属
Нарин навчит жигд (Муркрофтын жигд)	*E. angustifolia* L.	沙枣
Чацаргана	*Hippophae* L.	沙棘属
Яшилдуу чауаргана (Чацаргана)	*H. rhamnoides* L.	沙棘
НАРСАН ӨВСНИЙ ОВОГ	**Hippuridaceae**	杉叶藻科
Нарсан өвс	*Hippuris* L.	杉叶藻属
Эгэл нарсан өвс	*H. vulgaris* L.	杉叶藻
НОЧОНЫ ОВОГ	**Cynomoriaceae**	锁阳科
Гоёо	*Cynomorium* L.	锁阳属
Зүүн гарын гоёо (Гоёо)	*C. songaricum* Rupr.	锁阳
ШҮХЭРТЭНИЙ ОВОГ	**Apiaceae Lindl.**	伞形科
Үхэр гоныд	*Sphallerocarpus* Bess.	迷果芹属
Өндөр үхэр гоныд (Үхэр гоныд, ямаахай)	*S. gracilis* (Bess.) K. -Pol.	迷果芹
Бэриш	*Bupleurum* L.	柴胡属
Хависхан навчит бэриш	*B. scorzonerifolium* Willd.	红柴胡
Хочр ишт бэриш (Бэриш өвс, алтан аги)	*B. bicaule* Helm	锥叶柴胡
Бчцхан бэриш	*B. pusillum* Krylov	短茎柴胡
Голын хор	*Cicuta* L.	毒芹属
Хахуун голын хор	*C. virosa* L.	毒芹
Гоньд	*Carum* L.	葛缕子属
Эгэл гонид	*C. carvi* L.	葛缕子

Бгриад гоньд	*C. buriaticum* Turcz.	田葛缕子

ЧРГАЙН ОВОГ — **Cornaceae** — **山茱萸科**

Яргай — ***Cornus* L.** — **山茱萸属**

Цагаан яргай — *C. alba* L. — 红瑞木

ДАЛЫН ОВОГ — **Ericaceae** — **杜鹃花科**

Сургар — ***Ledum* L.** — **杜香属**

Намгийн сургар — *L. palustre* L. — 杜香

Нэрс — ***Vaccinium* L.** — **越橘属**

Алирс нэрс Алирс нэрс — *V. vitis-idaea* L. — 越橘

Намгийн нэрс (Нэрс) — *V. uliginosum* L. — 笃斯越橘

Хар нэрс — *V. myrtillus* L. — 黑果越橘

ХАВАРСЛЫН ОВОГ — **Primulaceae** — **报春花科**

Хварсал — ***Primula* L.** — **报春花属**

Буурал хаварсал — *P. farinosa* L. — 粉报春

Цасны хаварсал — *P. nivalis* Pall. — 雪山报春

Далан товч — ***Androsace* L.** — **点地梅属**

Их далан товч — *A. maxima* L. — 大苞点地梅

Умардын далан товч — *A. septentrionalis* L. — 北点地梅

Одой далан товч — *A. chamaejasme* var. *coronata* Watt — 环冠点地梅

ДЭГДИЙН ОВОГ — **Gentianaceae** — **龙胆科**

Дэгд — ***Gentiana* L.** — **龙胆属**

Цагаан дэгд — *G. algida* Pall. — 高山龙胆

Үхэр дэгд — *G. macrophylla* Pall. — 秦艽

Сэгсгэр дэгд — *G. pulmonaria* Turcz — 喉毛花

Сахалт дэгд — *G. barbata* (Froel.) Ma — 扁蕾

ЕРӨНДГӨНИЙН ОВОГ — **Asclepiadaceae** — **萝藦科**

Тэмээн хөх — ***Cynanchum* L.** — **鹅绒藤属**

Сибирь тэмээн хөх — *C. thesioides* (Freyn) K. Schum. — 地梢瓜

СЭДЭРГЭНИЙ ОВОГ	**Convolvulaceae**	旋花科
Сэдэргэнэ	***ConvoIvulus* L.**	旋花属
Амманы сэдэргэнэ (Гүүн саам)	*C. ammannii* Desr.	银灰旋花
Чөдөр сэдэргэнэ	*C. arvensis* L.	田旋花
УРУУЛ ЦЭЦЭГТЭНИЙ ОВОГ	**Labiatae**	唇形科
Бивлэнцэр	***Schizonepeta* Briq.**	裂叶荆芥属
Нэг наст бивлэнцэр	*S. annua* (Pall.) Schischk.	小裂叶荆芥
Хэрчлээст бивлэнцэр	*S. multifida* (L.) Briq.	多裂叶荆芥
Туйпланцар	***Phlomis* L.**	橙花糙苏属
Булцуут туйпланцар	*Ph. tuberosa* L.	块根糙苏
Ганга	***Thymus* L.**	百里香属
Дагуур ганга	*Th. dahuricus* Serg.	兴安百里香
Байгал ганга	*Th. baicalensis* Serg.	贝加尔百里香
Ягаан ганга	*Th. roseus* Schipcz.	玫瑰百里香
Монгол ганга	*Th. mongolicus* Ronn.	百里香
ИРШИМБИЙН ОВОГ	**Scrophulariaceae**	玄参科
Хохин зажлуур	***Linaria* Mill.**	柳穿鱼属
Буриад хонин зажлуур	*L. buriatica* Turcz.	多枝柳穿鱼
Хурц хонин зажлуур	*L. acutiloba* (Fisch. ex Rchb.) Hong	新疆柳穿鱼
Алтайн хонин зажлуур	*L. altaica* Fisch.	阿尔泰柳穿鱼
Гандбадраа	***Veronica* L.**	婆婆纳属
Өдлөг гандбадраа	*V. pinnata* L.	羽叶婆婆纳
Буурал гандбадраа	*V. incana* L.	白婆婆纳
Дагуур гандбадраа	*V. dahurica* Stev.	大婆婆纳
Хувиланги	***Pedicularis* L.**	马先蒿属
Хөмрөө хувилахги (Барагжам)	*P. resupinata* L.	返顾马先蒿
Бэлбэсэн хувиланги	*P. tristis* L.	阴郁马先蒿

ТАВАН САЛААНЫ ОВОГ	**Plantaginaceae**	**车前科**
Таван салаа	***Plantago* L.**	**车前属**
Марцны таван салаа	*P. salsa* Pall.	盐生车前
Их таван салаа	*P. major* L.	大车前
Навтгар таван салаа (Үхэр үүргэнэ, хөнгөлөп)	*P. depressa* Willd.	平车前
ӨРӨМТҮҮЛИЙН ОВОГ	**Rubiaceae**	**茜草科**
Өрөмтүүл	***Galium* L.**	**拉拉藤属**
Жинхэнэ өрөмтүүл	*G. verum* L.	蓬子菜
БАМБАЙН ОВОГ	**Valerianaceae**	**败酱科**
Бамбай	***Valeriana* L.**	**缬草属**
Зэнтгэр бамбай	*V. capitata* Pall.	头缬草
Эмийн бамбай	*V. officinalis* L.	缬草
ХОНХОГ ЦЭЦЭГТЭНИЙ ОВОГ	**Campanulaceae**	**桔梗科**
Хонхон цэцэг	***Campanula* L.**	**风铃草属**
Баг хонхог цэцэг	*C. glomerata* L.	聚花风铃草
Алтайн хонхон цэцэг	*C. altaica* Ldb.	阿尔泰风铃草
Турчанинковын хонхон цэцэг	*C. turczaninovii* Fed.	单花风铃草
НИЙЛМЭЛ ЦЭЦЭГТЭНИЙ ОВОГ	**Compositae Giseke**	**菊科**
Гол гэсэр	***Aster* L.**	**紫菀属**
Тагийн гол гэсэр (Өнчин цэрэв, хонин нүд)	*A. alpinus* L.	高山紫菀
Татаар гол гэсэр	*A. neobiennis* Brouillet	鞑靼狗娃花
Алтай гол гэсэр	*A. altaicus* Willd.	阿尔泰狗娃花（阿尔泰紫菀）
Цагаан түрүү	***Leontopodium* R. Br. ex Cass.**	**火绒草属**
Эгэл цагаан түрүү	*L. leontopodioides* (Willd.) Beauv.	火绒草
Цайвар шар цагаан түрүү (Уул өвс)	*L. ochroleucum* Beauv.	黄白火绒草
Төлөгч өвс	***Achillea* L.**	**蓍属**
Азийн төлөгч өвс	*A. asiatica* Serg.	亚洲蓍

Эгэл төлөгч өвс	*A. millefolium* L.	蓍
Зүр өвс	***Filifolium* Kitam.**	**线叶菊属**
Сибирь зүр өвс	*F. sibiricum* (L.) Kitam.	线叶菊
Шарилж	***Artemisia* L.**	**蒿属**
Ишгэн шарилж (Ишгэн шаваг)	*A. dracunculus* L.	龙蒿
Хангай шарилж	*A. changaica* Krasch.	杭爱龙蒿
Божмог шарилж (Хонин шарилж)	*A. anethifolia* Web. ex Stechm.	碱蒿
Ээрэм шарилж (Царван)	*A. macrocephala* Jacq. ex Bess.	大花蒿
Намгийн шарилж (Алтан шарилж, шар шарилж)	*A. palustris* L.	黑蒿
Ямаан шарилж (Улаан шарилж)	*A. scoparia* Waldst. et Kit.	猪毛蒿
Гмелиний шарилж (Хар шарилж、 Хар шаваг)	*A. stechmanniana* Bess.	白莲蒿
Салбант шарилж (Маралхай шарилж)	*A. laciniata* Willd.	裂叶蒿
Монгол шарилж	*A. mongolica* (Fisch. ex Bess.) Nakai	蒙古蒿
Хжжрайсаг шарилж (Цагаан шарилж,бор шаваг)	*A. xerophytica* Krasch.	内蒙古旱蒿
Алтайн шарилж	*A. altaiensis* Krasch.	阿尔泰蒿
Шаргал шарилж	*A. rutifolia* Steph. ex Spreng	香叶蒿
Дэгнүүлт шарилж (Шаваг, цагаан шаваг)	*A. caespitosa* Ledeb.	矮丛蒿
Агь	*A. frigida* Willd.	冷蒿
Адамсын шарилж (Явган шарилж, Үмхий шарилж)	*A. adamsii* Bess.	东北丝裂蒿
Марцны шарилж	*A. halodendron* Turcz. ex Bess.	盐蒿（差巴嘎蒿）
Морин шарилж (Шар шарилж)	*A. xanthochroa* Krasch.	黄绿蒿
Хурган шарилж (Малтууш)	*A. commutata* Bess.	柔毛蒿（变蒿）
Умрадын шарилж (Номхон бор)	*A. borealis* Pallas	高山艾
Цагаан шаваг (Намрийн шарилж)	*A. gracilescens* Krasch. et Iljin	纤细绢蒿
Шишоиний шарилж (Говийн шарилж)	*A. schischkinii* Krasch.	戈壁绢蒿
Тайжийн жинс	***Echinops* L.**	**蓝刺头属**
Гмелинийн тайжийн жинс	*E. gmelinii* Turcz.	砂蓝刺头
Намхан тайжийн жинс	*E. humilis* MB.	矮蓝刺头

Банздоо	*Saussurea* DC.	风毛菊属
Вансэмбрүү (Нөмрөгт банзпоо)	*S. involucrate* (Kar. et Kir.) Sch. -Bip.	雪莲花
Дагуурийн банздоо	*S. daurica* Adams	达乌里风毛菊
Хависхана	*Scorzonera* L.	鸦葱属
Дэрэвгэр хависхана	*S. divaricata* Turcz.	叉枝鸦葱
Монгол хависхана	*S. mongolica* Maxim.	蒙古鸦葱
Багваахай	*Taraxacum* Wigg.	蒲公英属
Толгодын багваахай	*T. collinum* DC.	丘蒲公英
Цагаан цэцэгт багваахай	*T. leucanthum* (Ledeb.) Ledeb.	白花蒲公英
Эмийн багваахай	*T. officinale* Wigg.	药用蒲公英
Монгол багваахай	*T. mongolicum* Hand. -Mazz.	蒲公英

参 考 文 献

[1] Д. Асүрэн Эгэл нишингийн холимог тэжээлийн шингэц, шимт чанар судалсан ажлын тайлан, УБ, 1966

[2] Д. Банзрагч, Чой. Лувсанжав, Улсын нэр томъёоны коиссын мэдээ, Ио. 59-60 УБ, 1965

[3] Д. Банзрагч, Умард хангайн бэлчээрийн ургацын динамик, ШУАХ, УБ, 1970

[4] Д. Базаргүр БНМАУ-ын мал аж ахуйн хөгжилт байршлын газар зүйн үндэс, УБ, 1970

[5] Д. Баатар БНМАУ-ын малын тэжээлийн шимт чанар, УБ, 1970

[6] Д. Баатар Витаминт тэжээлүйлдвэрлэн ашиглах онол -практикийн үндэслэл, дисс. УБ, 1977

[7] С. Бадам Тжээлийн ургамалын амин хүчил, УБ, 1980

[8] Ц. Бат-өлзий Орхон-Сэлэнгийн сав нутгийн хөрсний бичил якгуур мавбодын тархалтын зүй тогтол, бичил бордоо хэрэглэх боломж. Дисс. УБ, 1992

[9] Х. буян-орших Элсийн ургамлын нөмрөг, Шинжлэх ухаан амьдрал, Ио. 5, УБ

[10] Х. Гэндарам Хээрийн бүсийн хялгана-хазаар өвст бэлчээрийн ургамлын химийн найрлага, шимт чанарын хөдлөл зүй, Дисс. УБ, 1977

[11] Л. Дашзэвэг Бэлчээрийн ургамлын идэмж, түүний мөн чанар, ШУАмьдрал, Ио. 5, 1983

[12] Г. Даваасамбуу Цөлөрхөг хээрийн бүсэд ямаан сүргийг бэлчээрээр маллах технологи боловсруулах сэдвээр 1973-1975 онд гүйцэтгэсэн эрдэм шинжилгээний ажлын тайлан, УБ, 1975

[13] Д. Дашдондог Шар тарлан үхрийн бэлчээрийн маллагаа, тэжээллэгийн горим Баруунхараагийн САА-н жишээн дээр, Дисс. УБ, 1980

[14] Д. Даалхайжав Бэлчээрийн ургамлын нүүрс усны найрлага, түүний тэжээллэг чанар, Дисс. УБ, 1995

[15] Б. Дашням Дорнод Монголын ургамлын аймаг, ургамалжил, ШУАХ, УБ, 1974

[16] Ц. Даваажамц БНМАУ-ын Өвөрхангай аймагийн хойд хэсгийн хадлан бэлчээр, бүтээлийн хураангуй, Л, 1954

[17] Ц. Даваажамц Говийн мал аж ахуйд таана хөмүүлээр тэжээл бэлгэх тухай ШУАХ, 1978

[18] Ч. Дламсүрэн Говийн бүсийн бэлчээрийн ургамлын шингэц, 1959-1989, Өмнөговь, Булган

[19] Б. Жамбаажамц Монгол орны уур амьсгал, УБ, 1989

[20] С. Жигжидсүрэн Малын тэжээллэгийн лавлах, Улсын хэвлэлийн газар УБ, 1986

[21] А. В. Калинина БНМАУ-ын бэлчээрин суурин судалгаа. ЗХУ-ын ШУА-ийн монголын комиссын бүтээл. Дугаар 60 МЛ1954

[22] А. П. Клашников Хөдө аж ахуйн амьтдын тэжээлийн норм, жор, М, 1985

[23] В. С. Коноваленкова Блчээр, хадлан төрөл бүрийн тэжээлийн эрдсийн найрлага судлах дэд сэдвээр 1986-1990 онд гүйцэтгэсэн ажлын тайлан, УБ, 1990

[24] Б.Лувсаншарав Дорнод монголын үхрийн физиологийн үзүүлэлтийг экологийн нөхцөлтэй холбон судалсан нь. Дисс. УБ, 1983

[25] Л. Лувсан Хээрийн бүсэд нарийвтар ноост хонин сүргийг эрдэс тэжээлээр хангах асуудал. Дисс, УБ, 1976

[26] Л. М. Матвеев Бэлчээрийн ногооны шингэцийг үхэр дээр судалсан ажилын тайлан, УБ, 1963

[27] Л. М. Матвеев Сэлэнгэ аймгийн зүүнхараагийн бэлчээрийн ургамлын каротин, С витамины найрлага, тайлан, Зүүнхараа, 1965

[28] Б. Мөнх Тал хээрийн бүсэд монгол хонийг бэлчээрээр зохистой маллах, тэжээх технологи боловсруулах, 5 жилийн нэгдсэн тайлан, УБ, 1976

[29] Д. Намсрай Говь гурван сайхан ямааны тэжээл боловсруулалтын биохими-физиологийн үндэсэн үзүүлэлт 1984-1985 он, ГББМААЭШ Хүрээлэнгийн эрдэм шинжилгээний ажлын үр дүнгийн хураангуй, 1959-1989, Өмнөговь, Булган, 1989

[30] Д. Начин Бэлчээр хувххрьтай ашигладаг ардын уламжлалт аргын шинжилэх ухааны үндэслэл, УБ, 1984

[31] Д. Нэргүй. бэлчээрийн маллагааны нөхцөлд Сэлэнгэ, хасгийн цагаан толгойт, монгол үүлдрийн өсвөр үхрийг махны чиглэлээр бойжуулсан дүн. Дисс, УБ, 1988

[32] Б. Оюун Мохгол орны хуурай хээр, цөлийн зонхилогч ургамлын химийн найрлагын хөдлөл зүй, Дэд докторын зэрэг горилсон бүтээл, УБ, 1989

[33] Н. Өлзийхутаг Монгол орны ургамлын айтгийн тойм, УБ, 1989

[34] Д. Ринчиндорж Ойт хээрийн бүсэд нарийн ноост хонины хариулга, маллагааны горим, нэмэгдэл тэжээлийн норм, тэжээх зохистой хугцааг тогтоох дэд сэдвээр 1981-1985 онд гүйцэтгэсэн эрдэм шинжилгээний ажлын тайлан, УБ, 1985

[35] М. Содном Хээрийн бүсийн бэлчээрээс хонины хоногт идэх өвсний хэмжээг тодорхойлсон судалгааны ажлын дүн, УБ, 1965, машиндмал хувь

[36] Ч. Содномцэрэн БНМАУ-ын ойт хээрийн нөхцөлд чанар сайтайөвс, өвсний гурил бэлтгэх технологи, дисс. УБ, 1985

[37] Ж. Тогтох Ойт хээрийн бүсэд нарийвтар ноост эрлийз хонийг бэлчээрээр зохистой маллах асуудал, Улсын хэвлэл, УБ, 1971

[38] Ж. Тогтох Оторчидод санамж, Улсын хэвлэл, УБ, 1973

[39] Ж. Тогтох Ж. Ухнаа Малын тэжээлд зориулан хэрэглэж болох 140 зүйлийн тэжээл, Улсын хэвлэл, УБ, 1975

[40] Ж. Тогтох Монгол орны нөцалд хонин сүргийн блчээрийн маллагаа, тэжэллэгийн шинжлэх ухааны үндэслэл, УБ, 1996

[41] Н. Тогтохбаяр Монголын ойт хээр, хээрийн бүсийн алаг өвс-үетэнт бэлчээрийн ногооны тэжээллэг чанар, УБ, 1994, автореферат

[42] С. Тусивахын БНМАУ-ын хуурай хээрийн бэлчээрийг зохистой ашиглах биологийн үндэс, Дисс. УБ, 1990

[43] А. Тэрсайхан Байгалийн үндсэн гурван бүсийн бэлчээрийн ургамлын шимт чанарын үнэлгээ. БТЭШХ-ийн бүтээл, ио9, УБ, 1984

[44] С. Цэрэндаш Алаг өвс-хялганат бэлчээрийн ургамлын хөгжлийн хэм, ургацын хөдлөл зүй. БТЭШХ-ийн бүтээл, ио9, УБ, 1977

[45] С. Цэрэндаш, Д. Цогоо Байгалийн хадланг зохистой ашиглая, БТЭШХ-ийн бүтээл, ио9, УБ, 1984

[46] Ш. Хашбат Саалийн үнээний тэжээллэгийн жорыг тохируулах асуудал. Дисс, УБ, 1982

[47] Б. Хөххүү Хээрийн бүсэд монгол үхрийг бэлчээрээр зохистой маллах, тэжээх зарим асуудал, Дисс. УБ, 1983

[48] Ш. Цэгмид Монгол орны физиг газар зүй, УБ, 1961

[49] Р. Цэрэндулам БНМАУ-ын малын тэжээлийн химийн найрлага, шимт чанчр,

Дисс. Москва, 1957

[50] Р. Цэрэндулам Төрөл бүрийн тэжээлийн шимт чанар, улсын хэвлэл, УБ, 1968

[51] Р. Цэрэндулам БНМАУ-ын малын тэжээлийн нөөц, Дисс. М, 1973

[52] Р. Цэрэндулам Тэжээлийн шимт чанарын хүрд, УБ, 1980

[53] Р. Цэрэндулам (хамтtsын бүтээл) , Мал сүргийн бэлчээрийн маллагаа, тэжээллэг, УБ, 1980

[54] Л. Цэцэг- өлзий Монгол тэжээлийн өсөлт, хөгжилт , ашиг шимийг судалж, түүнд нэмэгдэл тэжээлийн үзүүлэх нөлөөг тогтоох, эрдэм шижилгээний ажлын тайлан, улгхн, 1985

[55] Л. Цэцэг-өлзий Монгол тэмээний тэжээлийн хэрэгцээ, тэжээл болбвсруулалтын биохими, физиологийн зарим үзүүлэлтийг судалсан, эрдэм шинжилгээний ажлын тайлан, 1986-1990, Булган, 1990

[56] И. А. Цаценоин, А. А. Юнатов БНМАУ-ын бэлчээр, хадлангийн тэжээлийн нөөц, ЗХУ-ын ШУА-ын Монголын комиссын бүтээл, М, 1951

[57] А. А. Юнатов БНМАУ-ын бэлчээр, хадлангийн тэжээлийн ургамлууд, ЗХУ-ын ШУА-ын Монголын комиссын бүтээл, Ио. 56 М-Л

[58] А. А. Юнатов БНМАУ-ын ургамлан нөмрөгийн үндсэн шинжүүд, ЗХУ-ын ШУА-ын Монголын комиссын бүтээл, Ио. 39 М-Л

[59] T. Miaki, R. Tserendulam, S. Tusivahin Chemical Compostion and digestibility by Rumen microbes of herbage in the Summer Grazing pastures of the Gobi District-Grasslands in Outer Mongolia (14) 1991

[60] T. Miaki, R. Tserendulam, S. Tusivahin Concentrations of major and Trace Elements in Grasses from Grazing Lands in the Gobi District-Grasslands in Outer Mongolia (18) 1993

[61] Говь төслийн хүрээнд говийн бүсийн мал аж ахуйн нөөцийн талаар хийсэн судалгааны урьдчлилсан тайлан, 1995 он.

[62] V. I. Grubov Key to the vascular plants of Mongolica Leningrad"Nauka", 1982